普通高等教育"十二五"规划教材

运筹学基础教程

《第 3 版》

路正南　张怀胜　　编著

U0229855

中国科学技术大学出版社

·合　肥·

内 容 简 介

本书包括运筹学中最基本、应用最广泛的六个部分:线性规划、整数规范、动态规划、图与网络分析、网络计划技术、存贮论,其中以线性规划为重点。本书注重理论联系实际,阐明各种方法的背景、应用条件及意义,书后还以附录形式给出了运筹学上机指导。为了便于读者掌握书中内容,每章都配有适量的习题。本书内容充实,文字简练,通俗易懂,既可作为高等学校相关专业教材,也可作为经济管理工作者及相关人员了解、学习和研究运筹学的参考书。

图书在版编目(CIP)数据

运筹学基础教程/路正南,张怀胜编著. —3 版—合肥:中国科学技术大学出版社,2014.8(2018.7 重印)

ISBN 978-7-312-03591-3

Ⅰ.运⋯ Ⅱ.①路⋯②张⋯ Ⅲ.运筹学—高等学校—教材 Ⅳ.O22

中国版本图书馆 CIP 数据核字(2009)第 184820 号

出版	中国科学技术大学出版社
	安徽省合肥市金寨路 96 号,邮编:230026
	http://press.ustc.edu.cn
	https://zgkxjsdxcbs.tmall.com
印刷	合肥华苑印刷包装有限公司
发行	中国科学技术大学出版社
经销	全国新华书店
开本	880 mm×1230 mm 1/32
印张	11.25
字数	323 千
版次	2004 年 8 月第 1 版 2014 年 8 月第 3 版
印次	2018 年 7 月第 9 次印刷
印数	45001—48000 册
定价	28.00 元

第1版序言

"运筹"一词,早在《史记》中便已出现,后来在《三国演义》中更有"运筹如虎踞,决策似鹰扬"的诗句,而以"运筹学"作为其汉语译名的学科 Operations Research 或 Operational Research,则是第二次世界大战期间才出现名称的,有很多学者赞赏"运筹学"这个译名,认为它中西合璧,古为今用,形神兼备,凸现了这门学科运用定量分析来解决各种运作(Operation)问题的特色。运筹学的确是一门应用性极强的学科,半个多世纪以来,运筹学的理论和方法在工程技术、管理经营、经济分析、军事决策等诸多方面发挥了巨大的作用。在美国和日本等国,甚至有不少人认为运筹学即是管理科学。

由于运筹学运用数学模型、定量分析,曾有不少人不太相信它的应用结果,不过随着高新技术和知识经济的迅猛发展,运筹学的价值越来越被更多的人所认识。许多人在工作中总是接触到运筹学的思考方法和知识运用,有的人在研究成果中甚至对运筹学的发展作出了贡献,竞争决策分析、供应链管理、绩效评估、计算机辅助设计等便是俯拾即得的例子。以前,只有数学系、管理系才开设运筹学课程,而现在许多工科系也开设了。客观地说,学习和掌握运筹学既需要有坚实的数学基础,又需要具有必备的技术背景和良好的人文素质;既需要善于数学建模,又需要熟悉实践应用,因此,开设运筹学课程以及编写运筹学教材,的的确确是富于挑战性的教学基本建设。

江苏大学在教学改革和本科教育体制创新的基础上,不断探索,积极推进有关管理科学的学科建设,不断完善系列课程的教学计划和教材建设,取得了切实的成效,该校路正南、张怀胜两先生在收集整理大量国内外文献资料,认真总结教学、科研心得的基础上,结合工科高等院校管理学科的人才培养模式和教学的需要,合著的这本《运筹学基础教程》,表明了该校在运筹学教材建设上的良好开端。总观全书,以下特色是明显的:

(1)作者是用自己的语言成书的,有些地方说出了前人成果表述中未曾说到的意思。

(2)文字简练,内容深浅适度,便于阅读,符合工科院校本科教学的需要与学生的接受水平。

(3)注重理论联系实际和对工程的应用,书中有大量的应用实例和习题,对于工程实践应用富于启发性。

(4)作者根据我的建议,补写了第 6 章,内容是 CPM 与 PERT。这不仅增加了本书对实践的指导价值,而且还较好地体现著名数学家,中国科学技术大学原副校长华罗庚教授生前不遗余力倡导和推广统筹方法和优选法的理实交融的传统。

综上所述,我认为本书理论体系较为完整,内容丰富,深入浅出,是一本适合非数学类设置运筹学课程专业使用的好教材。

借此机会,顺便陈述以下意愿,我多年教数学系的运筹学以及后续的研究生课程,深感需要有一本既有一定理论深度,又能反映研究与应用方面最新发展趋向的运筹学基础教材,希望在运筹学界同仁的努力下,这种教材得以早日问世。

侯定丕

2004年 8月於 中国科学技术大学

注:侯定丕先生是中国科学技术大学教授,运筹学博士生导师,中国科学技术大学学位与研究生教育评估中心副主任,中国运筹学会理事,美国运筹学会会员,著有《运筹学教程》、《管理科学定量分析引论》、《博弈论导论》、《数量经济分析》等十余部学术著作,参加或主持的科研项目多项荣获第一次全国科学大会奖、中国科学院科技进步奖等。——出版者

前　言

　　运筹学是一门独立的新兴学科,它和自然科学、技术科学、社会科学都有密切的联系,具有很强的应用性。它的理论与方法在科学管理、工程技术、社会经济、军事决策等方面起着重要的作用,并已产生巨大的社会效益与经济效益。

　　运筹学是第二次世界大战期间在英国首先出现的,在欧美简称 OR(Operations Research)。由于该学科的应用领域十分广泛,而研究它的学者、专家们往往又具有不同的知识背景,至今还缺少一个能为各方面公认的运筹学定义。英国曼彻斯特大学的布莱特教授(P. M. S. Blackett),曾于 1941 年把运筹学解释成为"运用的科学分析"(Scientific Analysis of Operations),这可以认为是最早的关于运筹学的描述。在这以后,英国运筹学会给出的定义是:"运筹学是把科学方法应用于工业、商业、民政和国防方面,以指导和处理有关人、机、物、财的大系统中所发生的各种复杂问题,……目的是帮助主管人员科学地决定方针和行动。"美国运筹学会给出的定义是:"运筹学所研究的,通常是在必须分配稀少资源条件下,科学地决定如何最佳设计和运营人—机系统。"尽管这两个定义都不完善,但值得注意的是两者都强调工作的动机,即帮助决策者处理复杂的现实问题。

　　作为一门定量优化决策科学,运筹学研究问题的特点是从系统的观点出发,通过对实际问题的全面周密的调查分析,建立模型,如数学模型或仿真模型,对于要求解决的问题得到最合理的决策。在建立模型和求解的过程中,往往要用到一些数学方法和技巧。因此,在学习运筹学之前,必须先学微积分、线性代数和概率论、数理统计等课程。至于运筹学算法的练习,我们建议使用软件练习。

　　本书初版于 2004 年 8 月在中国科学技术大学出版社出版后,受到广大读者和同行专家的好评,被多所兄弟院校指定为相关专业本科教育教材,取得了很好的社会效益和积极成果。2006 年 8 月,根据相关专业本科教育教学改革的需要,我们对初版书进行了修订,8 年过去了,选用本书做教材的兄弟院校越来越多,其间本书先后 6 次重印,累计发行量达 4 万册。学术界对本书的认可,社会需求量的不断增加,就是对本书学术价值和使用价值的最好说明,也是本书成功的标志。我们感谢广大读者对本书的厚爱,同时也深深地感到有义务使本书内容更加完善。为此,我们决定再次对本书内容进行必要的调整与更新,出版第 3 版,使之更能适应快速发展的科学研究及社会生产实践的需要。新版书除了线性规划基础、线性规划专题、整数规划、动态规划、图与网络分析、网络计划技术、存贮论等内容外,还以附录形式给出了运筹学上机指导,以便于读者巩固和加强对运筹学理论、方法的认识、理解和运用。本书第 1、2、3、4 章由路正南编写,第 5、6、7 章及附录由张怀胜编写。

　　本书第 1 版在编写过程中,曾得到了运筹学教育与研究专家、中国科学技术大学数学系教授侯定丕先生的热情支持,侯先生在百忙中抽出宝贵时间,认真审阅了本书第 1 版的全部内容,提出了许多非常宝贵的修改建议,并欣然为本书初版作序,在此向侯先生和所有关心本书出版的朋友表示深切的感谢!

　　限于作者的水平,书中不妥之处在所难免,恳请同行专家和读者不吝赐教,以便使本书在将来再版时更臻完善。

　　需使用运筹学练习系统和考试系统(网络版)的学校或需使用练习系统单机版的读者请与作者联系。

　　联系方式:Email:zhhsh@ujs.edu.cn

作　者

2014 年 8 月

目　　次

第 1 章 线性规划基础

数学规划是运筹学的重要内容,它是研究在现有人力、财力和物力等资源条件下,合理调配和有效使用资源,以达到最优目标(产量最高、利润最大、成本最小、资源消耗最少等)的一种数学方法。线性规划是做了线性假设的数学规划。线性规划的数学理论是成熟的、丰富的,其解法统一而简单(即著名的单纯形法),求出的解是精确的全局最优解。

1.1 线性规划问题及其数学模型

1.1.1 问题提出

为了说明什么是线性规划问题,我们先来看两个例子。

【例 1.1】 某工厂用 A、B、C、D 四种原料生产甲、乙两种产品,生产甲和乙所需各种原料的数量以及在一个计划期内各种原料的现有数量见表 1.1。又已知每单位产品甲、乙分别可获利 400 元和 600 元,问应如何安排生产才能获得最大利润?

表 1.1   单位:千克

产　　品	所　需　原　料			
	A	B	C	D
甲	4	4	8	2
乙	4	2	0	4
现有原料数量	28	20	32	24

这个问题可以用以下的数学模型来描述,设生产甲种产品 x_1 个单位,乙种产品 x_2 个单位,则可得到的总利润为:

$$Z = 4x_1 + 6x_2 \quad (百元) \tag{1.1}$$

我们的目标是要使总利润达到最大,于是记成:

$$\max Z = 4x_1 + 6x_2 \tag{1.2}$$

式中,Z 是 x_1,x_2 的线性函数,称为目标函数,$\max Z$ 表示求目标函数的最大值。

另一方面,由于各种原料的数量是有限的,不管如何安排产量 x_1 和 x_2,都应满足下列四个条件:

$$4x_1 + 4x_2 \leqslant 28 \tag{1.3}$$

$$4x_1 + 2x_2 \leqslant 20 \tag{1.4}$$

$$8x_1 \qquad \leqslant 32 \tag{1.5}$$

$$2x_1 + 4x_2 \leqslant 24 \tag{1.6}$$

此外,产量不能为负值,即

$$x_1, x_2 \geqslant 0 \tag{1.7}$$

(1.3)式～(1.6)式的四个线性不等式和(1.7)式的变量非负条件一起,称为约束条件。

根据上述讨论,我们所要解决的问题可简述为:在满足约束条件下,求出变量 x_1,x_2(称为决策变量)的值,使目标函数达到最大。其数学模型写为:

$$\max Z = 4x_1 + 6x_2$$

$$\begin{cases} 4x_1 + 4x_2 \leqslant 28 \\ 4x_1 + 2x_2 \leqslant 20 \\ 8x_1 \qquad \leqslant 32 \\ 2x_1 + 4x_2 \leqslant 24 \\ x_1, x_2 \geqslant 0 \end{cases}$$

这就是例 1.1 的线性规划模型。

【例 1.2】 木材公司有三处木材来源及五个需要供应的市场。木材来源处 A,B,C 的每年供应量分别为 10 万 m³,20 万 m³ 及 15 万 m³。市场 1,2,3,4 及 5 每年可销售木材的数量分别为 7 万 m³,12 万 m³,9 万 m³,10 万 m³,8 万 m³,过去该公司一直用火车装运木材。因为现在火车运费上涨,所以考虑改用船舶来装运,但将要求公司对所用船舶进行投资。除了这些投资费用外,经由铁路(可行时)及经由水路,按每立方米木材所需运费(以元为单位)计算,今将每条途径的单位运费列于表 1.2。

表 1.2　　　　　　　　　　　　单位:元/m³

市场 来源	铁路运输单位费用					船运单位费用				
	1	2	3	4	5	1	2	3	4	5
A	24.1	28.5	17.7	22.0	26.3	12.2	14.8	9.5	—	14.0
B	27.4	30.8	23.6	19.5	22.4	14.4	17.2	10.9	9.3	12.2
C	23.5	26.4	25.0	24.2	18.5	—	13.2	14.3	12.5	10.4

沿每条途径每年船运每万 m³ 需要的船舶基本投资额(万元)示于表 1.3。

表 1.3　　　　　　　　　　　　单位:万元/万 m³

市场 来源	船　舶　投　资　额				
	1	2	3	4	5
A	110	121	95	—	114
B	117	127	108	100	106
C	—	113	110	107	96

该公司只能拨出 250 万元投资于船舶。目标是要确定在满足此投资预算及市场销售需求的同时,使总费用达到最小的全面运输计划。

试建立此问题的线性规划模型。

设 x_{ijk} 为从第 i 个来源以第 k 种方法供应第 j 个市场的木材数量;$k=1,2$ 分别代表铁路运输和船舶运输;$i=1,2,3,4$;$j=1,2,3,4,5$;Z 为总费用。

再设 c_{ijk} 为表中所给的运输单位费用,v_{ij} 为表中所给的投资于船舶的基本投资额。

此线性规划模型是:

$$\min Z=\sum_{i=1}^{3}\sum_{j=1}^{5}c_{ij1}x_{ij1}+\sum_{i=1}^{3}\sum_{j=1}^{5}(c_{ij2}+v_{ij})x_{ij2}$$

$$\sum_{j=1}^{5}\sum_{k=1}^{2}x_{ijk}=\begin{cases}10 & i=1\\20 & i=2\\15 & i=3\end{cases}$$

$$\sum_{i=1}^{3}\sum_{k=1}^{2} x_{ijk} \leqslant \begin{cases} 7 & j=1 \\ 12 & j=2 \\ 9 & j=3 \\ 10 & j=4 \\ 8 & j=5 \end{cases}$$

$$\sum_{i=1}^{3}\sum_{j=1}^{5} v_{ij} x_{ij2} \leqslant 250$$

式中，$x_{ijk} \geqslant 0, i=1,,2,3; \; j=1,2,3,4,5; \; k=1,2$。

上述两个数学模型具有的共同特征是：

（1）每一个问题都有一组决策变量$(x_1, x_2, \cdots, x_n)$，这组变量的一组定值就代表一个具体的规划方案。通常要求变量的取值是非负的。

（2）每个问题都有一个目标函数，它是决策变量的线性函数。按研究问题的不同，要求目标函数达到最大值，或者最小值。

（3）每个问题都存在一定的限制条件，它们都可以用线性不等式或线性等式来表达。

由于我们所要解决的问题就是要得到规划方案$(x_1, x_2, \cdots, x_n)$，而它的目标函数和约束条件都是决策变量的线性表达式，故称之为线性规划。线性规划的数学模型的一般形式为：

$$\max(\min)Z = c_1 x_1 + c_2 x_2 + \cdots + c_n x_n$$

$$\left. \begin{aligned} a_{11}x_1 + a_{12}x_2 + \cdots + a_{1n}x_n &\leqslant (=, \geqslant) b_1 \\ a_{21}x_1 + a_{22}x_2 + \cdots + a_{2n}x_n &\leqslant (=, \geqslant) b_2 \\ \cdots \\ a_{m1}x_1 + a_{m2}x_2 + \cdots + a_{mn}x_n &\leqslant (=, \geqslant) b_m \\ x_1, x_2, \cdots, x_n &\geqslant 0 \end{aligned} \right\} \qquad (1.18)$$

简写成：

$$\max(\min)Z = \sum_{j=1}^{n} c_j x_j$$

$$\left. \begin{aligned} \sum_{j=1}^{n} a_{ij} x_j &\leqslant (=, \geqslant) b_i & i = 1,2,\cdots,m \\ x_j &\geqslant 0 & j = 1,2,\cdots,n \end{aligned} \right\} \qquad (1.19)$$

写成矩阵形式为：

$$\max(\min)Z = CX$$
$$\left.\begin{array}{l} AX \leqslant (=, \geqslant)b \\ X \geqslant 0 \end{array}\right\}$$

(1.20)

其中，

$$X = \begin{bmatrix} x_1 \\ x_2 \\ \cdots \\ x_n \end{bmatrix} \quad C^T = \begin{bmatrix} c_1 \\ c_2 \\ \cdots \\ c_n \end{bmatrix} \quad b = \begin{bmatrix} b_1 \\ b_2 \\ \cdots \\ b_m \end{bmatrix}$$

$$A = \begin{bmatrix} a_{11} & a_{12} & \cdots & a_{1n} \\ a_{21} & a_{22} & \cdots & a_{2n} \\ \cdots & \cdots & \cdots & \cdots \\ a_{m1} & a_{m2} & \cdots & a_{mn} \end{bmatrix}$$

1.1.2 资源最优配置的线性规划模型

在经济建设、企业管理和生产实践等方面的各项活动中，我们常常需要合理分配有限资源，以期获得最大的效益。运用线性规划方法来研究这类问题，首先要建立它的数学模型。一个正确的数学模型的建立，要求建模者熟悉规划问题的生产和管理内容，明确目标要求和错综复杂的约束条件，要通过大量的调查和统计资料获取可靠的原始数据。这些要求对建立一个较复杂的实际模型是要花费相当大的工作量的。对于初学者来说，怎样从问题的内容出发，分析和认识问题，善于从数学这个角度有条理地表述出来，掌握建模过程是十分重要的技术。下面，我们通过各种不同有关资源最优配置的实例，来说明线性规划问题的建模过程，同时加深对线性规划的应用领域和它的现实意义的认识。

【例1.3】 （生产计划问题） 某厂生产产品Ⅰ，Ⅱ，Ⅲ。每种产品要经过 A,B 两道工序加工。该厂有两种规格的设备能完成 A 工序，分别以 A_1,A_2 表示，有三种规格的设备能完成 B 工序，分别以 B_1,B_2,B_3 表示。产品Ⅰ可在工序 A 和 B 任一种规格的设备上加工，产品Ⅱ可以在工序 A 的任何规格的设备上加工，但在完成工

序 B 时，只能在 B_1 设备加工；产品Ⅲ只能在 A_2 与 B_2 设备上加工。假定产品Ⅰ的销售量不超过 800 单位。已知三种产品在各设备上加工时，单位产品耗用的工时数（单位工时），原材料费，产品销售价格，各种设备有效台时以及满负荷操作时设备使用费如表 1.4 所示。

表 1.4

设　　　备	产　　品			设备有效台时	满负荷时的设备费用（元）
	Ⅰ	Ⅱ	Ⅲ		
A_1	5	10		6 000	300
A_2	7	9	12	10 000	321
B_1	6	8		4 000	250
B_2	4		11	7 000	783
B_3	7			4 000	200
原材料费（元/件）	0.25	0.35	0.50		
单　　位（元/件）	1.25	2.00	2.80		

要求安排最优的生产计划，使该厂利润最大。

为了定出决策变量，要看各种产品的生产方式组合有几种。

产品Ⅰ可采用六种不同方式进行生产，即以下列不同的两种设备组合进行产品加工：(A_1,B_1)，(A_1,B_2)，(A_1,B_3)，(A_2,B_1)，(A_2,B_2)，(A_2,B_3)；以 x_{11}，x_{12}，$\cdots$，x_{23} 分别代表产品Ⅰ用这六种方式加工的产品数量。产品Ⅱ可用下列两种设备组合进行加工，(A_1,B_1)，(A_2,B_1)；以 y_{11}，y_{21} 代表之，产品Ⅲ只能用一种设备组合加工：(A_2,B_2)；以 z_{22} 代表之。

用各种设备组合生产的产品，利润各不相同。以设备组合 (A_l,B_2) 生产产品 1 为例，A 每生产 1 单位产品Ⅰ的成本为 $300\times(5/6000)=0.25$；B_1 每生产 1 单位产品Ⅰ的成本为 $250\times(6/4000)=0.375$。产品Ⅰ每生产 1 单位所需的原料费为 0.25。因此，产品Ⅰ每生产 1 单位共需成本 0.875 元。产品Ⅰ的销售价格为 1.25 元，单位利润则为 $1.25-0.875=0.375$（元）。

类似地，可算出其他组合方式生产的产品利润，并没 S 为产品总利润。这样就可写出以下线性规划模型：

$$\max S=0.375x_{11}+0.3x_{12}+0.4x_{13}+0.4x_{21}+0.325x_{22}+$$

$$0.425x_{23}+0.65y_{11}+0.861y_{21}+0.672z_{22}$$

$$\begin{cases} 5x_{11}+5x_{12}+10y_{11}\leqslant6000 \\ 7x_{21}+7x_{22}+7x_{23}+9y_{21}+12z_{22}\leqslant10000 \\ 6x_{11}+6x_{21}+8y_{11}+8y_{21}\leqslant4000 \\ 4x_{12}+4x_{22}+11z_{22}\leqslant7000 \\ 7x_{13}+7x_{23}\leqslant4000 \\ x_{11}+x_{12}+x_{13}+x_{21}+x_{22}+x_{23}\leqslant800 \\ x_{ij}\geqslant0,\ (i=1,2;\ j=1,2,3);\ y_{11},\ y_{21}\geqslant0\ ,\ z_{22}\geqslant0 \end{cases}$$

设定不同的变量便会得到不同的模型,请读者想一想,此题还有其他不同的线性规划模型吗?

【例 1.4】 (生产进度问题) 某厂生产的一种产品,其需求具有季节性,假定每年只能在连续的三个月内进行生产和销售。生产可以按正常工作时间进行,也可以加班。前二个月的月产量可以大于当月的销售量而将多余的产品存贮,但要付出存贮费;而在第三个月月末要将产品全部售完。设产品在正常工作时间生产,每月最多能生产 300 单位,单位成本为 75 元。在加班时间生产,每月最多能生产 90 单位,单位成本为 95 元。每月生产量及平均成本不一定要相等。存贮费每月每单位 0.5 元。三个月的需求量分别为 160,380 和 300 单位。试确定每月在正常时间及加班时间各生产多少产品,使总成本最小。

设在第 i 月正常时间内生产的产品数为 $x_i(i=1,2,3)$,在第 i 月加班时间内生产的产品数为 $y_i(i=1,2,3)$,在第 i 月末存贮的产品数为 $s_i(i=1,2)$,则总成本为:

$$Z=75(x_1+x_2+x_3)+95(y_1+y_2+y_3)+0.5(s_1+s_2)$$

生产能力约束为:

$$x_i\leqslant300 \qquad i=1,2,3$$
$$y_i\leqslant90 \qquad i=1,2,3$$

产品需求约束为:

$$x_1+y_1-s_1=160$$
$$x_2+y_2+s_1-s_2=380$$
$$x_3+y_3+s_2=300$$

变量均为非负,即

$$x_i, y_i, s_i \geqslant 0$$

于是,该生产进度问题的线性规划模型为:

$$\min Z = 75(x_1 + x_2 + x_3) + 95(y_1 + y_2 + y_3) + 0.5(S_1 + S_2)$$

$$\begin{cases} x_i \leqslant 300 \\ y_i \leqslant 90 \\ x_1 + y_1 - s_1 = 160 \\ x_2 + y_2 + s_1 - s_2 = 380 \\ x_3 + y_3 + s_2 = 300 \\ x_i, y_i \geqslant 0 \quad (i=1,2,3), \quad s_i \geqslant 0 \quad (i=1,2) \end{cases}$$

请读者将此模型的存贮变量省去,写出其简化模型。

【例 1.5】 (合理下料问题) 设用某原材料下零件 $A_1, A_2,$ $\cdots, A_m$ 的毛坯。根据过去经验在一件原材料上有 $B_1, B_2, \cdots, B_n$ 种不同的下料方式,每种下料方式可得各种毛坯个数及每种零件需要量如表 1.5 所示。问应怎样安排下料方式,使得既能满足需要,用的原材料又最少。

表 1.5

零件名称	各下料方式下毛坯个数				零 件 需要量
	B_1	B_2	$\cdots$	B_n	
A_1	c_{11}	c_{12}	$\cdots$	c_{1n}	a_1
A_2	c_{21}	c_{22}	$\cdots$	c_{2n}	a_2
$\cdots$	$\cdots$	$\cdots$	$\cdots$	$\cdots$	$\cdots$
A_m	c_{m1}	c_{m2}	$\cdots$	c_{mn}	a_m

通过例 1.1~例 1.4 的分析求解,我们对线性规划问题的建模过程已有了一定的了解。从本例开始,在不难理解的情况下,将简化叙述。

设用 B_j 种方式下料的原料数为 x_j,则合理下料问题的线性规划模型为:

$$\min Z = \sum_{j=1}^{n} x_j$$

(所用原材料最少)

$$\begin{cases} \sum\limits_{j=1}^{n}c_{ij}x_j \geqslant a_i \quad (i=1,2,\cdots,m) \\ (\text{所下的 } A_i \text{ 零件总数不能少于 } a_i) \\ x_j \geqslant 0, \text{整数} \quad (j=1,2,\cdots,n) \\ (\text{各种方式下料的原材料数不能是负数、分数}) \end{cases}$$

【**例 1.6**】 （配料问题） 设用 n 种原料 $B_1,B_2,\cdots,B_n$ 制成具有 m 种成分 $A_1,A_2,\cdots,A_m$ 的产品,其所含各成分需要量分别不低于 $a_1,a_2,\cdots,a_m$。一单位原料所含成分的数量以及有关资料如表 1.6 所示。问应如何配料,才能使产品成本最低。

表 1.6

成分名称	每种原料所含成分				产品所含成分需要量
	B_1	B_2	$\cdots$	B_n	
A_1	c_{11}	c_{12}	$\cdots$	c_{1n}	a_1
A_2	c_{21}	c_{22}	$\cdots$	c_{2n}	a_2
$\cdots$	$\cdots$	$\cdots$	$\cdots$	$\cdots$	$\cdots$
A_m	c_{m1}	c_{m2}	$\cdots$	c_{mn}	a_m
单　　价	b_1	b_2	$\cdots$	b_n	

设取原料 B_j 为 x_j 单位($j=1,2,\cdots,n$)。则该配料问题的线性规划模型为:

$$\min Z = \sum_{j=1}^{n}b_j x_j \qquad (\text{产品成本最低})$$

$$\begin{cases} \sum\limits_{j=1}^{n}c_{ij}x_j \geqslant a_i \quad (i=1,2,\cdots,m) \\ (\text{各种原料所含成分 } A_i \text{ 的总数应不少} \\ \quad \text{于产品对 } A_i \text{ 的需要量 } a_i) \\ x_i \geqslant 0 \quad j=1,2,\cdots,n \\ (\text{所取原料不能为负数}) \end{cases}$$

【**例 1.7**】 （投资问题） 设有下面四个投资的机会:

甲:在三年内,投资人应在每年的年初投资,每年每元投资可获利息 0.2 元,每年取息后可重新将本息投入生息。

乙:在三年内,投资人应在第一年年初投资,每两年每元投资可获利息 0.5 元。两年后取息，可重新将本息投入生息。这种投资最多不得超过 20000 元。

丙：在三年内，投资人应在第二年年初投资，两年后每元投资可获利息 0.6 元，这种投资最多不得超过 15000 元。

丁：在三年内，投资人应在第三年年初投资，一年内每元投资可获利息 0.4 元，这种投资不得超过 10000 元。

假定在这三年为一期的投资中，每期的开始有 30000 元可供投资，投资人应怎样决定投资计划，才能在第三年年底获得最高的收益。建立此问题的线性规划模型。

设 x_{ij} 为第 j 年把资金作第 i 项投资的资金数（$i=1,2,3,4$ 分别对应投资机会甲、乙、丙、丁；$j=1,2,3$），x_0 为第三年年底的总本利数，则据题意可得线性规划模型：

$$\max x_0 = 1.2x_{13} + 1.6x_{32} + 1.4x_{43}$$

$$\begin{cases} x_{11} + x_{21} \leqslant 30\,000 \\ x_{12} + x_{32} \leqslant 30\,000 - x_{21} + 0.2x_{11} \\ x_{13} + x_{43} \leqslant 30\,000 + 0.2x_{11} + 0.2x_{12} + 0.5_{21} \\ x_{21} \leqslant 20\,000 \\ x_{32} \leqslant 15\,000 \\ x_{43} \leqslant 10\,000 \\ x_{ij} \geqslant 0, i=1,2,3,4; \quad j=1,2,3 \end{cases}$$

通过上述各例使我们看到，线性规划适用解决的问题面很广，因此不可能有一个统一的建模标准，这就使建模成为一种带技巧性的工作。尽管如此，建模过程还是有一定规律的，即通过对实际问题的分析、理解，要明确哪些是决策变量，目标要求是什么，有哪些资源限制条件，问题提供的数据是属于约束条件还是对应于目标要求，如何把变量、常数、约束条件、目标要求的相互关系联系起来列出相应的方程式。在列方程式过程中要注意变量、系数、常数的计量单位。计量单位要首先统一于标准的常用单位，在这方面任何的混淆都会导致解题答案的严重错误。

1.1.3　线性规划模型的标准化

由前节可知,线性规划问题的数学模型大体上是相同的,即在一组约束条件下求目标函数的极值问题。但仔细观察一下不难发现,它们之间还是有差异的。例如,关于目标函数,有的是求最大值,有的是求最小值;关于约束条件,有的是不等式约束,有的是等式约束。这些形式的多样化,给我们统一处理问题带来不便。因此,为了以后讨论方便起见,我们规定线性规划问题的标准形式为:

$$\max Z = c_1 x_1 + c_2 x_2 + \cdots + c_n x_n$$

$$\begin{cases} a_{11} x_1 + a_{12} x_2 + \cdots + a_{1n} x_n = b_1 \\ a_{21} x_1 + a_{22} x_2 + \cdots + a_{2n} x_n = b_2 \\ \qquad \cdots \\ a_{m1} x_1 + a_{m2} x_2 + \cdots + a_{mn} x_n = b_m \\ x_1, x_2, \cdots, x_n \geqslant 0 \end{cases}$$

简写为:

$$\max Z = \sum_{j=1}^{n} c_j x_j$$

$$\begin{cases} \sum\limits_{j=1}^{n} a_{ij} x_j = b_i & i = 1, 2, \cdots, m \\ x_j \geqslant 0 & j = 1, 2, \cdots, n \end{cases}$$

在标准形式中规定各约束条件的右端项 $b_i \geqslant 0$,否则,等式两端乘以"-1"。

用向量和矩阵符号表述时为:

$$\max Z = CX$$

$$\begin{cases} \sum\limits_{j=1}^{n} P_j x_j = b \\ x_j \geqslant 0 & j = 1, 2, \cdots, n \end{cases}$$

其中,　　　　　$C = (c_1, c_2, \cdots, c_n)$

$$X = \begin{bmatrix} x_1 \\ x_2 \\ \cdots \\ x_n \end{bmatrix} \qquad P_j = \begin{bmatrix} a_{1j} \\ a_{2j} \\ \cdots \\ a_{mj} \end{bmatrix} \qquad b = \begin{bmatrix} b_1 \\ b_2 \\ \cdots \\ b_m \end{bmatrix}$$

向量 P_j 对应的决策变量是 x_j。

用矩阵描述时，为：

$$\max Z = CX$$
$$\begin{cases} AX = b \\ X \geqslant O \end{cases}$$

其中，

$$A = \begin{bmatrix} a_{11} & a_{12} & \cdots & a_{1n} \\ \cdots & \cdots & \cdots & \cdots \\ a_{m1} & a_{m2} & \cdots & a_{mn} \end{bmatrix} = (P_1, P_2, \cdots, P_n); \quad O = \begin{bmatrix} 0 \\ 0 \\ \cdots \\ 0 \end{bmatrix}$$

称 A 为约束条件的 $m \times n$ 维系数矩阵，一般 $m < n$；m，$n > 0$。

实际碰到各种线性规划问题的数学模型都应变换为标准型后求解。现在讨论如何化标准型的问题。

（1）如果是求目标函数的最小值，即求 $\min Z = CX$，这时只要令 $-Z = Z'$，则原来求最小值的问题就化为求最大值问题 $\max Z' = -CX$，这就和标准型的目标函数相一致了。

（2）如果约束条件为不等式，这里又可分为两种情况：一种是约束方程为"$\leqslant$"不等式，则可在"$\leqslant$"不等式的左端加入非负松弛变量，把原不等式变为等式；另一种是约束方程为"$\geqslant$"不等式，则可在"$\geqslant$"不等式的左端减去一个非负剩余变量（也可称松弛变量），把不等式约束条件变为等式约束条件。

（3）若 x_j 无约束，即 x_j 可以为一切实数，则令：

$$x_j = x'_j - x''_j$$

其中，

$$x'_j \geqslant 0, \quad x''_j \geqslant 0$$

【例 1.8】 试将例 1.1 中的线性规划模型化为标准型。

解： 已知例 1.1 的模型为：

$$\max Z = 4x_1 + 6x_2$$

$$\begin{cases} 4x_1 + 4x_2 \leqslant 28 \\ 4x_1 + 2x_2 \leqslant 20 \\ 8x_1 \leqslant 32 \\ 2x_1 + 4x_2 \leqslant 24 \\ x_1, x_2 \geqslant 0 \end{cases}$$

因此，只要在上述不等式的左端分别加上松弛变量 x_3, x_4, x_5, x_6，即可得到标准型如下：

$$\max Z = 4x_1 + 6x_2 + 0x_3 + 0x_4 + 0x_5 + 0x_6$$

$$\begin{cases} 4x_1 + 4x_2 + x_3 = 28 \\ 4x_1 + 2x_2 + x_4 = 20 \\ 8x_1 + x_5 = 32 \\ 2x_1 + 4x_2 + x_6 = 24 \\ x_1, x_2, x_3, x_4, x_5, x_6 \geqslant 0 \end{cases}$$

所加的松弛变量 x_3, x_4, x_5, x_6，可以看成是未被利用的各种资源的数量，在本例中是指原料 A, B, C, D 未被利用的数量。由于原料未被充分利用，当然也就没有转变为利润，所以在目标函数中，它们的系数应当为零，即 $c_3 = c_4 = c_5 = c_6 = 0$。

【例 1.9】　试将线性规划模型

$$\min Z = -2x_1 + 4x_2 - 5x_3$$

$$\begin{cases} 2x_1 + 3x_2 + 2x_3 \leqslant 5 \\ x_1 - x_2 + x_3 \geqslant 7 \\ -3x_1 + x_2 + 4x_3 = -6 \\ x_1, x_2 \geqslant 0, \quad x_3 \text{ 无约束} \end{cases}$$

化为标准型。

解：　　令　$x_3 = x_4 - x_5$，　　　$x_1 \geqslant 0, x_5 \geqslant 0$

然后，在第一个约束不等式左边加上非负松弛变量 x_6，在第二个约束不等式左边减去非负松弛变量 x_7，而在第三个约束条件两边乘以 -1。

再令 $Z' = -Z$，将目标函数转化为 $\max Z'$。

这样，得到该线性规划模型的标准形式：

$$\max Z' = 2x_1 - 4x_2 + 5(x_4 - x_5) + 0x_6 + 0x_7$$

$$\begin{cases} 2x_1 + 3x_2 + 2(x_4 - x_5) + x_6 = 5 \\ x_1 - x_2 + (x_4 - x_5) - x_7 = 7 \\ 3x_1 - x_2 - 4(x_4 - x_5) = 6 \\ x_1, x_2, x_4, x_5, x_6, x_7 \geqslant 0 \end{cases}$$

通常在书写时,可将目标函数中的松弛变量省去。

1.2　线性规划问题的解及其基本性质

线性规划问题的数学模型一经建立,以后就是如何求解的问题了。为了便于更好地理解线性规划的基本解法——单纯形法,先来介绍一下线性规划解的基本概念及其性质。

1.2.1　两个变量线性规划问题的图解法

对于两个变量的线性规划问题,我们可以建立平面直角坐标系 $O-X_1X_2$,则两个变量 x_1,x_2 所组成的数组(x_1, x_2)可看成平面上一个点的坐标,而约束条件中的每个不等式都表示一个半平面。这样,就能借助于平面直角坐标系中的图形来求解,而无需将它化为标准形式。

【例 1.10】　用图解法求解例 1.1,即求解线性规划问题

$$\max Z = 4x_1 + 6x_2$$

$$\begin{cases} 4x_1 + 4x_2 \leqslant 28 \\ 4x_1 + 2x_2 \leqslant 20 \\ 8x_1 \leqslant 32 \\ 2x_1 + 4x_2 \leqslant 24 \\ x_1, x_2 \geqslant 0 \end{cases}$$

解:　线性规划的约束条件是由等式或不等式组成的,其中每个不等式代表一个半平面,将不等式中的不等号改为等号,相应的等式即是半平面的边界直线方程。

每条边界直线将平面分为两个半平面,那么每个不等式所代表的是哪个半平面呢? 可这样决定:将不等式等价变形,使其中一

个变量单独出现在不等式的左边,即可判断出所求半平面在边界直线的哪一边。例如此题中的第一个不等式:

$$4x_1+4x_2\leqslant28$$

可改写为:

$$x_2\leqslant-x_1+7$$

因此,第一个半平面是其边界直线 $x_2=-x_1+7$ 的以下部分。

此例中满足约束条件的点集是 6 个不等式所代表的六个半平面的相交部分,即图 1.1 中凸多边形 $OABCDE$ 所围成的区域。

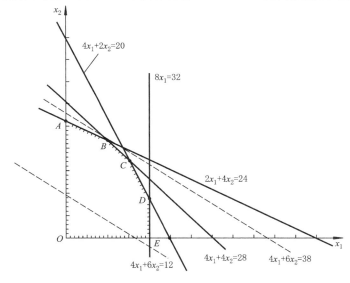

图 1.1

凸多边形 $OABCDE$ 中的每一个点(包括边界点)都是这个线性规划问题的一个解,称它为可行解。因此整个区域 $OABCDE$ 是线性规划问题的解集合,称它为可行域。

我们在全体可行解中,找一个最优解,就是找使目标函数值最大的可行解。为此,给定 Z 一个值,比如 $Z=12$,那么 $4x_1+6x_2=12$ 是坐标平面上一条直线。在这直线上的任何一点都使目标函数取值为 12,称这样的直线为等值线。让 Z 变化,则可得到一族以 Z 为参数的平行直线。但要注意:平行直线族的每一条只有被凸多

边形 $OABCDE$ 所分割的线段上的所有点才是可行解，即：平行直线族必须经过可行域。

这族平行直线的斜截式方程如下：

$$x_2 = -\frac{2}{3}x_1 + \frac{1}{6}Z$$

因此，求 Z 的最大值转变为求这族平行直线中截距的最大值，这只要在这族平行直线中，找出经过可行域的截距最大的一条即可。

从图 1.1 中可以看出，经过 B 点的一条即符合要求。即 B 点坐标既满足约束条件，又使目标函数取得最大值。而容易求得 B 点的坐标为 $(2,5)$，则该线性规划问题的最优解为 $x_1=2, x_2=5$，相应的目标函数的最大值为：

$$Z = 4 \times 2 + 6 \times 5 = 38$$

【例 1.11】 若把例 1.1 的目标函数改为 $Z=4x_1+4x_2$ 那么 BC 边上每一点的坐标都是最优解（因为平行直线族中，离原点最远的一条直线 $4x_1+4x_2=28$ 与 BC 边相重合）。因此，该问题的最优解有无穷多个，而它们对应的目标函数值都是 28。

【例 1.12】 若将例 1.1 再增加一个约束条件：$x_2 \geqslant 7$，则可行域变为空集，该线性规划问题无可行解。一般来说，出现无可行解的情况，即表明数学模型中存在矛盾的约束条件。

【例 1.13】 用图解法求解线性规划问题

$$\max Z = 2x_1 + 2x_2$$

$$\begin{cases} x_1 - x_2 \geqslant 1 \\ -x_1 + 2x_2 \leqslant 0 \\ x_1, x_2 \geqslant 0 \end{cases}$$

解： 满足约束条件的点，即图 1.2 中的凸域 $ABCD$ 是无界的。当平行直线族的直线 $2x_1+2x_2=k(k$ 为常数$)$ 无限远离原点时，都可以与凸域 $ABCD$ 相交，所以目标函数无上界，因此无最优解。

【例 1.14】 如果把例 1.13 改为使目标函数的值最小，那么由图 1.2 可以看出，直线 $2x_1+2x_2=k$ 离原点愈近时，目标函数值愈小,显然,Z 的最小值由 C 点得到。所以最优解为 $x_1 = 1, x_2 = 0$,相应的目标函数最小值为 $Z = 2 \times 1 + 2 \times 0 = 2$。

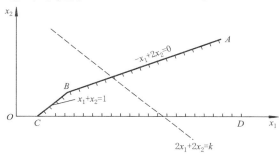

图 1.2

从线性规划的图解法可以得出两点直观结论:

(1) 线性规划问题的可行域为凸多边形或凸多面体,特殊情况下为无界域(但有有限个顶点)或空集。

(2) 线性规划若有最优解,一定可以在其可行域的顶点上得到。以后将证明这两个结论具有普遍意义。

1.2.2　线性规划问题解的基本概念和性质

一、解的基本概念

设一般线性规划问题的标准型为:

$$\max Z = \sum_{j=1}^{n} c_j x_j \tag{1.21}$$

$$\begin{cases} \sum_{j=1}^{n} a_{ij} x_j = b_i & i = 1, 2, \cdots, m \tag{1.22} \\ x_j \geqslant 0 & j = 1, 2, \cdots, n \tag{1.23} \end{cases}$$

下面介绍线性规划问题解的基本概念:

可行解:满足上述约束条件(1.22)和(1.23)的解 $x = (x_1, x_2 \cdots, x_n)^T$,称为线性规划问题的可行解。

可行域:所有可行解的集合称为可行域。

最优解:使目标函数达到最大值的可行解称为线性规划问题

的最优解。

基:设 $A=(a_{ij})_{mn}$ 是约束方程组(1.22)的系数矩阵,其秩为 m。B 是矩阵 A 中的 $m\times m$ 阶非奇异子矩阵($|B|\neq 0$),则称 B 是线性规划问题的一个基。这就是说,矩阵 B 由 m 个线性无关的列向量组成,不失一般性。可设:

$$B=\begin{pmatrix} a_{11} & a_{12} & \cdots & a_{1m} \\ a_{21} & a_{22} & \cdots & a_{2m} \\ \cdots & \cdots & \cdots & \cdots \\ a_{m1} & a_{m2} & \cdots & a_{mn} \end{pmatrix}=(P_1,\ P_2,\cdots,P_m)$$

基向量:基 B 的列向量 $P_j(j=1,2,\cdots,m)$ 称为线性规划问题的基向量。基 B 中共有 m 个基向量。

基变量:与基向量 P_j 相对应的变量 $x_j(j=1,2,\cdots,m)$ 被称之为基变量,否则称为非基变量。基变量共有 m 个,非基变量共有 $n-m$ 个。

为了进一步讨论线性规划问题的解,下面来研究约束方程组(1.22)式的求解问题。假设该方程组系数矩阵 A 的秩为 m,且 $m<n$,故它有无穷多个解。假设前 m 个变量的系数列向量是线性独立的,这时(1.22)式可写成:

$$\begin{pmatrix} a_{11} \\ a_{21} \\ \cdots \\ a_{n1} \end{pmatrix}x_1+\begin{pmatrix} a_{12} \\ a_{22} \\ \cdots \\ a_{n2} \end{pmatrix}x_2+\cdots+\begin{pmatrix} a_{1m} \\ a_{2m} \\ \cdots \\ a_{mn} \end{pmatrix}x_m$$

$$=\begin{pmatrix} b_1 \\ b_2 \\ \cdots \\ b_m \end{pmatrix}-\begin{pmatrix} a_{1\,m+1} \\ a_{2\,m+1} \\ \cdots \\ a_{m\,m+1} \end{pmatrix}x_{m+1}-\cdots-\begin{pmatrix} a_{1n} \\ a_{2n} \\ \cdots \\ a_{mn} \end{pmatrix}x_n \qquad (1.24)$$

或

$$\sum_{j=1}^{m}P_jx_j=b-\sum_{j=m+1}^{n}P_jx_j$$

方程组(1.24)的一个基是:

$$B = \begin{pmatrix} a_{11} & a_{12} & \cdots & a_{1m} \\ a_{21} & a_{22} & \cdots & a_{2m} \\ \cdots & \cdots & \cdots & \cdots \\ a_{m1} & a_{m2} & \cdots & a_{mm} \end{pmatrix} = (P_1, P_2, \cdots, P_m)$$

设 X_B 是对应于这个基的基变量：

$$X_B = (x_1, x_2, \cdots, x_m)^T$$

现若令(1.24)的非基变量 $x_{m+1} = x_{m+2} = \cdots = x_n = 0$，并用高斯消去法可以求出一个解：

$$X = (x_1, x_2, \cdots, x_m, 0, \cdots, 0)^T \qquad (1.25)$$

基本解：令所有非基变量为 0，求出的满足约束条件(1.22)式的解(1.25)式称为基本解。显然，基本解的非零分量的个数不大于方程个数 m，若非零分量的个数等于 m 时称为非退化基本解，若非零分量的个数小于 m 时称为退化基本解。在以下讨论时，假设不出现退化的情况。

基本可行解：满足非负条件(1.23)式的基本解，称为基本可行解。

可行基：对应于基本可行解的基，称为可行基。

不难看出，对于每一个基，就可以求出一个基本解。而一个 $m \times n$ 矩阵 A，最多有 C_n^m 个基，因此约束方程组(1.22)式最多只有 C_n^m 个基本解，从而也最多只有 C_n^m 个基本可行解。可以验证，对于例 1.1 来说，图 1.1 中可行域的顶点 O, A, B, C, D, E，它们的坐标都是基本可行解。

二、凸集与顶点

我们已经看到，线性规划问题的可行解域是一个凸多边形或凸的无界区域。现对其作严格的数学定义。

凸集：设集合 K 中任意两点 X_1, X_2 的连线上的所有点都是集合 K 中的点，则称 K 为凸集。由于 X_1, X_2 的连线上的点可表示为：

$$\alpha X_1 + (1 - \alpha) X_2 \qquad (0 \leqslant \alpha \leqslant 1)$$

因此也可以说，对任何 $X_1 \in K, X_2 \in K$，都有 $\alpha X_1 + (1 - \alpha) X_2 \in K$，

$(0 \leqslant \alpha \leqslant 1)$，则称 K 为凸集。

如图 1.3 中，(a)，(b)，(c)是凸集，(d)，(e)不是凸集。

凸组合：设 X_1，X_2，$\cdots$，X_n 是集合 K 中的 n 个点，若存在 λ_1，λ_2，$\cdots$，λ_n，且 $0 \leqslant \lambda_i \leqslant 1$，$i=1,2,\cdots,n$，$\sum\limits_{i=1}^{n}\lambda_i=1$，使

$$X=\lambda_1 X_1+\lambda_2 X_2+\cdots+\lambda_n X_n$$

则称 X 为 X_1，X_2，$\cdots$，X_n 的凸组合。

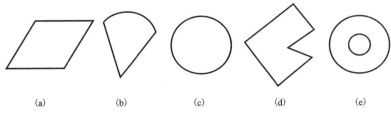

(a)　　　　(b)　　　　(c)　　　　(d)　　　　(e)

图 1.3

顶点：设 X 为凸集 K 的一个点，若 X 不能用 K 中两个不同的点 X_1,X_2 的凸组合表示为：

$$X=\alpha X_1+(1-\alpha)X_2 \qquad (0<\alpha<1)$$

则称 X 为 K 的一个顶点（或极点）。也就是说，顶点是不能用 K 的两个不同的点的凸组合表示的。但可以证明，若 K 是有界凸集，则 K 中的任何一点都可用 K 的顶点的凸组合来表示。

三、解的基本性质

性质 1　线性规划问题的可行解域

$$D=\{X \mid AX=b, X \geqslant 0\}$$

是凸集。

　　证　设 $X^{(1)} \in D$ 与 $X^{(2)} \in D$ 为它的任意两个可行解。令

$$X=\alpha X^{(1)}+(1-\alpha)X^{(2)} \qquad (0<\alpha<1)$$

$\because$ 　　　　$AX^{(1)}=b$，　　　$X^{(2)}=b$

$\therefore$ 　　$AX=A[\alpha X^{(1)}+(1-\alpha)X^{(2)}]$

　　　　　$=\alpha AX^{(1)}+(1-\alpha)AX^{(2)}$

　　　　　$=\alpha b+(1-\alpha)b$

　　　　　$=b$

又 $\because$ $\quad\quad\quad\quad\quad X^{(1)}\geqslant0,\ X^{(2)}\geqslant0$ 且 $0<a<1$

$\quad\therefore$ $\quad\quad\quad\quad\quad X=\alpha X^{(1)}+(1-\alpha)X^{(2)}\geqslant0$

$\therefore X\in D$，即 D 是凸集。

引理　线性规划问题的可行解 $X=(x_1,x_2,\cdots,x_n)^T$ 为基本可行解的充要条件是 X 的正分量所对应的系数列向量线性无关。

证　(1)必要性。由基本可行解的定义显见。

(2)充分性。若向量 $P_1,P_2,\cdots,P_k$ 线性无关，则必有 $k\leqslant m$；当 $k=m$ 时，它们恰好构成一个基，从而 $X=(x_1,x_2,\cdots,x_n)^T$ 为相应的基本可行解。当 $k<m$ 时，则一定可以从其余列向量中找出 $(m-k)$ 个与 $P_1,P_2,\cdots,P_k$ 构成一个基，其对应的解恰为 X，所以据定义它是基本可行解。

性质 2　线性规划问题的可行解 $X=(x_1,x_2,\cdots,x_n)^T$ 是可行域 D 的顶点的充分必要条件为 X 是基本可行解。

证　设 X 的正分量为 $x_1,x_2,\cdots,x_k$。

(1)充分性。用反证法，假设 X 不是可行域上的顶点，则存在 $X^{(1)}\in D,X^{(2)}\in(D,X^{(1)}\neq X^{(2)}$ 和 $\lambda,0<\lambda<1$，使得 $X=\lambda X^{(1)}+(1-\lambda)X^{(2)}$；则可以得到：$X^{(1)}$ 和 $X^{(2)}$ 的正分量也是前 k 个，其余为零分量，由此可得：

$$x_1^{(1)}P_1+x_2^{(1)}P_2+\cdots+x_k^{(1)}P_k=b$$
$$x_1^{(2)}P_1+x_2^{(2)}P_2+\cdots+x_k^{(2)}P_k=b$$

将上面的两式相减，得：

$$(x_1^{(1)}-x_1^{(2)})P_1+(x_2^{(1)}-x_2^{(2)})P_2+\cdots+(x_k^{(1)}-x_k^{(2)})P_k=0$$

因此 $P_1,P_2,\cdots,P_k$ 线性相关，由引理，X 不是基可行解，这与已知 X 是基可行解矛盾，因此 X 必是可行域上的顶点。

(2)必要性。仍用反证法，假设 X 不是基可行解，由引理，$P_1,P_2,\cdots,P_k$ 线性相关，即存在不全为零的数 $\alpha_1,\alpha_2,\cdots,\alpha_k$，使得

$$\alpha_1P_1+\alpha_2P_2+\cdots+\alpha_kP_k=0$$

由于 $x_1,x_2,\cdots,x_k$ 均为正数，故只要 $|\mu|$ 充分小，下面两式构造的两点就满足

$$X^{(1)}=(x_1+\mu\alpha_1,x_2+\mu\alpha_2,\cdots,x_k+\mu\alpha_k,0,\cdots,0)^T\geqslant0$$
$$X^{(2)}=(x_1-\mu\alpha_1,x_2-\mu\alpha_2,\cdots,x_k-\mu\alpha_k,0,\cdots,0)^T\geqslant0$$

直接代入约束条件的向量式可以验证 $X^{(1)}, X^{(2)}$ 满足

$$AX^{(1)} = AX^{(2)} = b$$

即点 $X^{(1)}, X^{(2)} \in D$, 而 $X = \dfrac{1}{2} X^{(1)} + \dfrac{1}{2} X^{(2)}$, 与 X 是顶点矛盾, 因此 X 是基可行解。

性质 3　若可行域非空有界, 则线性规划问题一定存在最优解。

证　由闭区域上连续函数的最大值最小值存在定理立即得到此性质。

性质 4　若线性规划问题存在最优解, 则至少有一个基本可行解为最优解。

证　设 $X = (x_1, x_2, \cdots, x_n)^{\mathrm{T}}$ 是线性规划问题的最优解, 如果 X 不是基本可行解, 设 X 的正分量为 $x_1, x_2, \cdots, x_k$, 与性质 2 证明类似, 构造两个新的可行解:

$$X^{(1)} = (x_1 + \mu\alpha_1, x_2 + \mu\alpha_2, \cdots, x_k + \mu\alpha_k, 0, \cdots, 0)^{\mathrm{T}} = X + \mu\alpha$$

$$X^{(2)} = (x_1 - \mu\alpha_1, x_2 - \mu\alpha_2, \cdots, x_k - \mu\alpha_k, 0, \cdots, 0)^{\mathrm{T}} = X - \mu\alpha$$

其中, $\alpha = (\alpha_1, \alpha_2, \cdots, \alpha_k, 0, \cdots, 0)^T$, $\alpha_1, \alpha_2, \cdots, \alpha_k$ 不全为零。

取

$$\mu = \min\left\{ \frac{x_i}{|\alpha_i|} \mid \alpha_i \neq 0, i = 1, 2, \cdots, k \right\}$$

以下我们首先证明 $X^{(1)}, X^{(2)}$ 都是最优解。这是由于:

$$CX^{(1)} = CX + \mu C\alpha$$

$$CX^{(2)} = CX - \mu C\alpha$$

而 X 为最优解, 于是有:

$$\mu C\alpha = CX^{(1)} - CX \leqslant 0$$

$$\mu C\alpha = CX - CX^{(2)} \geqslant 0$$

所以

$$\mu C\alpha = 0$$

$$CX^{(1)} = CX^{(2)} = CX$$

即 $X^{(1)}, X^{(2)}$ 都是最优解。

其次, 从 $X^{(1)}$ 和 $X^{(2)}$ 的构造方法可以看出 $X^{(1)}$ 和 $X^{(2)}$ 中至少有

一个,其正分量的个数比 X 的少,不妨假设 $X^{(1)}$ 的正分量比 X 的正分量少。如果 $X^{(1)}$ 的正分量对应的系数列向量线性无关,则此解为基本可行解;否则按以上方法继续减少正分量的个数,如果这样得到的解序列,其正分量对应的系数列向量一直是线性相关的,则最后必然减少到没有正分量,即为零解,而零解是退化的基本可行解。

值得说明的是,有时目标函数可能在多个顶点处达到最大值,这时在这些顶点的凸组合上也达到最大值,则此线性规划问题必有无限多个最优解。另外,若可行域为无界,则可能无最优解,也可能有最优解,若有也必定在某顶点上得到。

综上所述,线性规划问题的可行域是一个凸集,它们有有限个顶点,若存在最优解,则至少有一个可行域的顶点是最优解。因此,只要比较各顶点处的目标函数值(不超过 C_n^m 个)就能找出最优解,当然,当 m,n 很大时,这种办法是行不通的,必须寻找更有效的办法。

1.3　单 纯 形 法

单纯形法是求解线性规划问题最为有效的一个方法,它的基本思想是从满足所有约束条件的一个基本可行解(即从可行域的一个顶点)出发,经过基变换转换到另一个基本可行解,使目标函数值不断增大直至达到一个最大值点,从而得到问题的最优解。在对最优解进行搜索的过程中,为了保证只会碰到基本可行解,而且每一个新的解都有可能改进目标函数值,必须满足两个基本条件:

(1)最优性条件,即在求解问题的过程中,保证获得的新的基本可行解不会比原来的基本可行解更差。

(2)可行性条件,即在求解过程中,保证从一个基本可行解出发,在计算过程中只会碰到基本可行解。为了实现这两个条件,在单纯形法中将建立一套法则,利用这套法则,首先可以判别已获得的基本可行解是否是最优解;其次,它能指明寻找新的基本可行解的方向。

1.3.1　引例

由于线性规划问题标准型的约束条件是线性方程组，所以我们完全有可能用代数方法来解一个具体的线性规划问题。下面仍然用例1.1来讨论。

【例 1.15】　例 1.1 的线性规划问题的标准型为：

$$\max Z = 4x_1 + 6x_2 + 0x_3 + 0x_4 + 0x_5 + 0x_6 \qquad (1.27)$$

$$\left.\begin{array}{l} 4x_1 + 4x_2 + x_3 = 28 \\ 4x_1 + 2x_2 + x_4 = 20 \\ 8x_1 + x_5 = 32 \\ 2x_1 + 4x_2 + x_6 = 24 \\ x_1, x_2, x_3, x_4, x_5, x_6 \geqslant 0 \end{array}\right\} \qquad (1.28)$$

约束方程组的系数矩阵：

$$A = (P_1, P_2, P_3, P_4, P_5, P_6) = \begin{pmatrix} 4 & 4 & 1 & 0 & 0 & 0 \\ 4 & 2 & 0 & 1 & 0 & 0 \\ 8 & 0 & 0 & 0 & 1 & 0 \\ 2 & 4 & 0 & 0 & 0 & 1 \end{pmatrix}$$

容易看出，x_3，x_4，x_5，x_6 的系数构成一个基：

$$B = \begin{pmatrix} 1 & 0 & 0 & 0 \\ 0 & 1 & 0 & 0 \\ 0 & 0 & 1 & 0 \\ 0 & 0 & 0 & 1 \end{pmatrix}$$

因此，对应于 B 的变量 x_3，x_4，x_5，x_6 为基变量，x_1，x_2 为非基变量。

基变量可用非基变量表达成：

$$\left.\begin{array}{l} x_3 = 28 - 4x_1 - 4x_2 \\ x_4 = 20 - 4x_1 - 2x_2 \\ x_5 = 32 - 8x_1 \\ x_6 = 24 - 2x_1 - 4x_2 \end{array}\right\} \qquad (1.29)$$

将(1.29)式代入目标函数(1.27)式,得:

$$Z = 4x_1 + 6x_2 + 0 \tag{1.30}$$

令非基变量 $x_1 = x_2 = 0$,由(1.29)式可得一个基本可行解:

$$X^{(0)} = (0,\ 0,\ 28,\ 20,\ 32,\ 24)^{\mathrm{T}}$$

将此式代入(1.27)式,得:　　　　　$Z = 0$

这个基本可行解对应着图 1.1 中可行域 $OABCDE$ 的顶点 O,它表明该厂没有安排产品甲、乙的生产,资源没有被利用,所以该厂的利润为 0。

现在我们来看看目标函数值还有没有可能得到改善。从目标函数的表达式(1.30)可以看出, x_1, x_2 的系数都是正数,因此,如果将这两个非基变量中的任意一个变成基变量,也就是使该变量的取值由零变为正值,都有可能使目标函数值增加。这就是所谓进行基变换。为使变换后目标函数值增加的幅度最大,一般应选正系数最大的那个非基变量作为换入变量,这里显然是应将 x_2 换到基变量中去,同时还要从原来的基变量中确定一个换出来成为非基变量。确定换出变量的原则是使得到的新的基本解同时是可行解。为此,我们来分析(1.29)式。

由于 x_2 是换入变量,它的值将从零增加为正值,同时 x_1 仍然是非基变量,其值仍为零,代入(1.29)式可得到:

$$\begin{cases} x_3 = 28 - 4x_2 \\ x_4 = 20 - 2x_2 \\ x_5 = 32 \\ x_6 = 24 - 4x_2 \end{cases}$$

随着 x_2 值的增加, x_3, x_4, x_5, x_6 的值就会逐渐变小,但始终应保持非负。因此, x_2 值的增加是有限制的。容易看出,该限制可以表示为:

$$x_2 \leqslant \min\left(\frac{28}{4},\ \frac{20}{2},\ -,\ \frac{24}{4}\right) = 6$$

这就是说,当 x_2 的值由零增加到 6 时,原来基变量 x_6 的值最先变为零,而另外三个基变量 x_3, x_4 和 x_5 仍然保持正值。因此,只要用 x_2 取代 x_6 成为基变量,而且 x_2 的取值不大于 6,就能保证原

来的基变量 x_3, x_4, x_5 和 x_6 的值都大于或等于零。于是,新的基变量为 x_3 , x_4, x_5 和 x_2,非基变量为 x_1 和 x_6。

根据(1.29)式重新写出用非基变量表示的基变量的表达式:

$$
\left.
\begin{aligned}
x_3 &= 4 - 2x_1 + x_6 \\
x_4 &= 8 - 3x_1 + \frac{1}{2}x_6 \\
x_5 &= 32 - 8x_1 \\
x_2 &= 6 - \frac{1}{2}x_1 - \frac{1}{4}x_6
\end{aligned}
\right\}
\tag{1.31}
$$

将此方程组中的变量 x_2 代入目标函数(1.27)式,得:

$$
Z = 36 + x_1 - \frac{6}{4}x_6 + 0 \tag{1.32}
$$

当非基变量等于零时,得 $Z = 36$,并得到另一个基本可行解:

$$
X^{(1)} = (0, 6, 4, 8, 32, 0)^{\mathrm{T}}
$$

这个基本可行解相应于图 1.1 中可行域的顶点 A。从目标函数 (1.32)式看到,非基变量 x_1 的系数仍为正,这说明目标函数值还可以再增大,就是说上面得到的 $X^{(1)}$ 还不是最优解。因此必须继续进行基变换。

首先,确定换入变量。在目标函数(1.32)式中,系数为正的非基变量只有 x_1,所以 x_1 为换入变量。

其次,确定换出变量。在(1.31)式中,x_1 已确定为换入变量,因此必须从基变量 x_3, x_4, x_5, x_2 中确定一个换出变量并保持其余变量仍为非负,为此在(1.31)式中令 $x_6 = 0$,可得:

$$
\begin{cases}
x_3 = 4 - 2x_1 \\
x_4 = 8 - 3x_1 \\
x_5 = 32 - 8x_1 \\
x_2 = 6 - \frac{1}{2}x_1
\end{cases}
$$

从而有:

$$
X_1 \leqslant \min\left(\frac{4}{2}, \frac{8}{3}, \frac{32}{8}, \frac{6}{1/2}\right) = 2
$$

于是,新的基变量为 x_1, x_2, x_4, x_5,非基变量为 x_3 和 x_6。

最后进行基变换。根据(1.31)式重新写出用非基变量表示的基变量的表达式：

$$\begin{cases} x_1 = 2 - \dfrac{1}{2}x_3 + \dfrac{1}{2}x_6 \\[2mm] x_4 = 2 + \dfrac{3}{2}x_3 - x_6 \\[2mm] x_5 = 16 + 4x_3 - 4x_6 \\[2mm] x_2 = 5 + \dfrac{1}{4}x_3 - \dfrac{1}{2}x_6 \end{cases}$$

将上式 x_1 代入目标函数(1.32)式中,得：

$$Z = 38 - \frac{1}{2}x_3 - x_6 + 0 \qquad\qquad (1.33)$$

当非基变量等于 0 时,得 $Z=38$,并得到另一个基本可行解：

$$X^{(2)} = (2,\ 5,\ 0,\ 2,\ 16,\ 0)^{\mathrm{T}}$$

不难看见,这个基本可行解相应于图 1.1 中可行域的顶点 B。

现在我们看到,在目标函数(1.33)式中,两个非基变量的系数已经都是负数,如果再将它们中的某一个换入基变量中,则目标函数值就要下降。所以当 $X^{(2)}=(2,5,0,2,16,0)^{\mathrm{T}}$ 时,目标函数值 $Z=38$ 最大,即产品甲、乙分别生产 2 个和 5 个单位,工厂获得最大利润 38(百元)。这个结果和图解法的结果是一致的。

上述求解线性规划的方法实际上就是单纯形法,它的基本思路是从约束方程的一个基本可行解 $X^{(0)}$(通常称为初始基本可行解)出发,通过确定换入与换出变量,并利用代数迭代变换方法,施行基变换并实现从一个基本可行解向另一个基本可行解的转换,直到取得最优解为止。

1.3.2　线性规划问题的单纯形解法

有了上面的讨论以后,我们来介绍一般线性规划问题的单纯形解法。

一、构造初始可行基

为了使单纯形法可以起步,首先必须有一个初始基本可行解,为此,必须找出一个初始基。

如果线性规划问题为:

$$\max Z = \sum_{j=1}^{n} c_j x_j$$

$$\left.\begin{array}{ll} \sum_{j=1}^{n} a_{ij} x_j \leqslant b_i & (i=1,2,\cdots,m) \\ x_j \geqslant 0 & (j=1,2,\cdots,n) \end{array}\right\} \quad (1.34)$$

即约束条件全是"$\leqslant$"形式的不等式,只要在不等式的左边加上一个非负的松弛变量,变成等式约束,如下:

$$\left.\begin{array}{l} a_{11}x_1 + a_{12}x_2 + \cdots + a_{1n}x_n + x_{n+1} = b_1 \\ a_{21}x_1 + a_{22}x_2 + \cdots + a_{2n}x_n + x_{n+2} = b_2 \\ \cdots \\ a_{m1}x_1 + a_{m2}x_2 + \cdots + a_{mn}x_n + x_{n+m} = b_m \end{array}\right\} \quad (1.35)$$

这样,可取加上去的松弛变量 $x_{n+1}, x_{n+2}, \cdots, x_{n+m}$ 作为基变量,它们对应的系数单位矩阵

$$B = (P_{n+1}, P_{n+2}, \cdots, P_{n+m}) = \begin{pmatrix} 1 & 0 & \cdots & 0 \\ 0 & 1 & \cdots & 0 \\ \cdots & \cdots & \cdots & \cdots \\ 0 & 0 & \cdots & 1 \end{pmatrix}$$

作为初始可行基。本小节先讨论这种形式的线性规划问题。

如果约束条件是"$\geqslant$"形式的不等式,或者虽然是等式约束,但是约束方程系数矩阵中不存在 m 阶单位矩阵,那么,对于"$\geqslant$"形式的不等式约束,可以首先在不等式左端减去一个非负的松弛变量,使其成为等式约束,然后对于等式约束的情况只要在等式左边加上一个非负的人工变量,就可以在系数矩阵中形成一个 m 阶单位矩阵。对于这种类型的线性规划问题的解法,将在后面介绍。

二、列单纯形表

对于线性规划问题(1.34)式来说,在添加了松弛变量以后,就已化成了标准型,且系数矩阵中已含有 m 阶单位矩阵,这时可以将约束方程(1.35)式与目标函数放在一起,组成 $n+1$ 个变量,$m+1$ 个方程的方程组:

$$\begin{cases} a_{11}x_1 + a_{12}x_2 + \cdots + a_{1n}x_n + x_{n+1} = b_1 \\ a_{21}x_1 + a_{22}x_2 + \cdots + a_{2n}x_n + x_{n+2} = b_2 \\ \quad\quad\quad \cdots \\ a_{m1}x_1 + a_{m2}x_2 + \cdots + a_{mn}x_n + x_{n+m} = b_m \\ -Z + c_1x_1 + c_2x_2 + \cdots + c_nx_n + c_{n+1}x_{n+1} + \cdots + c_{n+m}x_{n+m} = 0 \end{cases}$$

为了便于迭代运算,可将上述方程组写成增广矩阵:

$$
\begin{array}{cccccccccc}
-Z & x_1 & x_2 & \cdots & x_n & x_{n+1} & x_{n+2} & \cdots & x_{n+m} & b \\
\left[\begin{array}{c}0\\0\\\cdots\\0\\1\end{array}\right. & \begin{array}{c}a_{11}\\a_{21}\\\cdots\\a_{m1}\\c_1\end{array} & \begin{array}{c}a_{12}\\a_{22}\\\cdots\\a_{m2}\\c_2\end{array} & \begin{array}{c}\cdots\\\cdots\\\cdots\\\cdots\\\cdots\end{array} & \begin{array}{c}a_{1n}\\a_{2n}\\\cdots\\a_{mn}\\c_n\end{array} & \begin{array}{c}1\\0\\\cdots\\0\\c_{n+1}\end{array} & \begin{array}{c}0\\1\\\cdots\\0\\c_{n+2}\end{array} & \begin{array}{c}\cdots\\\cdots\\\cdots\\\cdots\\\cdots\end{array} & \begin{array}{c}0\\0\\\cdots\\1\\c_{n+m}\end{array} & \left.\begin{array}{c}b_1\\b_2\\\cdots\\b_m\\0\end{array}\right]
\end{array}
$$

若将 $-Z$ 看作不参与基变换的基变量,它与 $x_{n+1}, x_{n+2}, \cdots,$ x_{n+m} 的系数构成一个基,这时可采用矩阵的行初等变换将 $c_{n+1},$ $c_{n+2}, \cdots, c_{n+m}$ 变换为零,使其对应的系数矩阵为单位矩阵,得到变换后的系数增广矩阵:

$$
\begin{array}{ccccccccc}
-Z & x_1 & \cdots & x_n & x_{n+1} & x_{n+2} & \cdots & x_{n+m} & b \\
\left[\begin{array}{c}0\\0\\\cdots\\0\\1\end{array}\right. & \begin{array}{c}a_{11}\\a_{21}\\\cdots\\a_{m1}\\c_1 - \sum\limits_{i=1}^{m} c_{n+i}a_{i1}\end{array} & \begin{array}{c}\cdots\\\cdots\\\cdots\\\cdots\\\cdots\end{array} & \begin{array}{c}a_{1n}\\a_{2n}\\\cdots\\a_{mn}\\c_n - \sum\limits_{i=1}^{m} c_{n+i}a_{in}\end{array} & \begin{array}{c}1\\0\\\cdots\\0\\0\end{array} & \begin{array}{c}0\\1\\\cdots\\0\\0\end{array} & \begin{array}{c}\cdots\\\cdots\\\cdots\\\cdots\\\cdots\end{array} & \begin{array}{c}0\\0\\\cdots\\1\\0\end{array} & \left.\begin{array}{c}b_1\\b_2\\\cdots\\b_m\\-\sum\limits_{i=1}^{m} c_{n+i}b_i\end{array}\right]
\end{array}
$$

根据上述增广矩阵的形式,设计表格,列于表 1.7。

表 1.7

C_B	X_B	b	c_1	$\cdots$	c_n	c_{n+1}	$\cdots$	c_{n+m}	θ_i
			x_1	$\cdots$	x_n	x_{n+1}	$\cdots$	x_{n+m}	
c_{n+1}	x_{n+1}	b_1	a_{11}	$\cdots$	a_{1n}	1	$\cdots$	0	θ_1
c_{n+2}	x_{n+2}	b_2	a_{21}	$\cdots$	a_{2n}	0	$\cdots$	0	θ_2
$\cdots$	$\cdots$	$\cdots$	$\cdots$		$\cdots$	$\cdots$		$\cdots$	$\cdots$
c_{n+m}	x_{n+m}	b_m	a_{m1}	$\cdots$	a_{mn}	0	$\cdots$	1	θ_m
	$-Z$	$-\sum\limits_{i=1}^{m} c_{n+i}b_i$	$c_1 - \sum\limits_{i=1}^{m} c_{n+i}a_{i1}$	$\cdots$	$c_n - \sum\limits_{i=1}^{m} c_{n+i}a_{in}$	0	$\cdots$	0	

X_B 列中填入基变量，这里是 $x_{n+1},x_{n+2},\cdots,x_{n+m}$；

C_B 列中填入基变量对应的原目标函数中的系数，这里是 c_{n+1}，$c_{n+2},\cdots,c_{n+m}$，它们是随基变量变化而变的；

b 列中填入约束方程组右端的常数；

θ_i 列的数字是在确定了换入变量以后，b 列的系数和换入变量列对应系数的比值。

x_j 行填入所有的变量，c_j 行填入各变量相应的原目标函数中的系数。

最后一行称为检验数行，对应各基变量的检验数为零，对应各非基变量的检验数记为 σ_j，$\sigma_j=c_j-z_j=c_j-\sum_{i=1}^{m}c_{n+i}a_{ij}$，目标函数的值 $-Z=-\sum_{i=1}^{m}c_{n+i}b_i$。

表 1.7 称为初始单纯形表，每迭代一步构造一个新单纯形表。

与初始单纯形表对应，该线性规划问题的初始基本可行解为 $X^{(0)}=(0,\cdots,0,b_1,b_2,\cdots,b_m)^T$，目标函数 $Z=\sum_{i=1}^{m}c_{n+i}b_i$。

三、最优性检验

每当我们得到一个基本可行解后，就要按目标函数的要求进行最优化检验，看看这个解是否达到了目标要求，以便确定是停止（即已求得了最优解），还是继续寻求一个比当前的基本可行解还要更优的解。为此，我们建立以下判别准则。

最优性判别准则 设 $X^{(0)}=(0,\cdots,0,b_1,\cdots b_m)^T$ 为对应于基 B 的基本可行解，那么：

（1）若所有非基变量的检验数 $\sigma_j\leqslant0$，则 $X^{(0)}$ 为最优解，B 为最优基。若其中至少有一个非基变量的检验数为 0，则还有其他的无穷多的最优解。

（2）若所有非基变量的检验数 $\sigma_j<0$，则 $X^{(0)}$ 为唯一最优解。

（3）若存在检验数 $\sigma_k>0$，则 $X^{(0)}$ 不是最优解，若此时对于所有正的检验数（$\sigma_k>0$），单纯形表对应的非基变量 x_k 的系数 $a_{ik}(i=1,2,\cdots,m)$ 中至少有一个为正，则可选取最大正检验数 σ_k 对应的非

基变量 x_k 作为换入变量。

无最优解判别准则　设 $X^{(0)}$ 为基本可行解,且检验数不全小于等于零。若有某个检验数 $\sigma_s > 0$,且 σ_s 所对应的非基变量 x_s 的所有系数 $a_{is} \leqslant 0 (i = 1, 2, \cdots, m)$,则该线性规划问题为无界解。

最小比值原则　设线性规划问题存在有限最优解,现行基本可行解 $X^{(0)}$ 不是最优解,且已确定换入变量为 x_k,这时可以计算现行基变量值(即 b 列的数)和换入变量 x_k 的系数列向量中对应正系数的比值 θ_i,从中选取最小值 θ_l,即 $\theta_l = \min\limits_i \left\{ \dfrac{b_i}{a_{ik}} \middle| a_{ik} > 0 \right\} = \dfrac{b_l}{a_{lk}}$ 将 θ_l 对应的基变量 x_l 作为换出变量,这样得到的新的解仍是基本可行解。

四、基 变 换

根据"最优性判别准则"和"最小比值原则",确定了换入变量 x_k 和换出变量 x_l 后,换入变量 x_k 对应的系数列向量称为主元列,换出变量 x_l 对应的系数行称为主元行,主元行和主元列交叉处的元素 a_{lk} 称为主元素,在单纯形表中给主元素加[ ]表示,即$[a_{lk}]$。

确定了主元素 a_{lk} 后,在单纯形表中,按主元素进行迭代运算,即在 X_B 列中用 x_k 取代 x_l,改变 C_B 列中相应的目标函数系数,同时利用矩阵的初等行变换,以主元行为基准,将主元素变成 1,将主元列变成单位列向量。这样做,实际上也就是用新的基变量 x_k 代替老的基变量 x_l,并通过代数变换,得到用新的非基变量组表示新的基变量组和目标函数的新的表达式。通过这种迭代运算,得到一张新的单纯形表。

五、单 纯 形 法 的 具 体 步 骤

现将单纯形法的计算步骤归纳如下:

(1)将线性规划问题标准化,确定初始可行基,建立初始单纯形表。据此可写出初始基本可行解和相应的目标函数值。

(2)检查检验数行中对应于非基变量的各个检验数 σ_j,若所有 $\sigma_j \leqslant 0$,则由最优性判别准则知,现行表的基本可行解就是最优解,停止计算。否则转入下一步。

（3）在所有 $\sigma_j>0$ 中，如果有一个这样的 σ_s，与它同一列的各个 $a_{is}\leqslant 0$ $(i=1,2,\cdots,m)$，则此问题无解，应停止计算。否则转入下一步。

（4）根据 $\sigma_k=\max\limits_j(\sigma_j\mid\sigma_j>0)$，确定 x_k 为换入变量。再根据 θ 规则：

$$\theta=\min\limits_i\left(\frac{b_i}{a_{ik}}\bigg|a_{ik}>0\right)=\frac{b_l}{a_{lk}}$$

确定 x_l 为换出变量，这时称 a_{lk} 为主元素，并在表中用[ ]将它表示出来，同时转入下一步。

（5）在表中以 a_{lk} 为主元素进行迭代运算，利用矩阵的初等行变换，以主元行为基准，将主元变成1，将主元列变成单位向量。同时在 X_B 列中将 x_l 换为 x_k，在 C_B 列中将 C_l 换成 C_k。

这样便得到一个新的单纯形表。重复上述步骤，直至得到最优解为止。

【例 1.16】　用单纯形表重解例 1.1。

解：　根据例 1.1 的标准型（1.27）式和（1.28）式，它的松弛变量 x_3,x_4,x_5,x_6 的系数已经构成一个单位矩阵，所以可直接建立初始单纯形表，然后按照单纯形法的计算步骤进行计算，计算过程和结果见表 1.8。

表 1.8

C_B	X_B	b	4	6	0	0	0	0	θ_i
			x_1	x_2	x_3	x_4	x_5	x_6	
0	x_3	28	4	4	1	0	0	0	28/4
0	x_4	20	4	2	0	1	0	0	20/2
0	x_5	32	8	0	0	0	1	0	—
0	x_6	24	2	[4]	0	0	0	1	24/4
$-Z$		0	4	6	0	0	0	0	
0	x_3	4	[2]	0	1	0	0	-1	4/2
0	x_4	8	3	0	0	1	0	$-1/2$	8/3
0	x_5	32	8	0	0	0	1	0	32/8
6	x_2	6	1/2	1	0	0	0	1/4	$6/\frac{1}{2}$
$-Z$		-36	1	0	0	0	0	$-6/4$	

C_B	X_B	b	4	6	0	0	0	0	θ_i
			x_1	x_2	x_3	x_4	x_5	x_6	
4	x_1	2	1	0	1/2	0	0	$-1/2$	
0	x_4	2	0	0	$-3/2$	1	0	1	
0	x_5	16	0	0	-4	0	1	4	
6	x_2	5	0	1	$-1/4$	0	0	1/2	
$-Z$		-38	0	0	$-1/2$	0	0	-1	

从上表的最后一行看到,所有非基变量对应的检验数均已小于等于("$\leqslant$")0,所以最后得到的基本可行解:

$$X = (2,5,0,2,16,0)^{\top}$$

已是最优解,这时的目标函数最优值为 $Z=38$,这个结果与前面的结果完全一样。

1.3.3　人工变量法

前面我们介绍了单纯形法,但所举的例子可以直接通过线性规划模型得到初始可行基,它只适用于约束不等式右端的常数项是非负数,而且约束不等式是"$\leqslant$"的情况。如果约束不等式是"$\geqslant$"或者是约束方程式,则初始可行基不能直接得到,而初始可行基的选取是单纯形法的关键。为此,我们专门来详细讨论初始可行基的两种寻求方法,即大 M 法和两阶段法。

一、大 M 法

当线性规划模型的标准形式无初始可行基时,我们可以人为地加入一些变量,构造辅助线性规划模型,使辅助模型具有初始可行基。这种人为加入的变量被称之为人工变量。人工变量本身并无实际意义,同时由于它们的加入,破坏了原模型的约束条件,所以在利用单纯形法进行基变量调整的过程中,必须使人工变量从初始基变量到最后的解中变为非基变量,即使其取值为 0 。为此,在目标函数中对这些变量规定一个绝对值很大的负系数,也就是找一个很大的正数 M,在目标函数中加入($-M$)与人工变量相乘的项,此项又称惩罚项,目的是使人工变量受到很大的惩罚,迫使人工变量尽快转为 0 。如果原问题有可行解,那么辅助问题的单纯形法迭代过程中必将出现某张单纯形表的所有人工变量均变为非基变量,即它们的取值必为 0,由此而得到原问题的初始可行基,然后划去人工变量所在的列,即可继续求解原问题了;如果原线性规划问题无可行解,那么至少要有一个人工变量仍留在辅助问题的最终单纯形表的基变量中,并且人工变量的取值为正数。

无可行解判别准则　当检验数均已非正,即已经到最终单纯形表时,但至少有一个人工变量仍为基变量未被换出,则此线性规划问题无可行解。

下面通过具体的例子来介绍大 M 法。

【例 1. 17】　求解线性规划问题

$$\max Z = 3x_1 + 2x_2$$

$$\begin{cases} 3x_1 + x_2 = 3 \\ 6x_1 + 3x_2 \geqslant 7 \\ x_1 + 2x_2 \leqslant 3 \\ x_1,\ x_2 \geqslant 0 \end{cases}$$

解:　第一步,首先引入松弛变量,将其化为标准型:

$$\max Z = 3x_1 + 2x_2 + 0x_3 + 0x_4$$

$$\begin{cases} 3x_1 + x_2 = 3 \\ 6x_1 + 3x_2 - x_3 = 7 \\ x_1 + 2x_2 + x_4 = 3 \\ x_1,\ x_2, x_3,\ x_4 \geqslant 0 \end{cases}$$

此时,第一、第二个约束方程中没有现成的基变量。

第二步,引入人工变量 x_5, x_6,将线性规划模型变成:

$$\max Z = 3x_1 + 2x_2 + 0x_3 + 0x_4 - Mx_5 - Mx_6$$

$$\begin{cases} 3x_1 + x_2 + x_5 = 3 \\ 6x_1 + 3x_2 - x_3 + x_6 = 7 \\ x_1 + 2x_2 + x_4 = 3 \\ x_1,\ x_2, x_3,\ x_4,\ x_5, x_6 \geqslant 0 \end{cases}$$

其中,M 为充分大的正数。

第三步,建立初始单纯形表,即表1.9。

由初始单纯形表 1.9 可得到初始基本可行解:$X^{(0)} = (0,0,0,$

$3,3,7)^{\mathrm{T}}$,相应的目标函数值 $Z=-10M$。因为 M 为任意大的正数,所以检验数中只要含有正的 M 项,该检验数就必然为正的。于是,x_1,x_2 的检验数都是正的,初始解不是最优解。为了比较检验数的大小,也只要比较 M 项的系数就行了。通过比较,选择 x_1 作为换入变量,根据最小比原则,选择 x_5 为换出变量。

表 1.9

C_B	X_B	b	3	2	0	0	$-M$	$-M$	θ_i
			x_1	x_2	x_3	x_4	x_5	x_6	
$-M$	x_5	3	[3]	1	0	0	1	0	3/3
$-M$	x_6	7	6	3	-1	0	0	1	7/6
O	x_4	3	1	2	0	1	0	0	3/1
$-Z$		$10M$	$3+9M$	$2+4M$	$-M$	0	0	0	

第四步,按照单纯形法的迭代准则,从初始单纯形表开始进行迭代变换,直到取得最优解。迭代的过程和结果见表 1.10。

表 1.10

C_B	X_B	b	3	2	0	0	$-M$	$-M$	θ_i
			x_1	x_2	x_3	x_4	x_5	x_6	
$-M$	x_5	3	[3]	1	0	0	1	0	3/3
$-M$	x_6	7	6	3	-1	0	0	1	7/6
0	x_4	3	1	2	0	1	0	0	3/1
$-Z$		$10M$	$3+9M$	$2+4M$	$-M$	0	0	0	
3	x_1	1	1	1/3	0	0	1/3	0	3
$-M$	x_6	1	0	[1]	-1	0	-2	1	1
0	x_4	2	0	5/3	0	1	$-1/3$	0	6/5
$-Z$		$-3+M$	0	$1+M$	$-M$	0	$-1-3M$	0	
3	x_1	2/3	1	0	1/3	0	1	$-1/3$	2
2	x_2	1	0	1	-1	0	-2	1	—
0	x_4	1/3	0	0	[5/3]	1	3	$-5/3$	1/5
$-Z$		-4	0	0	1	0	$-M+1$	$-M-1$	
3	x_1	3/5	1	0	0	$-1/5$			
2	x_2	6/5	0	1	0	3/5			
0	x_3	1/5	0	0	1	3/5			
$-Z$		$-21/5$	0	0	0	$-3/5$			

在表 1.10 的第三张单纯形表中,人工变量已全部出基,故第三张单纯形表给出了原问题的一个初始基可行解,接着,可划去 x_5, x_6 所在的列继续迭代。

表 1.10 最后一行检验数已全部非正,因此得最优解 $X = (\frac{3}{5}$, $\frac{6}{5}$, $\frac{1}{5}, 0, 0, 0)^\mathrm{T}$,相应的目标函数最大值 $Z = 21/5$。

【例 1.18】　试用大 M 法求解线性规划问题

$$\max Z = 2x_1 + 3x_2$$
$$\begin{cases} x_1 + x_2 \leqslant 10 \\ 2x_1 + 3x_2 \geqslant 40 \\ x_1, x_2 \geqslant 0 \end{cases}$$

解：　引入松弛变量 x_3, x_4 以及人工变量 x_5,将其化为以下形式:

$$\max Z = 2x_1 + 3x_2 + 0x_3 + 0X_4 - Mx_5$$
$$\begin{cases} x_1 + x_2 + x_3 = 10 \\ 2x_1 + 3x_2 - x_4 + x_5 = 40 \\ x_1, x_2, x_3, x_4, x_5 \geqslant 0 \end{cases}$$

按照单纯形法的迭代准则,列表运算如下(见表 1.11)。

表 1.11

| C_B | X_B | b | 2 | 3 | 0 | 0 | $-M$ | θ_i |
			x_1	x_2	x_3	x_4	x_5	
0	x_3	10	1	[1]	1	0	0	10
$-M$	x_5	40	2	3	0	-1	1	40/3
	$-Z$	$40M$	$2+2M$	$3+3M$	0	0	0	
3	x_2	10	1	1	1	0	0	
$-M$	x_5	10	-1	0	-3	-1	1	
	$-Z$	$-30+10M$	$-1-M$	0	$-3-3M$	$-M$	0	

表 1.11 最后一行中的检验数已全部非正,但人工变量 $x_5 = 10 \neq 0$,所以此线性规划问题无可行解。

　　大 M 法为我们提供了一种寻找初始可行基的方法,但这种方法有一缺点,就是 M 的充分大性。在计算一个问题时,如果变量较多,就要使用计算机。在计算机运算过程中,M 必须取一定值。那么这个定值取多大才合适呢? 如果 M 取得小,则不能保证方法的正确性;如果 M 取得大,在计算中就会产生较大误差,以致结果失真。为了解决这一矛盾,下面介绍另一种使用人工变量求初始可行基的方法,即两阶段法。

二、两 阶 段 法

　　所谓两阶段法就是把线性规划问题分成两个阶段来解决。

　　第 I 阶段:首先引入人工变量把问题化为标准型,并使得在约束方程组系数矩阵中形成一个初始可行基。然后构造一个辅助线性规划问题:用所有人工变量和取代原来的目标函数,并对其取极小值,约束条件仍为引入人工变量以后的标准型约束方程组。然后用单纯形法求解辅助线性规划问题。其求解结果不外乎两种情况。

　　第一种情况:辅助问题中目标函数的最小值为零,即所有人工变量的和等于零。由于已假定人工变量都大于等于零,这就表明所有的人工变量取值都为零,也就是说,在辅助问题的最优解中,人工变量都已变成了非基变量。这意味着原问题存在一个可行解域,并且已得到一个初始基本可行解,这样就可以转入第 II 阶段继续计算。

　　第二种情况:辅助问题中目标函数的最小值大于零,这说明至少有一个人工变量仍留在基变量中,其取值为正,这就破坏了原来的约束条件。于是,原问题没有可行解,停止计算。

　　第 II 阶段:若第 I 阶段结束时出现了第一种情况,则将第 I 阶段最优表格中的目标函数系数换成原问题的目标函数系数,划去人工变量所在的列即得到原问题的初始单纯形表,然后用单纯形法求解原问题。

　　【例 1.19】　用两阶段法求解例 1.17。

　　解:　该问题的辅助线性规划问题为:

$$\max Z' = -x_5 - x_6$$

$$\begin{cases} 3x_1 + x_2 + x_5 = 3 \\ 6x_1 + 3x_2 - x_3 + x_6 = 7 \\ x_1 + 2x_2 + x_4 = 3 \\ x_1, x_2, x_3, x_4, x_5, x_6 \geqslant 0 \end{cases}$$

第 I 阶段的单纯形表如表 1.12 所示。

表 1.12

C_B	X_B	b	0 x_1	0 x_2	0 x_3	0 x_4	-1 x_5	-1 x_6	θ_i
-1	x_5	3	[3]	1	0	0	1	0	3/3
-1	x_6	7	6	3	-1	0	0	1	7/6
0	x_4	3	1	2	0	1	0	0	3/1
$-Z'$		10	9	4	-1	0	0	0	
0	x_1	1	1	1/3	0	0	1/3	0	3
-1	x_6	1	0	[1]	-1	0	-2	1	1
0	x_4	2	0	5/3	0	1	$-1/3$	0	6/5
$-Z'$		1	0	1	-1	0	-3	0	
0	x_1	2/3	1	0	1/3	0	1	$-1/3$	
0	x_2	1	0	1	-1	0	-2	1	
0	x_4	1/3	0	0	5/3	1	3	$-5/3$	
$-Z'$		0	0	0	0	0	-1	-1	

表 1.12 中最后一行的检验数已全部非正,因此,已得辅助问题最优解 $X = (\frac{2}{3}, 1, 0, \frac{1}{3}, 0, 0)^{\mathrm{T}}$,对应的目标函数值 $Z' = 0$。因此可进行第 II 阶段的计算。

第 II 阶段的单纯形表如 1.13 所示。

表 1.13

C_B	X_B	b	3 x_1	2 x_2	0 x_3	0 x_4	θ_i
3	x_1	2/3	1	0	1/3	0	2
2	x_2	1	0	1	-1	0	—
0	x_4	1/3	0	0	[5/3]	1	1/5

(续)表 1.13

C_B	X_B	b	3	2	0	0	θ_i
			x_1	x_2	x_3	x_4	
\multicolumn{2}{c}{$-Z$}		-4	0	0	1	0	
3	x_1	3/5	1	0	0	$-1/5$	
2	x_2	6/5	0	1	0	3/5	
0	x_3	1/5	0	0	1	3/5	
\multicolumn{2}{c}{$-Z$}		$-21/5$	0	0	0	$-3/5$	

表 1.13 中最后一行的检验数已全部非正,因此,得原问题的最优解 $X=(3/5,6/5,1/5,0)^T$,相应的目标函数值 $Z=21/5$。这和用"大 M 法"解的结果是一致的。

本章 LP 图解法与单纯形法的习题建议使用训练系统,将题目输入到网页上进行交互练习。网址:http://fos.ujs.edu.cn/web

习　题

1. 写出下列问题的线性规划数学模型:

(1)某工厂生产 A,B,C 三种产品,每种产品的原料消耗量、机械台时消耗量、资源限量及单位产品利润如下表所示:

产　　品	材料单耗(千克)	机械台时单耗(时)	单位产品利润(元)
A	3.2	2.5	50
B	2.5	2	58
C	1.5	1.6	36
资源限量	5000	3000	

根据客户订货,三种产品的最低月需要量分别为 500,650 和 300 件。又据销售部门预测,三种产品的最大生产量应分别为 580,740 和 350 件,否则难以销售。如何安排这三种产品的生产量,在满足各项要求的条件下,使该厂的利润最大。

(2)某化工厂生产某项化学产品,每袋标准重量为 1000 克,由 A,B,C 三种化合物混合而成。其组成成分每袋产品 A 不得超过 300 克,B 不得少于 150 克,C 不得少于 200 克。而 A,B,C 每克成本分别为 5 元、6 元、7 元。问如何配制此种化学产品,使成本最低。

(3)某钢筋车间制作一批钢筋(直径相同),长度为 3 米的 90 根,长度为 4 米的 60 根。已知所用的下料钢筋长度为 10 米,问怎样下料最省?

(4)设某种原料产地有 A_1,A_2,A_3,把这种原料经过加工,制成成品,再运往销地。假设用 4 吨原料可制成 1 吨成品。产地 A_1 年产原料 30 万吨,同时需要成品 7 万吨。产地 A_2 年产 26 万吨,同时需要成品 13 万吨。产地 A_3 年产 24 万吨,不需成品。A_1 与 A_2 间距离 150 千米,A_1 与 A_3 间距离 100 千米,A_2 与 A_3 间距离 200 千米。又知原料运费为 0.3 万元/(万吨·千米),成品运费为 0.25 万元/(万吨·千米)。且知在 A_1 开设加工工厂的加工费为 0.55 万元/万吨,在 A_2 为 0.4 万元/万吨,在 A_3 为 0.3 万元/万吨。因条件限制,在 A_2 设厂规模不能超过年产成品 5 万吨,A_1 和 A_3 可以不限制。问应在何地设厂,生产多少成品,才能使生产费用(包括原料运费、成品运费、加工费等)为最小。

(5)某汽车公司有资金 600 万元,打算用来购买 A,B,C 三种汽车。已知汽车 A 每辆为 10 万元,汽车 B 每辆为 20 万元,汽车 C 每辆为 23 万元。又知汽车 A 每辆每班需一名司机,可完成 2 100(吨·千米);汽车 B 每辆每班需两名司机,可完成 3600(吨·千米);汽车 C 每辆每班需两名司机,可完成 3780(吨·千米)。每辆汽车每天最多安排三班,每个司机每天最多安排一班。限制汽车购买不超过 30 辆,司机不超过 145 人。问:每种汽车应购买多少辆,可使每天的(吨·千米)总数最大?

(6)某医院根据日常工作统计,每日至少需要下列数量的护士?

班次	时间	所需人数
1	6：00～10：00	30
2	10：00～14：00	20
3	14：00～18：00	25
4	18：00～22：00	20
5	22：00～2：00	10
6	2：00～6：00	10

每班护士在值班开始时向病房报到,连续工作 8 小时。为满足每班的护士数,该医院至少需要多少护士?

(7) 某商店制订某种商品 7～12 月进货售货计划,已知商店仓库容量不能超过 500 件,6 月底已存货 200 件,以后每月初进货一次。假设各月份商品买进、售出的单价如下表:

月　份	7	8	9	10	11	12
买进价(元)	28	24	25	27	23	23
售出价(元)	29	24	26	28	22	25

问每月进货售货各多少,才能使总利润最大?

(8) 某工厂在第一车间用 1 单位原材料 M 加工成 3 个单位 A 种产品和 2 个单位 B 种产品。A 可以按单位售价 8 元出售,也可以在第二车间继续加工,单位生产费用要增加 6 元,加工后单位售价为 16 元;B 可以按单位售价 7 元出售,也可以在第三车间继续加工,单位生产费用要增加 4 元,加工后单位售价为 12 元。原材料 M 的单位购入价为 2 元。上述生产费用均不包括工资在内。

三个车间每月最多共有 20 万工时,每个工时工资 0.5 元。每加工 1 个单位原材料需 1.5 工时,继续加工 1 个单位 A 产品需 3 工时,继续加工 1 个单位 B 产品需 1 工时。每月最多能购进的原材料为 10 万单位。问如何安排生产,才能使工厂获利最大?

2. 将下列线性规划问题的数学模型化为标准形式:

(1) max $Z = 2x_1 + 3x_2 + 4x_3$

$$\begin{cases} 2x_1 + x_2 \leqslant 10 \\ 3x_1 + 4x_2 \leqslant 30 \\ x_1 - x_3 = -1 \\ x_1, x_2, x_3 \geqslant 0 \end{cases}$$

(2) min $Z = -3x_1 + 4x_2 - 2x_3 + 5x_4$

$$\begin{cases} 4x_1 - 2x_2 + x_3 - x_4 = -2 \\ x_1 + x_2 + 3x_3 - x_4 \leqslant 14 \\ -x_1 + 3x_2 - x_3 + 2x_4 \geqslant 3 \\ x_1, x_2 \geqslant 0, x_3 \leqslant 0, x_4 \text{ 无约束} \end{cases}$$

3. 用图解法求解下列线性规划问题：

(1) $\max Z = 4x_1 + 14x_2$

$$\begin{cases} x_1 + x_2 \geqslant 2 \\ x_2 \leqslant 5 \\ x_1 \leqslant 6 \\ 7x_1 + 9x_2 \leqslant 63 \\ x_1, x_2 \geqslant 0 \end{cases}$$

(2) $\min Z = 4x_1 + 5x_2$

$$\begin{cases} x_1 + 3x_2 \geqslant 3 \\ x_1 + x_2 \geqslant 2 \\ x_1, x_2 \geqslant 0 \end{cases}$$

(3) $\min Z = x_1 + x_2$

$$\begin{cases} 5x_1 + 10x_2 \leqslant 50 \\ x_1 + x_2 \geqslant 1 \\ x_2 \leqslant 4 \\ x_1, x_2 \geqslant 0 \end{cases}$$

(4) $\min Z = 4x_1 + x_2$

$$\begin{cases} 3x_1 + 5x_2 \geqslant 15 \\ 5x_1 + 2x_2 \geqslant 10 \\ x_1, x_2 \geqslant 0 \end{cases}$$

(5) $\min Z = 4x_1 - 9x_2$

$$\begin{cases} x_1 - x_2 \geqslant 0 \\ x_1 - x_2 \leqslant -5 \\ x_1, x_2 \geqslant 0 \end{cases}$$

(6) $\min Z = -x_1 + x_2$

$$\begin{cases} x_1 + x_2 \geqslant 8 \\ -x_1 + x_2 \leqslant -1 \\ x_1, x_2 \geqslant 0 \end{cases}$$

4. 某一求目标函数极大值的线性规划问题，用单纯形法求解时得到某一步的单纯形表如下：

X_B	b	x_1	x_2	x_3	x_4	x_5
x_3	4	-1	3	1	0	0
x_4	1	a_1	-4	0	1	0
x_5	d	a_2	a_3	0	0	1
$-Z$		c	-2	0	0	0

试问 a_1, a_2, a_3, c, d 各为何值以及基变量 X_B 属哪一类性质变量时：

(1)现行解为唯一最优解；

(2)现行解为最优，但最优解不止一个；

(3)存在可行解，但目标函数无界；

（4）此线性规划问题无可行解。

5．下表为用单纯形法计算时某一步的表格。已知该线性规划的目标函数为 $\max Z=5x_1+3x_2$，约束形式为"$\leqslant$"，x_3，x_4 为松弛变量，表中解代入目标函数后得 $Z=10$。

X_B	b	x_1	x_2	x_3	x_4
x_3	2	c	0	1	1/5
x_1	a	d	e	0	1
$-Z$		b	-1	f	g

（1）求 a,b,c,d,e,f,g 的值；

（2）表中给出的解是否为最优解？

6．用单纯形法求解下列线性规划问题：

（1）$\min Z=-5x_1-4x_2$

$$\begin{cases} x_1+2x_2\leqslant6 \\ 2x_1-x_2\leqslant4 \\ 5x_1+3x_2\leqslant15 \\ x_1,x_2\geqslant0 \end{cases}$$

（2）$\max Z=2x_1+8x_2-x_3$

$$\begin{cases} 2x_1-9x_2+3x_3\leqslant30 \\ x_1+5x_2+x_3\geqslant-20 \\ 4x_1-6x_2-2x_3\leqslant15 \\ x_1,x_2,x_3\geqslant0 \end{cases}$$

7．分别用大 M 法和两阶段法求解下列线性规划问题：

（1）　$\max Z=5x_1+3x_2+2x_3+4x_4$

$$\begin{cases} 5x_1+x_2+x_3+8x_4=10 \\ 2x_1+4x_2+3x_3+2x_4=10 \\ x_1,x_2,x_3,x_4\geqslant0 \end{cases}$$

（2）　$\max Z=4x_1+5x_2+x_3$

$$\begin{cases} 3x_1+2x_2+x_3 \geqslant 18 \\ 2x_1+x_2 \leqslant 4 \\ x_1+x_2-x_3=5 \\ x_1,x_2,x_3 \geqslant 0 \end{cases}$$

（3） $\max Z=x_1+x_2$

$$\begin{cases} 8x_1+6x_2 \geqslant 24 \\ 4x_1+6x_2 \geqslant -12 \\ 2x_2 \geqslant 4 \\ x_1,x_2 \geqslant 0 \end{cases}$$

（4） $\max Z=2x_1+x_2+x_3$

$$\begin{cases} 4x_1+2x_2+2x_3 \geqslant 4 \\ 2x_1+4x_2 \leqslant 20 \\ 4x_1+8x_2+2x_3 \leqslant 16 \\ x_1,x_2,x_3 \geqslant 0 \end{cases}$$

（5） $\max Z=4x_1+6x_2$

$$\begin{cases} 2x_1+4x_2 \leqslant 180 \\ 3x_1+2x_2 \leqslant 150 \\ x_1+x_2=57 \\ x_2 \geqslant 22 \\ x_1,x_2 \geqslant 0 \end{cases}$$

（6） $\max Z=5x_1+3x_2+6x_3$

$$\begin{cases} x_1+2x_2+x_3 \leqslant 18 \\ 2x_1+x_2+3x_3 \leqslant 16 \\ x_1+x_2+x_3=10 \\ x_1,x_2 \geqslant 0, x_3 \text{ 无约束} \end{cases}$$

8. 某公司拟购甲、乙两种商品，总数不得超过 1800 件。已知每件甲种商品要占用 $2m^3$ 的空间，每件进价 12 元，公司可得利润 3 元。每件乙种商品占用 $3m^3$ 的空间，进价 15 元，公司可得利润 4 元。现公司只有流动资金 15 000 元，仓库容量为 $3000m^3$。又甲种商品要求至少购进 600 件，问该公司应购进甲、乙两种商品各多少件，方能获得最大利润?

9. 某厂想要把具有下表所列成分的五种合金混合起来,成为一种含铅 30%、锌 20% 及锡 50% 的新合金。问:应当按怎样的比例来混合这些合金,才能以最小的费用生产新合金。

成　分	合　　金				
	1	2	3	4	5
含铅百分比	30	10	50	10	50
含锌百分比	60	20	20	10	10
含锡百分比	10	70	30	80	40
费用(元/千克)	8.5	6.0	8.9	5.7	8.8

第 2 章   线性规划专题

上一章所介绍的单纯形法是解决线性规划问题的一个统一的行之有效的计算方法,但是,在线性规划的实践应用中,由于所面临的问题的复杂性,在建模的方法和求解的算法方面还有很多具体的内容,而不是唯一的仅有单纯形法。为此,本章着重介绍一些与线性规划的实际应用密切相关的理论问题,如改进单纯形法、对偶理论、灵敏度分析、运输问题、目标规划等,这些理论都提供了一些实用的简便方法,同时也进一步深刻揭示了规划的内在规律和性质,使线性规划的内容更加丰富。

2.1   改进单纯形法

随着线性规划的应用越来越普及,所接触到的规划内容越来越庞大,计算工作量与决策的及时性就成为突出的矛盾。而用单纯形法来求解线性规划问题时,在其每步迭代过程中不必要地计算了很多与下一步迭代无关的数字,影响了计算效率。改进单纯形法正是为了满足简化运算、提高计算效率的要求而发展起来的。

在线性规划中,单纯形法的矩阵形式应用广泛,且改进单纯形法一般也用矩阵形式来讲解,为此,我们先介绍单纯形法的矩阵描述。

2.1.1   单纯形法的矩阵描述

一、用矩阵形式表示线性规划标准型

设线性规划问题:

$$\max Z = CX$$

$$\begin{cases} AX = b \\ X \geqslant 0 \end{cases}$$

已知 A 是 $m \times n$ 矩阵，秩为 m，已具备初始可行基 B，各非基向量组成非基矩阵 N。

下面把矩阵 A, C, X 分别按"基"与"非基"分成两块，即有：

$$A = (B, \ N)$$

$$C = (C_B, \ C_N)$$

$$X = \begin{pmatrix} X_B \\ X_N \end{pmatrix}$$

其中，

$$B = (P_1, \ P_2, \ \cdots, \ P_m)$$

$$N = (P_{m+1}, \ P_{m+2}, \ \cdots, \ P_n)$$

$$C_B = (c_1, \ c_2, \ \cdots, \ c_m)$$

$$C_N = (c_{m+1}, \ c_{m+2}, \ \cdots, \ c_n)$$

$$X_B = \begin{pmatrix} X_1 \\ X_2 \\ \cdots \\ X_m \end{pmatrix} \qquad X_N = \begin{pmatrix} X_{m+1} \\ X_{m+2} \\ \cdots \\ X_n \end{pmatrix}$$

将上述矩阵分块结果代入标准型，得：

$$\max Z = C_B X_B + C_N X_N \tag{2.1}$$

$$\begin{cases} B X_B + N X_N = b & \tag{2.2} \\ X_B, X_N \geqslant 0 & \tag{2.3} \end{cases}$$

二、用矩阵形式表示基本可行解、目标函数值及检验数

将 (2.2) 式左乘 B^{-1}：

$$B^{-1} B X_B + B^{-1} N X_N = B^{-1} b$$

于是，得：

$$X_B = B^{-1} b - B^{-1} N X_N \tag{2.4}$$

将 (2.4) 式代入 (2.1) 式，得

$$Z = C_B X_B + C_N X_N$$

$$= C_B (B^{-1} b - B^{-1} N X_N) + C_N X_N$$

$$=C_BB^{-1}b+(C_N-C_BB^{-1}N)X_N \tag{2.5}$$

因此,各非基变量的检验数为:

$$\sigma_N=C_N-C_BB^{-1}N$$

其中,各检验数的下标的排列顺序与 N 中各非基变量的下标的排列顺序一致。

令 $X_N=0$,由(2.4)式和(2.5)式可分别得到:

$$X_B=B^{-1}b \qquad Z=C_BB^{-1}b$$

上述计算式中曾多次出现的向量 (C_BB^{-1}) 被称为单纯形乘子。另外,从以上结果可知,在整个计算过程中,只需保存原始数据和现行基的逆。

三、用矩阵形式表示 θ 规则

θ 的表达式是:

$$\theta=\min_i\left\{\frac{(B^{-1}b)_i}{(B^{-1}P_j)_i}\,\bigg|\,(B^{-1}P_j)_i>0\right\}$$

其中,$(B^{-1}b)_i$ 表示向量 $(B^{-1}b)$ 中第 i 个元素,$(B^{-1}P_j)_i$ 是向量 $(B^{-1}P_j)$ 中第 i 个元素。

四、用矩阵形式表示单纯形表

为了写出单纯形表的矩阵形式,将(2.4)式和(2.5)式改写成如下形式:

$$B^{-1}b=IX_B+B^{-1}NX_N \tag{2.6}$$

$$-C_BB^{-1}b=-Z+O\cdot X_B+(C_N-C_BB^{-1}N)X_N \tag{2.7}$$

(2.6)式中 I 为单位矩阵,(2.7)式中 O 为零向量。

表达式(2.6)式和(2.7)式可用表格形式写成表 2.1 的形式,这就是单纯形表的矩阵表示形式。

表 2.1

C_B	X_B	b	C_B / X_B	C_N / X_N	θ_i
C_B	X_B	$B^{-1}b$	I	$B^{-1}N$	
$-Z$		$-C_BB^{-1}b$	0	$C_N-C_BB^{-1}N$	

2.1.2 改进单纯形法的求解步骤

利用改进单纯形法来求解线性规划问题的计算步骤为:

(1) 根据给出的线性规划问题的标准形式,确定初始基变量和初始可行基 B,求出 B 的逆矩阵 B^{-1},得到初始基本可行解 $X_B = B^{-1}b$ 以及相应的目标函数值 $Z = C_B B^{-1} b$。

(2) 计算非基变量 X_N 的检验数 σ_N,$\sigma_N = C_N - C_B B^{-1} N$。若 $\sigma_N \leqslant 0$,则已得到最优解,停止计算。若还存在 $\sigma_j > 0, j \in N$,则转入下一步。

(3) 对每一个 $\sigma_j > 0$,计算 $BB^{-1}P_j$,若存在 s,满足 $\sigma_s > 0$,但 $B^{-1}P_s \leqslant 0$,则问题为无界解,停止计算。否则取最大的正检验数 σ_k 所对应的非基变量 x_k 为换入变量,转入下一步。

(4) 计算

$$\theta = \min_i \left\{ \frac{(B^{-1}b)_i}{(B^{-1}P_k)_i} \,\middle|\, (B^{-1}P_k)_i > 0 \right\} = \frac{(B^{-1}b)_l}{(B^{-1}P_k)_l}$$

它对应的基变量 x_l 为换出变量,从而可得一组新的基变量以及新的可行基 B_1。

(5) 计算新的基矩阵的逆矩阵 B_1^{-1}。由于 B 与 B_1 之间只差一个变量,所以没有必要直接由 B_1 来计算 B_1^{-1},而只需根据 B^{-1} 和换入变量 x_k 的系数列向量 P_k 来计算 B_1^{-1},其公式如下:

$$B_1^{-1} = EB^{-1}$$

其中，

$$E = (e_1, \cdots, e_{l-1}, \boldsymbol{\xi}, e_{l+1}, \cdots, e_m)$$

$$e_i = \begin{pmatrix} 0 \\ \cdots \\ 1 \\ \cdots \\ 0 \end{pmatrix} \leftarrow \text{第 } i \text{ 行} \qquad i = 1, 2, \cdots, m$$

$$\xi = \begin{pmatrix} -a_{1k}/a_{lk} \\ -a_{2k}/a_{lk} \\ \cdots \\ 1/a_{lk} \\ \cdots \\ -a_{mk}/a_{lk} \end{pmatrix} \leftarrow 第\ l\ 行$$

由于 B 是单位矩阵,因而在改进单纯形法的整个计算过程中不必一再计算基的逆矩阵。

(6) 求出 $B_1^{-1}b$ 及 $C_{B_1}B_1^{-1}$。重复步骤(2)至步骤(5)。

【例 2.1】 用改进单纯形法求解第 1 章的例 1.1。

解: 例 1.1 的标准型为:

$$\max Z = 4x_1 + 6x_2 + 0x_3 + 0x_4 + 0x_5 + 0x_6$$

$$\begin{cases} 4x_1 + 4x_2 + x_3 = 28 \\ 4x_1 + 2x_2 + x_4 = 20 \\ 8x_1 + x_5 = 32 \\ 2x_1 + 4x_2 + x_6 = 24 \\ x_1,\ x_2,\ x_3,\ x_4,\ x_5,\ x_6 \geqslant 0 \end{cases}$$

该问题的初始基 $B_0 = (P_3,\ P_4,\ P_5,\ P_6)$ 为单位矩阵,基变量 $X_{B_0} = (x_3,\ x_4,\ x_5,\ x_6)^T$。相应地 $C_{B_0} = (0,\ 0,\ 0,\ 0)$,$X_{N_0} = (x_1,\ x_2)^T$,$C_{N_0} = (4,\ 6)$,检验数 $\sigma_{N_0} = C_{N_0} - C_{B_0}B_0^{-1}N_0 = C_{N_0} - 0 = (4,\ 6)$。由此可知 x_2 为换入变量,再计算:

$$\theta = \min\left\{ \frac{(B_0^{-1}b)_i}{(B_0^{-1}P_2)_i} \,\middle|\, (B_0^{-1}P_2)_i > 0 \right\}$$

$$= \min\left\{ \frac{28}{4},\ \frac{20}{2},\ -,\ \frac{24}{4} \right\}$$

$$= \frac{24}{4}$$

对应换出变量为 x_6。于是得到新的基 $B_1 = (P_3,\ P_4,\ P_5,\ P_2)$,$X_{B_1} = (x_3,\ x_4,\ x_5,\ x_2)^T$,$C_{B_1} = (0,\ 0,\ 0,\ 6)$,$C_{N_1} = (4,\ 0)$。

第一步迭代。计算:

$$\xi_1 = \begin{pmatrix} -1 \\ -1/2 \\ 0 \\ 1/4 \end{pmatrix} \qquad B_1^{-1} = E_1 B_0^{-1} = \begin{pmatrix} 1 & 0 & 0 & -1 \\ 0 & 1 & 0 & -1/2 \\ 0 & 0 & 1 & 0 \\ 0 & 0 & 0 & 1/4 \end{pmatrix}$$

非基变量检验数

$$\sigma_{N_1} = C_{N_1} - C_{B_1} B_1^{-1} N_1$$

$$= (4, 0) - (0, 0, 0, 6) \begin{pmatrix} 1 & 0 & 0 & -1 \\ 0 & 1 & 0 & -1/2 \\ 0 & 0 & 1 & 0 \\ 0 & 0 & 0 & 1/4 \end{pmatrix} \begin{pmatrix} 4 & 0 \\ 4 & 0 \\ 8 & 0 \\ 2 & 1 \end{pmatrix}$$

$$= \left(1, -\frac{6}{4}\right)$$

对应的换入变量为 x_1，计算：

$$\theta = \min \left\{ \frac{(B_1^{-1}b)_i}{(B_1^{-1}P_1)_i} \, \middle| \, (B_1^{-1}P_1)_i > 0 \right\}$$

$$= \min \left(\frac{4}{2}, \frac{8}{3}, \frac{32}{8}, \frac{6}{1/2} \right)$$

$$= \frac{4}{2}$$

对应的换出变量为 x_3。由此得到新的基 $B_2 = (P_1, P_4, P_5, P_2)$，$X_{B_2} = (x_1, x_4, x_5, x_2)^T$，$C_{B_2} = (4, 0, 0, 6)$，$C_{N_2} = (0, 0)$。

第二步迭代。计算：

$$\xi_2 = \begin{pmatrix} 1/2 \\ -3/2 \\ -8/2 \\ -1/4 \end{pmatrix} \qquad E_2 = \begin{pmatrix} 1/2 & 0 & 0 & 0 \\ -3/2 & 1 & 0 & 0 \\ -8/2 & 0 & 1 & 0 \\ -1/4 & 0 & 0 & 1 \end{pmatrix}$$

$$B_2^{-1} = E_2 B_1^{-1} = \begin{pmatrix} 1/2 & 0 & 0 & 0 \\ -3/2 & 1 & 0 & 0 \\ -8/2 & 0 & 1 & 0 \\ -1/4 & 0 & 0 & 1 \end{pmatrix} \begin{pmatrix} 1 & 0 & 0 & -1 \\ 0 & 1 & 0 & -1/2 \\ 0 & 0 & 1 & 0 \\ 0 & 0 & 0 & 1/4 \end{pmatrix}$$

$$= \begin{pmatrix} 1/2 & 0 & 0 & -1/2 \\ -3/2 & 1 & 0 & 1 \\ -8/2 & 0 & 1 & 8/2 \\ -1/4 & 0 & 0 & 1/2 \end{pmatrix}$$

非基变量检验数

$$\sigma_{N_2} = (0,0) - (4,0,0,6) \begin{pmatrix} 1/2 & 0 & 0 & -1/2 \\ -3/2 & 1 & 0 & 1 \\ -8/2 & 0 & 1 & 8/2 \\ -1/4 & 0 & 0 & 1/2 \end{pmatrix} \begin{pmatrix} 1 & 0 \\ 0 & 0 \\ 0 & 0 \\ 0 & 1 \end{pmatrix}$$

$$= \left(-\frac{1}{2}, -1\right)$$

这时，$\sigma_{N_2} \leqslant 0$，则得最优解：

$$X = B_2^{-1} b = \begin{pmatrix} 1/2 & 0 & 0 & -1/2 \\ -3/2 & 1 & 0 & 1 \\ -8/2 & 0 & 1 & 8/2 \\ -1/4 & 0 & 0 & 1/2 \end{pmatrix} \begin{pmatrix} 28 \\ 20 \\ 32 \\ 24 \end{pmatrix} = \begin{pmatrix} 2 \\ 2 \\ 16 \\ 5 \end{pmatrix}$$

相应的目标函数最大值 $Z = C_{B_2} B_2^{-1} b = 38$。

2.2 对偶理论

2.2.1 问题的提出

在第 1 章例 1.1 中我们讨论了工厂生产计划的安排问题，得到了如下线性规划模型：

$$\max Z = 4x_1 + 6x_2$$
$$\begin{cases} 4x_1 + 4x_2 \leqslant 28 \\ 4x_1 + 2x_2 \leqslant 20 \\ 8x_1 \leqslant 32 \\ 2x_1 + 4x_2 \leqslant 24 \\ x_1, x_2 \geqslant 0 \end{cases}$$

其中,x_1,x_2 为一个计划期内产品甲、乙应生产的数量。

现从另一个角度来讨论这个问题。假如某人要租赁该厂的四种原料生产这两种产品,这时所要考虑的问题就是:这四种原料的加价应如何确定才便于厂方和租赁者达成协议。这个问题,对于工厂来说,当然希望定价尽可能高,但太高了人家不会租赁,所以只能期望,尽管我不生产,但收益不能低于自己生产所得,否则,就不如自己生产而不租赁出去。而对于租赁者来说,希望定价尽可能地低,至少不应超过原来实际生产所得的利润。因此,为了便于达成协议,就必须在保证原工厂利益不降低的情况下,总的价格尽可能地低。

为此,设 y_1,y_2,y_3,y_4 为四种原料的单位加价,则有:

$$4y_1+4y_2+8y_3+2y_4 \geqslant 4$$
$$4y_1+2y_2+4y_4 \geqslant 6$$

即租赁生产两种产品的原料加价不应低于自己生产所得的利润。同时,为了不亏本,各种加价不能为负值,即有:

$$y_1,\ y_2,\ y_3,\ y_4 \geqslant 0$$

为了实现交易,应让 $\omega=28y_1+20y_2+32y_3+24y_4$ 尽可能地低。从而,我们可以得到如下线性规划模型:

$$\min\omega=28y_1+20y_2+32y_3+24y_4$$
$$\begin{cases}4y_1+4y_2+8y_3+2y_4 \geqslant 4\\4y_1+2y_2+4y_4 \geqslant 6\\y_1,y_2,y_3,y_4 \geqslant 0\end{cases}$$

称这个线性规划问题为第 1 章例 1.1 线性规划问题(这里称原问题)的对偶问题。

现在我们来看一下两个数学模型之间的关系:

(1)原问题是求最大值,而对偶问题是求最小值。

(2)原问题的约束条件是"$\leqslant$",而对偶问题的约束条件是"$\geqslant$"。

(3)原问题的目标函数系数是对偶问题的约束条件右端的常

数项;原问题的约束条件右端的常数项是对偶问题目标函数的
系数。

(4) 原问题约束条件中 $x_i(i=1,2)$ 的系数是对偶问题第 i 个
约束条件的系数,原问题第 $i(i=1,2,3,4)$ 个约束条件的系数是对
偶问题的约束条件中 $y_i(i=1,2,3,4)$ 的系数。由此可知,原问题决
策变量的个数和约束条件的个数分别与对偶问题的约束条件的个
数和决策变量的个数相同。

2.2.2 对偶问题的一般定义

一、对称形式的对偶问题

设原线性规划问题是:

$$\max Z = c_1 x_1 + c_2 x_2 + \cdots + c_n x_n$$
$$\left.\begin{array}{l} a_{11} x_1 + a_{12} x_2 + \cdots + a_{1n} x_n \leqslant b_1 \\ a_{21} x_1 + a_{22} x_2 + \cdots + a_{2n} x_n \leqslant b_2 \\ \cdots \\ a_{m1} x_1 + a_{m2} x_2 + \cdots + a_{mn} x_n \leqslant b_m \\ x_1, x_2, \cdots, x_n \geqslant 0 \end{array}\right\} \quad (2.8)$$

那么,定义其对偶问题是:

$$\min \omega = b_1 y_1 + b_2 y_2 + \cdots + b_m y_m$$
$$\left.\begin{array}{l} a_{11} y_1 + a_{21} y_2 + \cdots + a_{m1} y_m \geqslant c_1 \\ a_{12} y_1 + a_{22} y_2 + \cdots + a_{m2} y_m \geqslant c_2 \\ \cdots \\ a_{1n} y_1 + a_{2n} y_2 + \cdots + a_{mn} y_m \geqslant c_n \\ y_1, y_2, \cdots, y_m \geqslant 0 \end{array}\right\} \quad (2.9)$$

我们称(2.8)式和(2.9)式之间的相互关系为对称形式的对偶
关系,它们构成一对对偶规划。

用矩阵形式描述对偶规划

$$\max Z = CX$$

$$\left.\begin{array}{c} AX \leqslant b \\ X \geqslant 0 \end{array}\right\} \qquad (2.10)$$

$$\min \omega = Yb$$

$$\left.\begin{array}{c} YA \geqslant C \\ Y \geqslant 0 \end{array}\right\} \qquad (2.11)$$

其中，$\qquad Y = (y_1, y_2, \cdots, y_m)$

原问题和对偶问题之间的关系可以用表 2.2 表示。

表 2.2

	x_1	x_2	$\cdots$	x_n	原关系	$\min\omega$
y_1	a_{11}	a_{12}	$\cdots$	a_{1n}	$\leqslant$	b_1
y_2	a_{21}	a_{22}	$\cdots$	a_{2n}	$\leqslant$	b_2
$\cdots$	$\cdots$	$\cdots$	$\cdots$	$\cdots$	$\cdots$	
y_m	a_{m1}	a_{m2}	$\cdots$	a_{mn}	$\leqslant$	b_m
对偶关系	$\geqslant$	$\geqslant$	$\cdots$	$\geqslant$	$\max Z = \min\omega$	
$\max Z$	c_1	c_2	$\cdots$	c_n		

该表从正面看是原问题,将它转 $90°$ 后看是对偶问题。

二、非对称形式的对偶问题

1. 原问题约束条件是"$\geqslant$"类型

设原问题是：

$$\max Z = c_1 x_1 + c_2 x_2 + \cdots + c_n x_n$$

$$\left.\begin{array}{c} a_{11}x_1 + a_{12}x_2 + \cdots + a_{1n}x_n \geqslant b_1 \\ a_{21}x_1 + a_{22}x_2 + \cdots + a_{2n}x_n \geqslant b_2 \\ \cdots \\ a_{m1}x_1 + a_{m2}x_2 + \cdots + a_{mn}x_n \geqslant b_m \end{array}\right\} \qquad (2.12)$$

$$x_1, x_2, \cdots, x_n \geqslant 0$$

只要将约束条件的两边乘以 -1,即把原约束条件化为"$\leqslant$"类型,
于是原问题变成：

$$\max Z = c_1 x_1 + c_2 x_2 + \cdots + c_n x_n$$

$$\left.\begin{array}{l} -a_{11}x_1 - a_{12}x_2 - \cdots - a_{1n}x_n \leqslant -b_1 \\ -a_{21}x_1 - a_{22}x_2 - \cdots - a_{2n}x_n \leqslant -b_2 \\ \quad\cdots \\ -a_{m1}x_1 - a_{m2}x_2 - \cdots - a_{mn}x_n \leqslant -b_m \\ x_1, x_2, \cdots, x_n \geqslant 0 \end{array}\right\} \quad (2.13)$$

按照对称形式的对偶关系,写出(2.13)式的对偶问题:

$$\min \omega = -b_1 y'_1 - b_2 y'_2 - \cdots - b_m y'_m$$

$$\left.\begin{array}{l} -a_{11}y'_1 - a_{21}y'_2 - \cdots - a_{m1}y'_m \geqslant c_1 \\ -a_{12}y'_1 - a_{22}y'_2 - \cdots - a_{m2}y'_m \geqslant c_2 \\ \quad\cdots \\ -a_{1n}y'_1 - a_{2n}y'_2 - \cdots - a_{mn}y'_m \geqslant c_n \\ y'_1, y'_2, \cdots, y'_m \geqslant 0 \end{array}\right\} \quad (2.14)$$

在(2.14)式中令 $y_i = -y'_i$ $(i=1,2,\cdots,m)$,可得:

$$\min \omega = b_1 y_1 + b_2 y_2 + \cdots + b_m y_m$$

$$\left.\begin{array}{l} a_{11}y_1 + a_{21}y_2 + \cdots + a_{m1}y_m \geqslant c_1 \\ a_{12}y_1 + a_{22}y_2 + \cdots + a_{m2}y_m \geqslant c_2 \\ \quad\cdots \\ a_{1n}y_1 + a_{2n}y_2 + \cdots + a_{mn}y_m \geqslant c_n \\ y_1, y_2, \cdots, y_m \leqslant 0 \end{array}\right\} \quad (2.15)$$

(2.12)式和(2.15)式组成一对对偶规划。由此可见,若原问题的约束条件是"$\geqslant$"类型,那么在对偶问题中对应的对偶变量"$\leqslant 0$"。

2. 原问题约束条件是严格"$=$"类型

为了便于书写,设原问题为:

$$\max Z = \sum_{j=1}^{n} c_j x_j$$

$$\left.\begin{array}{l} \sum_{j=1}^{n} a_{ij}x_j = b_i, \quad i = 1,2,\cdots,m \\ x_j \geqslant 0, \qquad j = 1,2,\cdots,n \end{array}\right\} \quad (2.16)$$

先将等式约束条件分解为两个不等式约束条件,则原问题可表示为：

$$\max Z = \sum_{j=1}^{n} c_j x_j$$

$$\sum_{j=1}^{n} a_{ij} x_j \leqslant b_i, \qquad i = 1, 2, \cdots, m \qquad (2.17)$$

$$-\sum_{j=1}^{n} a_{ij} x_j \leqslant -b_i, \quad i = 1, 2, \cdots, m \qquad (2.18)$$

设 y'_i 是对应(2.17)式的对偶变量，y''_i 是对应(2.18)式的对偶变量。这里 $i = 1, 2, \cdots, m$。

根据对称形式的对偶关系，写出它的对偶问题。即

$$\min\omega = \sum_{i=1}^{m} b_i y'_i + \sum_{i=1}^{m} (-b_i y''_i) \qquad (2.19)$$

$$\begin{cases} \sum_{i=1}^{m} a_{ij} y'_i + \sum_{i=1}^{m} (-a_{ij} y''_i) \geqslant c_j, & j = 1, 2, \cdots, n \\ y'_i, y''_i \geqslant 0, & i = 1, 2, \cdots, m \end{cases}$$

经整理后得到：

$$\min\omega = \sum_{i=1}^{m} b_i (y'_i - y''_i)$$

$$\left. \begin{array}{ll} \sum_{i=1}^{m} a_{ij} (y'_i - y''_i) \geqslant c_j, & j = 1, 2, \cdots, n \\ y'_i, y''_i \geqslant 0, & i = 1, 2, \cdots, m \end{array} \right\} \qquad (2.20)$$

令 $y_i = y'_i - y''_i$，这里 y_i 没有符号约束。将 y_i 代入(2.20)式，得到原问题是等式约束情况下的对偶问题：

$$\min \omega = \sum_{i=1}^{m} b_i y_i$$

$$\left. \begin{array}{ll} \sum_{i=1}^{m} a_{ij} y_j \geqslant c_j, & j = 1, 2, \cdots, n \\ y_i \text{ 为无约束}, & i = 1, 2, \cdots, m \end{array} \right\} \qquad (2.21)$$

综合以上情况，可把各类约束条件下的原问题和对偶问题的对偶关系归纳为表 2.3 中所示的对应关系。

表 2.3

原问题（或对偶问题）		对偶问题（或原问题）	
目标函数　max Z		目标函数　minω	
变　　量	n 个 $\geqslant 0$ $\leqslant 0$ 无约束	n 个 $\geqslant$ $\leqslant$ $=$	约 束 条 件
约 束 条 件	m 个 $\leqslant$ $\geqslant$ $=$	m $\geqslant 0$ $\leqslant 0$ 无约束	变　　量
约束条件右端项		目标函数变量的系数	
目标函数变量的系数		约束条件右端项	

【例 2.2】 写出下面线性规划问题的对偶问题：

$$\max Z = 2x_1 + x_2 + 3x_3 + x_4$$

$$\begin{cases} x_1 + x_2 + x_3 + x_4 \leqslant 5 \\ -2x_1 + x_2 - 3x_3 = 4 \\ x_1 - x_3 + x_4 \geqslant 1 \\ x_1, x_3 \geqslant 0, \quad x_2, x_4 \text{ 无约束} \end{cases}$$

解： 根据表 2.3 列出的对偶关系，可以写出原问题的对偶问题：

$$\min \omega = 5y_1 + 4y_2 + y_3$$

$$\begin{cases} y_1 - 2y_2 + y_3 \geqslant 2 \\ y_1 + y_2 = 1 \\ y_1 - 3y_2 - y_3 \geqslant 3 \\ y_1 + y_3 = 1 \\ y_1 \geqslant 0, y_3 \leqslant 0, \quad y_2 \text{ 无约束} \end{cases}$$

2.2.3　对偶问题的基本性质

设有一对对偶问题：

原问题　$\max Z = CX$　　　对偶问题　$\min \omega = Yb$

$\qquad\qquad AX \leqslant b$　　　　　　　　　　$YA \geqslant C$

$\qquad\qquad X \geqslant 0$　　　　　　　　　　$Y \geqslant 0$

它们具有以下基本性质：

ⅰ．**对称性**　对偶问题的对偶是原问题。

根据对称形式的对偶关系，其对称性是显然的。

ⅱ．**弱对偶性**　若 $\overline{X}$ 是原问题的可行解，$\overline{Y}$ 是对偶问题的可行解，则 $C\overline{X} \leqslant \overline{Y}b$。

证　因为 $\overline{X}$ 是原问题的可行解，所以满足约束条件，即有 $A\overline{X} \leqslant b,\overline{X} \geqslant 0$，又因为 $\overline{Y}$ 是对偶问题的可行解，则 $\overline{Y} \geqslant 0$，因此，将 $\overline{Y}$ 左乘 $A\overline{X} \leqslant b$，得到 $\overline{Y}A\overline{X} \leqslant \overline{Y}b$。

在对偶问题中，由于 $\overline{Y}$ 满足 $\overline{Y}A \geqslant C$，因此，用 $\overline{X}$ 右乘可得 $\overline{Y}A\overline{X} \geqslant C\overline{X}$，于是得到 $\overline{Y}b \geqslant \overline{Y}A\overline{X} \geqslant C\overline{X}$，证毕。

ⅲ．**无界性**　若原问题（对偶问题）为无界解，则其对偶问题（原问题）无可行解。

由弱对偶性可知，其无界性是显然的。

ⅳ．**可行解是最优解的条件**　设 X^* 是原问题的可行解，Y^* 是对偶问题的可行解，当 $CX^* = Y^*b$ 时，X^*,Y^* 是最优解。

证　由弱对偶性可知，原问题的所有可行解 $\overline{X}$ 都满足 $C\overline{X} \leqslant Y^*b$，又因为 $CX^* = Y^*b$，所以有 $C\overline{X} \leqslant CX^*$，即 X^* 是使目标函数取值最大的可行解，因而是最优解。同理可证 Y^* 也是最优解，证毕。

ⅴ．**对偶定理**　若原问题有最优解，则对偶问题也有最优解，且最优目标函数值相等。

证　设 X^* 是原问题的最优解，它对应的基矩阵为 B，此时，非基变量的检验数为 $C_N - C_B B^{-1}N \leqslant 0$，考虑到基变量的检验数为 0，故有 $C - C_B B^{-1}A \leqslant 0$，即 $C \leqslant C_B B^{-1}A$。令 $Y^* = C_B B^{-1}$，则有 $Y^*A \geqslant C$，即 Y^* 是对偶问题的可行解，有 $\omega = Y^*b = C_B B^{-1}b$。

因 X^* 是原问题的最优解，有 $Z = CX^* = C_B X_B^* = C_B B^{-1}b$，故 $CX^* = Y^*b$。

由可行解是最优解的条件可知，Y^* 是对偶问题的最优解，且原问题与对偶问题的最优目标函数值相等。

vi. 互补松弛性 设原问题和对偶问题的标准型分别为：

$$\max Z = CX \qquad\qquad\qquad \min\omega = Yb$$

$$\begin{cases} AX + X_s = b \\ X, X_s \geqslant 0 \end{cases} \qquad\qquad \begin{cases} YA - Y_s = C \\ Y, Y_s \geqslant 0 \end{cases}$$

若 X^*，Y^* 分别是原问题和对偶问题的可行解。那么 $Y^* X_s = 0$ 和 $Y_s X^* = 0$，当且仅当 X^*、Y^* 为最优解。

证 将原问题目标函数中的系数向量 C 用 $C = YA - Y_s$ 代替后，得到：

$$Z = CX = (YA - Y_s)X = YAX - Y_s X \qquad (2.22)$$

将对偶问题的目标函数中的系数向量用 $b = AX + X_s$ 代替后，得到：

$$\omega = Yb = Y(AX + X_s) = YAX + YX_s \qquad (2.23)$$

若 $Y_s X^* = Y^* X_s = 0$，则由（2.22）式和（2.23）式得到 $Y^* b = Y^* AX^* = CX^*$，再由可行解是最优解的条件可知，X^*，Y^* 是最优解。

若 X^*，Y^* 分别是原问题和对偶问题的最优解，由对偶定理可知 $CX^* = Y^* AX^* = Y^* b$，再由（2.22）式和（2.23）式可知，必有 $Y^* X_s = 0, Y_s X^* = 0$。

由互补松弛性可以得到以下结论：当一对对偶规划达到最优时，若一个问题的某个变量为正数，则相应的另一个问题的约束必取等式；或者一个问题中的约束条件取不等式，则相应的另一个问题的变量必为零。

【例 2.3】 已知线性规划问题

$$\max Z = x_1 + 2x_2 + 3x_3 + 4x_4$$

$$\begin{cases} x_1 + 2x_2 + 2x_3 + 3x_4 \leqslant 20 \\ 2x_1 + x_2 + 3x_3 + 2x_4 \leqslant 20 \\ x_1, x_2, x_3, x_4 \geqslant 0 \end{cases}$$

的最优解为 $X^* = (0, 0, 4, 4)^T$，最优值 $Z^* = 28$。试用互补松弛性找出其对偶问题的最优解。

解： 写出该问题的对偶问题

$$\min\omega = 20y_1 + 20y_2$$

$$\begin{cases} y_1+2y_2\geqslant1 \\ 2y_1+y_2\geqslant2 \\ 2y_1+3y_2\geqslant3 \\ 3y_1+2y_2\geqslant4 \\ y_1,y_2\geqslant0 \end{cases}$$

根据互补松弛性,可得:

$$x_3^*=4>0, \qquad 则 \quad 2y_1+3y_2=3$$
$$x_4^*=4>0, \qquad 则 \quad 3y_1+2y_2=4$$

由此解得:　　　　　$y_1=6/5, \quad y_2=1/5$

经检验,$y_1=6/5, \quad y_2=1/5$ 满足对偶问题的前两个约束条件,所以它是对偶问题的可行解。其对应的目标函数 $\omega^*=20\times6/5+20\times1/5=28=Z^*$。从而 $y_1=6/5, y_2=1/5$ 为对偶问题的最优解。

2.2.4　对偶最优解的经济解释——影子价格

设有一对对偶规划:

原问题　　　　　　　　　　　　对偶问题

$\max Z=CX$　　　　　　　　　　$\min\omega=Yb$

$$\begin{cases} AX\leqslant b \\ X\geqslant0 \end{cases} \qquad\qquad \begin{cases} YA\geqslant C \\ Y\geqslant0 \end{cases}$$

在得到最优时有:

$$Z^*=\sum_{j=1}^{n}c_jx_j^*=\sum_{i=1}^{m}b_iy_i^*$$

其中,$X^*=(x_1^*,x_2^*,\cdots,x_n^*)^T,Y^*=(y_1^*,y_2^*,\cdots,y_m^*)$ 分别为原问题和对偶问题的最优解,相应的最优值为 Z^*。

现考虑在其他条件不变的情况下,在最优解处,常数项 b 的微小变动对目标函数值的影响。为此,求 Z^* 对 b_i 的偏导数,可得:

$$y_i^*=\frac{\partial Z^*}{\partial b_i} \qquad i=1,2,\cdots,m$$

这说明,原问题的第 i 个约束条件的右端常数项 b_i 增加一个单位,最优目标函数值就增加 y_i^*,b_i 减少一个单位,目标函数最优值也减少 y_i^*,因此,最优对偶变量 y_i^* 的值,就相当于对单位第 i 种资源在实现最大利润时所产生的作用估价。这种估价并非是它的市场销售价格,而是针对具体企业具体产品和特定时期,资源对最优化目标所产生的边际作用,通常称之为影子价格。现对影子价格的经济意义归纳如下:

(1)影子价格是特定场合对资源的可利用价值的估价。

(2)影子价格是资源的边际价格。在其他条件不变的情况下,随这种资源的拥有量的增加而递减,即符合边际报酬递减律。

(3)影子价格也是一种机会成本。在完全市场经济的条件下,对于收益最大化的问题,当市场上某种资源的价格低于某企业此种资源的影子价格时,该企业就买进这种资源。相反,当市场价格高于该企业这种资源的影子价格时,企业就会把这种资源卖出去,以自动实现社会资源的最优配置。对于利润最大化的问题,可取价格增量作为决策的依据。

(4)影子价格也可说明互补松弛性的经济意义。在得到线性规划的最优解时,若某种资源并未完全利用,其剩余量就是该约束中松弛变量的取值,那么该约束相对应的影子价格一定为零。因为在得到最优解时,这种资源并不紧缺,故此时再增加这种资源不会带来任何效益。反之,如果某种资源的影子价格大于零,就说明再增加这种资源的可获取量,还会带来一定的经济效益,即在原问题的最优解中,这种资源必定已被全部利用,相应的约束条件必然保持等式。

(5)影子价格是很不稳定的变数。不同企业因各自的工艺、技术和管理水平不同,会有不同的影子价格。就同一个企业而言,生产任务、产品结构、资源供应量等条件发生变化,资源的影子价格也会随之发生改变。

(6)影子价格还可解释单纯形法计算中检验数的经济意义,检验数的经济意义是:某种产品安排生产时,其所带来的价值在补偿机会成本后所剩下的余额。因为有:

$$\sigma_i = c_j - C_B B^{-1} P_j = c_j - \sum_{i=1}^{m} \alpha_{ij} y_i$$

式中,c_j 代表第 j 种产品在目标函数中所具有的价值,$\sum_{n=1}^{m} a_{ij} y_i$ 是生产该种产品所消耗的各项资源的总的机会成本,是用各种资源的影子价格分别乘以相应资源的消耗系数 a_{ij} 后的总和。

当安排某产品的生产时,由于资源有限,必然使其他的某些产品不生产或减产,因而此产品所具有的价值 c_j 应该大于机会成本 $\sum_{n=1}^{m} a_{ij} y_i$。$\sum_{n=1}^{m} a_{ij} y_i$ 即是其他产品的退出或减产所产生的机会损失。

2.2.5　对偶单纯形法

对偶单纯形法是运用对偶原理求解原问题的一种方法,而不是求解对偶问题的单纯形法。它和单纯形法的主要区别在于:单纯形法在整个迭代的过程中,始终保持原问题的可行性,即常数列≥0,而检验数 $C-C_BB^{-1}A$(即 $C-YA$)由有正分量逐步变为全部≤0(即变为满足 $YA\geqslant C$,Y 是对偶问题的可行解),即同时得到原问题和对偶问题的最优解。对偶单纯形法则是在整个迭代过程中,始终保持对偶问题的可行性,即全部检验数≤0,而常数列由有负分量逐步变为全部≥0(即变为满足原问题的可行性),即同时得到原问题和对偶问题的最优解。

对偶单纯形法的具体计算步骤如下:

(1) 根据线性规划问题,列出初始单纯形表。设检验数全都小于或等于零,检验 b 列的数字,若全是非负数,则已得到最优解,停止计算。否则,转入下一步。

(2) 确定换出变量,若
$$\min\{(B^{-1}b)_i \mid (B^{-1}b)_i < 0\} = (B^{-1}b)_l$$
则确定对应的基变量 x_l 为换出变量。

(3) 确定换入变量,在单纯形表中检查 x_l 所在行的各系数 a_{lj}($j=1,2,\cdots,n$),若所有 $a_{lj}\geqslant 0$,则无可行解,停止计算。若存在 $a_{lj}<0$,则计算:
$$\theta = \min\{\sigma_j/a_{lj} \mid a_{lj}<0\} = \sigma_k/a_{lk} = \theta_k$$
于是按 θ_k 所对应的列确定 x_k 为换入变量,这样才能保证所得的检验数仍都小于或等于零。

(4) 以 a_{lk} 为主元素,按单纯形法在表中进行换基运算,得到新的单纯形表。

　　重复以上各步,直至 $B^{-1}b \geqslant 0$ 为止,最后得到 $X_B = B^{-1}b$,即为所求的最优解。

　　【例 2.4】　用对偶单纯形法求解

$$\min\omega = 28x_1 + 20x_2 + 32x_3 + 24x_4$$

$$\begin{cases} 4x_1 + 4x_2 + 8x_3 + 2x_4 \geqslant 4 \\ 4x_1 + 2x_2 + 4x_4 \geqslant 6 \\ x_1,\ x_2,\ x_3,\ x_4 \geqslant 0 \end{cases}$$

　　解:　引入松弛变量 x_5, x_6,将模型化成标准型:

$$\max\omega' = -28x_1 - 20x_2 - 32x_3 - 24x_4$$

$$\begin{cases} -4x_1 - 4x_2 - 8x_3 - 2x_4 + x_5 = -4 \\ -4x_1 - 2x_1 - 4x_4 + x_6 = -6 \\ x_1,\ x_2,\ x_3,\ x_4,\ x_5,\ x_6 \geqslant 0 \end{cases}$$

建立单纯形表并进行运算(见表 2.4)。

表 2.4

C_B	X_B	b	-28	-20	-32	-24	0	0	θ
			x_1	x_2	x_3	x_4	x_5	x_6	
0	x_5	-4	-4	-4	-8	-2	1	0	
0	x_6	-6	-4	-2	0	$[-4]$	0	1	
	检验数		-28	-20	-32	-24	0	0	
0	x_5	-1	$[-2]$	-3	-8		1	$-1/2$	
-24	x_4	$3/2$	1	$1/2$	0	1	0	$-1/4$	
	检验数		-4	-8	-32	0	0	-12	
-28	x_1	$1/2$	1	$3/2$	4	0	$-1/2$	$1/4$	
-24	x_4	1	0	-1	-4	1	$1/2$	$-1/2$	
	检验数		0	-2	-16	0	-2	-5	

　　在第一个计算表中,因为 $\min\{-4, -6\} = -6$,所以取对应的 x_6 为换出变量,又因 $\theta = \min\{\dfrac{-28}{-4}, \dfrac{-20}{-2}, -, \dfrac{-24}{-4}\} = 6$,因而取对应的 x_4 为换入变量。再以 -4 为主元素进行换基运算得到第二个计算表,重复上述步骤直到 b 列的数字都是正数为止,这时便得最优解

$$X^* = (x_1, x_2, x_3, x_4, x_5, x_6)^{\mathrm{T}}$$

$$=(\frac{1}{2},0,0,1,0,0)^T$$

相应的目标函数的最小值为:

$$\omega=-\omega'=-\left[(-28)\times\frac{1}{2}+(-20)\times0\right.$$

$$+(-32)\times0+(-24)\times1]=38$$

不难看出,本例的线性规划是第 1 章例 1.1 的对偶规划。将表 2.4 的最终计算表与表 1.7 进行对照可知,将表 1.7 的检验数 $\{\sigma_3,\sigma_4,\sigma_5,\sigma_6,\sigma_1,\sigma_2\}=\{-1/2,0,0,-1,0,0\}$ 乘以 -1 即得对偶规划的最优解为:

$$X^*=(x_1,x_2,x_3,x_4,x_5,x_6)^T=(\frac{1}{2},0,0,1,0,0)^T$$

反之,将对偶规划的检验数即表 2.4 的最终计算表的检验数 $\{\sigma_5,\sigma_6,\sigma_1,\sigma_2,\sigma_3,\sigma_4,\}=\{-2,-5,0,-2,-16,0\}$ 乘以 -1 即得原问题的最优解为:

$$X^*=(x_1,x_2,x_3,x_4,x_5,x_6)^T=(2,5,0,2,16,0)^T$$

而且它们的目标函数值都是 38。

2.3 灵敏度分析

线性规划数学模型的确定,是以 a_{ij},b_i,c_j 为已知常数作为基础的。但是,在实际问题中,这些数据本身不仅很难准确地得到,而且往往还受到其他因素的影响。例如,目标函数中的系数常随市场的情况而变化;a_{ij} 往往随工艺与技术条件的改变而改变;而右侧常数 b_i 是根据资源投入后的经济效果决定的一种决策选择。因此有必要研究当某些系数变化,或增减约束和变量时,问题的最优解有何变化。当然,参数改变后的问题可看成是一个新的规划问题,可从头计算求解,但这样做很费事,有时当参数连续变化时,问题的重新求解就不是现实可取了。实际上,有些参数在一定范围内变化,并不影响最优解;即使最优解发生了变化,也应该用最简便的方法分析检查,迅速找到最优解,这样才能满足需要。上述的这种工作,称为灵敏度分析。

2.3.1　目标函数中系数 c 的变化

对于线性规划问题

$$\max Z = CX$$
$$\begin{cases} AX = b \\ X \geqslant 0 \end{cases}$$

来说,当从最终的单纯形表上得到最优基 B 时,其最优结果为:

$$\begin{pmatrix} X_B \\ X_N \end{pmatrix} = \begin{pmatrix} B^{-1}b \\ 0 \end{pmatrix}$$

$$\max Z = C_B B^{-1} b$$

相应的的检验数为:　　　$\sigma = C - C_B B^{-1} A$

其中,非基变量的检验数

$$\sigma_N = C_N - C_B B^{-1} N$$

由此可见,c_j 的变化仅影响最优性条件与目标函数值。下面就基变量和非基变量的系数分别进行讨论。

一、非基变量系数 c_j 的变化

在这种情况下,若 c_j 改变了 Δc_j,即 $c'_j = c_j + \Delta c_j$,则有:

$$\sigma'_j = c_j + \Delta c_j + C_B B^{-1} P_j = \sigma_j + \Delta c_j$$

这时,只要 $\Delta c_j \leqslant -\sigma_j$,原最优解保持不变。若 $\Delta c_j > -\sigma_j$,则原最优解就不再是最优的了,这时要以 x_j 为换入变量,把最终单纯形表上的 σ_j 换成 σ'_j,c_j 换成 c'_j,继续迭代求最优解。

【例 2.5】　线性规划问题

$$\max Z = x_1 + 5x_2 + 3x_3 + 4x_4$$
$$\begin{cases} 2x_1 + 3x_2 + x_3 + 2x_4 \leqslant 800 \\ 5x_1 + 4x_2 + 3x_3 + 4x_4 \leqslant 1200 \\ 3x_1 + 4x_2 + 5x_3 + 3x_4 \leqslant 1000 \\ x_1, x_2, x_3, x_4 \geqslant 0 \end{cases}$$

的最终单纯形表为表 2.5。

为了保持最优解不变,非基变量 x_1, x_3 的系数的允许变化范围是:

$$\Delta c_1 \leqslant \frac{13}{4} \quad , \quad \Delta c_3 \leqslant \frac{11}{4}$$

只要 Δc_1 和 Δc_3 中有一个越出了上述范围,就破坏了原有的最优性,就要进行继续迭代,寻找新的最优解。

表 2.5

C_B	X_B	b	1	5	3	4	0	0	0	θ_i
			x_1	x_2	x_3	x_4	x_5	x_6	x_7	
0	x_5	100	1/4	0	$-13/4$	0	1	1/4	-1	
4	x_4	200	2	0	-2	1	0	1	-1	
5	x_2	100	$-3/4$	1	11/4	0	0	$-3/4$	1	
$-Z$		-1300	$-13/4$	0	$-11/4$	0	0	$-1/4$	-1	

二、基变量系数 c_r 的变化

这种情况下,c_r 是 C_B 的一个分量,当 c_r 变化了 Δc_r 后,就会引起 C_B 改变 ΔC_B,从而会引起最终单纯形表中全体非基变量的检验数和目标函数值的改变。改变以后的非基变量的检验数是:

$$\sigma'_j = c_j - (C_B + \Delta C_B) B^{-1} P_j$$
$$= \sigma_j - \Delta C_B B^{-1} P_j$$
$$= \sigma_j - \Delta c_r a'_{rj}$$

其中,a'_{rj} 是非基变量 x_j 在基变量为 x_r 时该行的系数。

若　　　$\max\limits_j \left\{ \dfrac{\sigma_j}{a'_{rj}} \middle| a'_{rj} > 0 \right\} \leqslant \Delta c_r \leqslant \min\limits_j \left\{ \dfrac{\sigma_j}{a'_{rj}} \middle| a'_{rj} < 0 \right\}$

则所有 $\sigma'_j \leqslant 0$,即最优解不变。

若 Δc_r 超出上述允许变化范围,即有 $\sigma'_j \geqslant 0$,则以原最终表为基础,换上变化后的目标函数系数和检验数,继续迭代,可求出新的最优解。

【例 2.6】　试问:在例 2.5 中,c_2,c_4 在什么范围内变化,可保证原最优解不变? 若 C_B 由 $(0,4,5)$ 改变为 $(0,6,2)$,求出新的最优解。

解:　为了保证最优解不变,Δc_2 的允许变化范围为:

$$\max\left\{\dfrac{-\dfrac{11}{4}}{\dfrac{11}{4}},\ \dfrac{-1}{1}\right\}\leqslant\Delta c_2\leqslant\min\left\{\dfrac{-\dfrac{13}{4}}{-\dfrac{3}{4}},\ \dfrac{-\dfrac{1}{4}}{-\dfrac{3}{4}}\right\}$$

即　　　　　　　$-1\leqslant\Delta c_2\leqslant\dfrac{1}{3}$

Δc_4 的允许变化范围为：

$$\max\left\{\dfrac{-\dfrac{13}{4}}{2},\ \dfrac{-\dfrac{1}{4}}{1}\right\}\leqslant\Delta c_4\leqslant\min\left\{\dfrac{-\dfrac{11}{4}}{-2},\ \dfrac{-1}{-1}\right\}$$

即　　　　　　　$-\dfrac{1}{4}\leqslant\Delta c_4\leqslant1$

现在 $\Delta c_2=2-5=-3$，$\Delta c_4=6-4=2$，均不在允许变化范围内，为了得到新的最优解，修改表 2.5 中 c_2 和 c_4 的值以及检验数，得到一张新的单纯形表，用单纯形法继续迭代下去，即可求出新的最优解，详见表 2.6。

表 2.6

C_B	X_B	b	1	2	3	6	0	0	0	θ_i
			x_1	x_2	x_3	x_4	x_5	x_6	x_7	
0	x_5	100	1/4	0	-13/4	0	1	1/4	-1	
6	x_4	200	2	0	-2	1	0	1	-1	
2	x_2	100	-3/4	1	11/4	0	0	-3/4	1	
$-Z$		-1400	-19/2	0	19/2	0	0	-9/2	4	
0	x_5	200	-1/2	1	-1/2	0	1	-1/2	0	
6	x_4	300	5/4	1	3/4	1	0	1/4	0	
0	x_7	100	-3/4	1	11/4	0	0	-3/4	1	
$-Z$		-1800	-13/2	-4	-3/2	0	0	-3/2	0	

2.3.2　约束方程常数项 b 的变化

设第 r 个约束方程的右端常数由原来的 b_r 变为 $b'_r=b_r+\Delta b_r$，其他系数不变。即有：

$$b'=b+\Delta b=\begin{bmatrix}b_1\\ \cdots\\ b_r+\Delta b_r\\ \cdots\\ b_m\end{bmatrix}$$

设原最优解为：

$$X_B = B^{-1}b = \begin{bmatrix} x_{B_1} \\ x_{B_2} \\ \cdots \\ x_{B_m} \end{bmatrix}$$

若原最优基 B 仍是最优的，则应有新的最优解：

$$X'_B = B^{-1}b' = B^{-1}b + B^{-1}\Delta b = X_B + \Delta b_r D_r \geqslant 0$$

式中，　D_r 是 B^{-1} 的第 r 列，有：

$$D_r = \begin{bmatrix} d'_{1r} \\ d'_{2r} \\ \cdots \\ d'_{2m} \end{bmatrix}$$

即最优解也可写成：

$$x_{B_i} + \Delta b_r d'_{ir} \geqslant 0 \qquad (i = 1, 2, \cdots, m)$$

因此，b_r 的允许变化范围是：

$$\max_i \left\{ -\frac{x_{Bi}}{d'_{ir}} \,\middle|\, d'_{ir} > 0 \right\} \leqslant \Delta b_r \leqslant \min_i \left\{ -\frac{x_{Bi}}{d'_{ir}} \,\middle|\, d'_{ir} < 0 \right\}$$

如果 Δb_r 超过上述范围，则新得到的解为不可行解。但由于 b_r 的变化不影响检验数，故仍保持所有检验数 $\leqslant 0$，即满足对偶可行性，这时可在原最终表的基础上，换上改变后的常数及相应的 $-Z$ 值，用对偶单纯形法继续迭代，以求出新的最优解。

【例 2.7】　设线性规划问题

$$\max Z = 5x_1 + 4x_2$$

$$\begin{cases} x_1 + 3x_2 \leqslant 90 \\ 2x_1 + x_2 \leqslant 80 \\ x_1 + x_2 \leqslant 45 \\ x_1, \ x_2 \geqslant 0 \end{cases}$$

的单纯形初始表和最终表如表 2.7 所示。

表 2.7

C_B	X_B	b	5	4	0	0	0	θ
			x_1	x_2	x_3	x_4	x_5	
0	x_3	90	1	3	1	0	0	
0	x_4	80	2	1	0	1	0	
0	x_5	45	1	1	0	0	1	

(续)表 2.7

C_B	X_B	b	5	4	0	0	0	θ
			x_1	x_2	x_3	x_4	x_5	
$-Z$		0	5	4	0	0	0	
0	x_3	25	0	0	1	2	-5	
5	x_1	35	1	0	0	1	-1	
4	x_2	10	0	1	0	-1	2	
$-Z$		-215	0	0	0	-1	-3	

从表 2.7 中可以看出：

$$B^{-1} = \begin{pmatrix} 1 & 2 & -5 \\ 0 & 1 & -1 \\ 0 & -1 & 2 \end{pmatrix}$$

则 b_3 的允许变化范围为：

$$-\frac{10}{2} \leqslant \Delta b_3 \leqslant \min\left\{-\frac{35}{-1}, -\frac{25}{-5}\right\}$$

即 $-5 \leqslant \Delta b_3 \leqslant 5$

如果 b_3 减少了 15 个单位，则 $\Delta b_3 = -15$ 就超出了允许变化的范围，因此原最优基不可行。变化以后的基变量取值为：

$$X'_B = \begin{pmatrix} x_3 \\ x_1 \\ x_2 \end{pmatrix} = B^{-1}(b+\Delta b) = \begin{pmatrix} 1 & 2 & -5 \\ 0 & 1 & -1 \\ 0 & -1 & 2 \end{pmatrix} \begin{pmatrix} 90 \\ 80 \\ 30 \end{pmatrix} = \begin{pmatrix} 100 \\ 50 \\ -20 \end{pmatrix}$$

应用对偶单纯形法，消去其不可行性，即可求得新的最优解，详见表 2.8。

表 2.8

C_B	X_B	b	5	4	0	0	0	θ
			x_1	x_2	x_3	x_4	x_5	
0	x_3	100	0	0	1	2	-5	
5	x_1	50	1	0	0	1	-1	
4	x_2	-20	0	1	0	-1	2	
$-Z$		-170	0	0	0	-1	-3	

C_B	X_B	b	5	4	0	0	0	θ
			x_1	x_2	x_3	x_4	x_5	
0	x_3	60	0	2	1	0	-1	
5	x_1	30	1	1	0	0	1	
0	x_4	20	0	-1	0	1	-2	
$-Z$		-150	0	-1	0	0	-5	

2.3.3　约束矩阵 A 的变化

分两种情况加以讨论:

一、非基向量列 P_j 改变为 P'_j

这种情况指初始表中的 P_j 列数据改变为 P'_j,而第 j 个列向量在原最终表上是非基向量。

这一改变直接影响最终表上的第 j 列数据和第 j 个检验数。最终表上的第 j 列数据变为 $B^{-1}P'_j$,而新的检验数 $\sigma'_j = c_j - C_B B^{-1} P'_j = c_j - C_B B^{-1}(P_j + \Delta P_j) = \sigma_j - C_B B^{-1} \Delta P_j$。

若 $C_B B^{-1} \Delta P_j \geqslant \sigma_j$,即 $\sigma'_j \leqslant 0$,则原最优解仍是新问题的最优解。

若 $C_B B^{-1} \Delta P_j < \sigma_j$,即 $\sigma'_j > 0$,则原最优基在非退化情况下不再是最优基。这时,应在原来最终表的基础上,换上改变后的第 j 列数据 $B^{-1}P'_j$ 和 σ'_j,把 x_j 作为换入变量,用单纯形法继续迭代。

二、基向量列 P_j 改变为 P'_j

这种情况指初始表中的 P_j 列数据改变为 P'_j,而第 j 列向量在原最终表上是基向量。这时,P_j 的改变影响到单纯形表的每一列,因而原最优解的可行性和最优性都可能遭到破坏,问题变得相当复杂,故一般不去修改原来的最终表,而是重新计算。

2.3.4　增加一个新的变量

增加一个非负变量 x_{n+1} 后,相应增加的系数列向量为 P_{n+1},目

标函数的系数为 c_{n+1}。如果原问题的最优基是 B,那么增加这个新变量后,对原最优解的可行性没有影响,而新变量的检验数为:

$$\sigma_{n+1}=c_{n+1}-C_B B^{-1} P_{n+1}$$

若 $\sigma_{n+1}\leqslant 0$,则原最优解就是新问题的最优解。

若 $\sigma_{n+1}>0$,则原最优解不再是最优解。这时,把 $B^{-1}P_{n+1}$ 加入到原最终表内,并以新变量 x_{n+1} 作为换入变量,按单纯形法继续迭代,即可得到新的最优解。

2.3.5　增加一个新的约束条件

增加新的约束条件意味着对某种资源原来没有限制,现在情况发生了变化,需要有所限制,或者为了提高产品质量而增加了精加工工序。另外,在有些情况下,为了简便计算,在建立线性规划模型时,将某些次要约束暂未列入,待求出包含了主要约束条件的最优解时,再逐一将以前暂未列入的次要约束条件加以考虑等等。

由于增加一个约束,或使可行域缩小,或使可行域保持不变,而绝不会使可行域增大,因此,若原来的最优解满足这个新约束,则它就是新问题的最优解。若原来的最优解不满足这个新约束,则可以把新增加的约束条件,通过加入松弛变量变为等式后,加到原最优表中,然后再求新的最优解。具体做法留给读者自己考虑。

2.4　运　输　问　题

运输问题是一类重要的线性规划问题。从直观意义上来看这种问题是要求出把一种物资从某些产地运到 n 个销地的最小成本。虽然运输问题可以用正规单纯形法来解,但是它的特点提供了一种更加简便的解题方法。下面作简略介绍。

2.4.1　运　输　模　型

已知有 m 个产地 $A_i, i=1,2,\cdots,m$,其产量分别为 $a_i, i=1,2,\cdots,m$,另有 n 个销地 $B_j, j=1,2,\cdots,n$,其销量分别为 $b_j, j=1,2,\cdots,n$。又知从第 i 个产地到第 j 个销地运输单位物资的运价为 c_{ij},

且 m 个产地的总产量与 n 个销地的总销量相等。试求产销平衡条件下总运费最小的调运方案。

下面我们来建立这个问题的数学模型。

设从第 i 个产地到第 j 个销地的物资运输量为 x_{ij}，则目标函数为：

$$\min Z = \sum_{i=1}^{m} \sum_{j=1}^{n} c_{ij} x_{ij}$$

约束条件是：

$$\sum_{j=1}^{n} x_{ij} = a_i, \qquad i = 1, 2, \cdots, m$$

$$\sum_{i=1}^{m} x_{ij} = b_i, \qquad j = 1, 2, \cdots, n$$

$$x_{ij} \geqslant 0 \quad, \qquad i = 1, 2, \cdots, m; j = 1, 2, \cdots, n$$

又由于产销平衡，因此有：

$$\sum_{i=1}^{m} a_i = \sum_{i=1}^{m} \left(\sum_{j=1}^{n} x_{ij} \right) = \sum_{j=1}^{n} \left(\sum_{i=1}^{m} x_{ij} \right) = \sum_{j=1}^{n} b_j$$

该模型是线性规划模型，它有 $m \times n$ 个变量，$m + n - 1$ 个独立约束方程。从模型可知，运输问题的约束方程组的系数矩阵具有以下形式：

上述矩阵中的元素均为 0 或 1（其中零元素未写）；矩阵的每一列中正好有两个非零元素，每个变量在前 m 个约束方程中出现一次，在后 n 个约束方程中也出现一次。

由于运输问题的特定结构形式，对它有较单纯形法更为简单的求解方法——表上作业法。

这里先给出表上作业法中有关闭回路的概念和性质。

闭回路：凡是能排成

$$x_{i_1 j_1}, x_{i_1 j_2}, x_{i_2 j_2}, x_{i_2 j_3}, \cdots, x_{i_s j_s}, x_{i_s j_1}$$

$(i_1, i_2, \cdots, i_s$ 互不相同，$j_1, j_2, \cdots, j_s$ 互不相同。$)$

形式的变量的集合称为一个闭回路，而把出现在上式中的变量称为这个闭回路的顶点。

例如，设 $m=3, n=4$，这时

$$x_{11}, x_{12}, x_{32}, x_{34}, x_{24}, x_{21}$$

就是一个闭回路。这里 $i_1=1, i_2=3, i_3=2, j_1=1, j_2=2, j_3=4$，若把闭回路的顶点在表中画出，并且把相邻两个变量用一条直线相连（称为闭回路的边），那么上述闭回路就具有如下表中的形状：

	B_1	B_2	B_3	B_4
A_1	x_{11}	x_{12}		
A_2	x_{21}			x_{24}
A_3		x_{32}		x_{34}

性质 1 $m+n-1$ 个变量

$$x_{i_1 j_1}, x_{i_2 j_2}, \cdots, x_{i_{m+n-1} j_{m+n-1}}$$

构成基变量的充要条件是它不含闭回路。（证明略）

以后称基变量在运输平衡表中相应的格子为基格，非基变量由于取值为 0，故不填入表中，所以非基格又叫空格。

性质 2   在 $m+n-1$ 个基变量（基格）中加入任何一个非基变量（空格），则加入空格后的 $m+n$ 个格子中必含有唯一的闭回路。（证明略）

2.4.2   表上作业法

为了使问题一目了然，把上述平衡运输问题的有关关系归总于一张表内（见表 2.9）：在表 2.9 的中间部分，每一方格的右上角标运量，左下角标相应的运价。

表 2.9

产　地	销　地				产　量
	B_1	B_2	$\cdots$	B_n	
A_1	x_{11}　c_{11}	x_{12}　c_{12}	$\cdots$	x_{1n}　c_{1n}	a_1
A_2	x_{21}　c_{21}	x_{22}　c_{22}	$\cdots$	x_{2n}　c_{2n}	a_2
$\cdots$	$\cdots$	$\cdots$	$\cdots$	$\cdots$	$\cdots$
A_m	x_{m1}　c_{m1}	x_{m2}　c_{m2}	$\cdots$	x_{mn}　c_{mn}	a_m
销量	b_1	b_2	$\cdots$	b_n	$\sum\limits_{i=1}^{m} a_i = \sum\limits_{j=1}^{n} b_j$

用表格表示了平衡运输问题之后,剩下的问题就是将上述表中的 x_{ij} 用数值取代,以得到运输方案。

单纯形法解决线性规划问题,实际上可以看成两个过程,其一是求一个初始可行解,其二是给出一个判别准则,判别上面的解是否是最优解。如果是最优,则问题解决,如果不是最优,就要对现行方案进行调整、改进,直到取得最优解为止。运输问题的表上作业法和单纯形法的步骤相同,手段不同。下面通过具体例子来介绍运输问题的表上作业法。

一、确定初始可行方案

对于运输问题来说,制定初始调运方案的方法很多,这里我们介绍两个方法。

1. 西北角法

西北角法是最简单而且能快速给出一个初始方案的方法,它从运输量的表格中的西北角即左上角开始确定运输量,并且取得尽可能大的运输量,从而获得一个初始调运方案。

【例 2.8】　设某物资需要由产地 A_1,A_2,A_3 调往销地 B_1,B_2,B_3,B_4,各产地的产量和各销地的销量以及各产地到各销地的单位运价如表 2.10。试用西北角法确定初始调运方案。

解:　x_{11} 位于表格中的左上角,先考虑 A_1 到 B_1 的运输量,由

于 A_1 的产量是 10 吨，B_1 的销量是 4 吨，所以，在表 x_{11} 的位置上写上 4，并将 B_1 所在列划去，表示 B_1 已经供足，再将 A_1 的产量 10 减去 4，改为 6，表示 A_1 还剩 6 吨。然后在剩余的表中，x_{12} 位于左上角，由于 A_1 还剩 6 吨，B_2 需要 6 吨，所以，在 x_{12} 的位置上写上 6，这时 A_1 无剩余物资，B_2 也已供足，但不能将这一行、一列同时划去，而只能划去其中

表 2.10

产地	销　　地				产量
	B_1	B_2	B_3	B_4	
A_1	1	3	4	6	10
A_2	3	5	5	3	6
A_3	3	2	1	4	8
销量	4	6	5	9	24

任意一个，比如划去 A_1 所在的行，将 B_2 的销量 6 减去 6，改为 0。在剩下的表中，x_{22} 位于左上角，由于 A_2 产量为 6 吨，B_2 销量为 0，因此在 x_{22} 处填上 0，此时，B_2 销量已供足，因此，将 B_2 所在列划去 ……依次下去，直到全部划完，即得到初始运输表，见表 2.11。

表中右上角没有填数字的格子，我们称其为空格。因运输方案表中共有 m 行 n 列，而按西北角法，每填入一个数字，就划去一行或一列，到最后，必然只剩下一行一列，即一个运价时，填上了最后的运量数字，划去了最后一行或一列，但并没有把最后的行和列同时划去，故共划去了 $m+n-1$ 条线，所以填上调运量的格子也是 $m+n-1$ 个；进一步地，用反证法可以容易地证明，这 $m+n-1$

表 2.11

产地	销　　地				产量
	B_1	B_2	B_3	B_4	
A_1	4｜1	6｜3	｜4	｜6	10
A_2	｜3	0｜5	5｜5	1｜1	6
A_3	｜3	｜2	｜1	8｜4	8
销量	4	6	5	9	24

个格子不含有闭回路，根据本节性质 1 可以知道，西北角法给出的解就是运输问题的一个初始基本可行解，每个调运量（包括 0 在内）就是一个基变量的值，故把右上角填有数字的格子叫做基格。而其余空格表示非基变量的值为 0。

从西北角法的过程还可看出，为了得到初始基本可行解，从哪

个位置先填运量并不是问题的本质,只要每次填运量时,取它所在行的剩余产量和它所在列的剩余需求量(销量)中的最小值,然后把剩余量为 0 的行或列划去(只能划一个),就一定能得到初始基本可行解;每次在未划线部分的任意位置都可以填入调运量的。

对于任何一个产销平衡问题,应用西北角法总可以给出一个初始调运方案,因此,平衡运输问题必有基本可行解,又因目标函数有下界(不能为负),因此,也必有最优解。并且,对于平衡运输问题,当产量和销量均为整数时,其可行解和最优解也必为整数解。

但人们总是希望初始基可行解尽量接近最优解。而目前决定填调运量位置的较好的方法是最小元素法和伏格尔法(运费差额法),限于篇幅,本书再给出最小元素法,至于伏格尔法,有兴趣的读者可查阅专门的书籍。

2. 最小元素法

西北角法的优点是简便易行,缺点是在制订调运方案时,没有考虑运输费用,就是说没有采用"就近供应"的原则,这样所得的初始方案往往离最优调运方案相差甚远。而最小元素法是按照"就近供应"的原则来编制初始调运方案的一种方法。下面通过例子来介绍这种方法。

【例 2.9】　试用最小元素法确定例 2.8 所给问题的初始调运方案。

解：　在表 2.10 中,c_{11},c_{33} 都具有最小运价 1,因此,可取其中任意一个来先考虑,例如取 c_{11},即优先考虑 A_1 向 B_1 的运输量。由于 A_1 产量为 10 吨,B_1 销量为 4 吨,因此取 $x_{11}=4$,即 A_1 向 B_1 运 4 吨。把 B_1 的销量 4 划去,表示 B_1 已经供足,把 A_1 的产量 10 减去 4,改为 6,即 A_1 还剩 6 吨,并将 B_1 在运价表所在的列划去。在未划去的运价表中,c_{33} 具有最小运价,因此优先考虑 A_3 供应 B_3 的数量。由于 A_3 产量为 8 吨,B_3 需要 5 吨,所以取 $x_{33}=5$,即 A_3 向 B_3 调运 5 吨,把 B_3 的销量 5 划去,表示 B_3 已供足。把 A_3 的产量 8 减去 5,改为 3,表示 A_3 还剩 3 吨,并将运价表中 B_3 所在列划去。在剩下的表中,x_{32} 具有最小运价为 2,所以优先考虑 A_3 向 B_2

的供应量,由于 A_3 还剩 3 吨,B_2 需要 6 吨,因此取 $x_{32}=3$,即 A_3 向 B_2 调运 3 吨,把 A_3 的产量 3 划去,表示 A_3 已供应完毕,将 B_2 的销量 6 减去 3,改为 3,表示 B_2 还差 3 吨,并把这运价表中 A_3 所在的行划去。……依次下去,直到全部划完,即得到初始运输表,见表 2.12。

应该注意的是:若产销同时满足了供应,则不能将它们所在的行或列同时划去,而只能划去其中任意一个,并将另一个的运输量改为 0。

表 2.12

产地＼销地	B₁	B₂	B₃	B₄	产量
A_1	4 1	3 3	 4	3 6	10
A_2	 3	 5	 5	6 3	6
A_3	 3	3 2	5 1	 4	8
销量	4	6	5	9	24

下面我们来比较一下,用西北角法得到的初始调运方案的总费用为 $Z=4\times1+6\times3+5\times5+1\times3+8\times4=82$ 元,而用最小元素法确定的初始调运方案的总费用为 $Z=4\times1+3\times3+3\times6+6\times3+3\times2+5\times1=60$ 元。显然,由于在最小元素法中,考虑了运价的影响,所以由最小元素法获得的调运方案要优于西北角法。但它是不是就一定是该运输问题的最优方案,还需判别。如果不是,还要考虑如何调整此方案,进而得到最优方案。

二、最优解的判定

1. 闭回路法

用闭回路法检验,首先要找每一空格与部分基格构成的闭回路,方法是:从空格出发,沿水平或垂直方向前进,如遇基格转 90°(转向处称顶点)前进,也可穿越基格继续前进(注意:遇到空格不能转向,必须穿越继续前进),但最后要回到原来的空格,目的是围成一个矩形的,或各边顺次垂直的曲折多边形的闭合回路。闭回路的顶点除去起始和终了是同一个空格外,其他所有顶点均为基格。

若把出发的空格作为第一个顶点,其他依次为第二,第三,…,第 n 个顶点,则我们定义该空格所对应的非基变量 x_{ij} 的检验数为:

$$\sigma_{ij}＝（第一顶点的运价）－（第二顶点的运价）$$
$$＋（第三顶点的运价）－（第四顶点的运价）＋\cdots$$
$$＝（奇数顶点运价之和）－（偶数顶点运价之和）$$

由表 2.12 可知,对例 2.8 所给出的运输问题来说,在由最小元素法得到的初始调运方案中,6 个空格所对应的闭回路如下:

$$x_{13},x_{12},x_{32},x_{33},x_{13}$$
$$x_{21},x_{11},x_{14},x_{24},x_{21}$$
$$x_{22},x_{12},x_{14},x_{24},x_{22}$$
$$x_{23},x_{33},x_{32},x_{12},x_{14},x_{24},x_{23}$$
$$x_{31},x_{11},x_{12},x_{32},x_{31}$$
$$x_{34},x_{32},x_{12},x_{14},x_{34}$$

以空格 x_{13} 为例,从 x_{13} 出发的闭回路见表 2.12。相应的检验数为:

$$\sigma_{13}＝4-3+2-1=2$$
$$\sigma_{21}＝3-1+6-3=5$$
$$\sigma_{22}＝5-3+6-3=5$$
$$\sigma_{23}＝5-1+2-3+6-3=6$$
$$\sigma_{31}＝3-1+3-2=3$$
$$\sigma_{34}＝4-2+3-6=-1$$

表 2.13

产地	销地				产量
	B_1	B_2	B_3	B_4	
A_1	4 / 1	3 / 3	[2] / 4	3 / 6	10
A_2	[5] / 3	[5] / 5	[6] / 5	6 / 3	6
A_3	[3] / 3	3 / 2	5 / 1	[-1] / 4	8
销量	4	6	5	9	24

将以上结果列入运输表中,并用括号将检验数括起来,以免与运输量相混淆,见表 2.13。

不难看出,检验数的经济含义是:在保证产销平衡的前提下,空格的调运量增加一个单位,相应在空格闭回路的偶数顶点均减少一个单位,奇数顶点均增加一个单位后,所引起的总的运费的改变量。正的空格检验数意味着总的运费将增加,负的空格检验数意味着总的运费将减少,因此,如果全部检验数大于或等于零,则改变调运方案将使总的运费增加。只有当存在负的空格检验数时，改变调运方案才可能使总的运费减少。于是，我们得到了最优解的判别准则：若所有检验数都非负，则得到最优解，即相应的运输方案最优。

　　从表 2.13 中可知，用最小元素法得到的例 2.8 问题的初始调运方案不是最优。

2. 位势法

　　闭回路法是利用方案中每个空格的闭回路来计算检验数的，这对于大型运输问题来说计算量相当大。下面介绍一种比较简便的方法——位势法。

　　仍以表 2.12 所示初始调运方案为例，分以下几步进行计算。

　　（1）仅考虑基变量所对应的运价，见表 2.14。

　　（2）在表 2.14 的下面增加一行，而在右边增加一列，分别称为位势行和位势列。在新增加的行、列中分别填上一些数字，分别称为行位势和列位势，使得表 2.14 中的各个数恰好等于它所对应的行位势与列位势的和，见表 2.15。

表 2.14

产地	销　　地			
	B_1	B_2	B_3	B_4
A_1	1	3		6
A_2				3
A_3		2	1	

表 2.15

产地	销　　地				u_i
	B_1	B_2	B_3	B_4	
A_1	1	3		6	$u_1=0$
A_2				3	$u_2=-3$
A_3		2	1		$u_3=-1$
v_j	$v_1=1$	$v_2=3$	$v_3=2$	$v_4=6$	

　　表中用 $u_i(i=1,2,\cdots,m)$ 代表行位势，$v_j(j=1,2,\cdots,n)$ 代表列位势，u_i,v_j 可看成是运输问题的对偶变量。如上所述，行位势与列位势满足下列 $m+n-1$ 个方程（留作本章习题，读者自己思考）：

$$u_i+v_j=c_{ij}$$

其中，c_{ij} 为所有基格处的单位运价。$(i=1,2,\cdots,m;j=1,2,\cdots,n)$

对于此例即是下述 6 个方程：

$$u_1+v_1=1 \qquad u_1+v_2=3 \qquad u_3+v_2=2$$
$$u_3+v_3=1 \qquad u_1+v_4=6 \qquad u_2+v_4=3$$

只要任选其中一个值，其余的数值就可以推算出来。例如，在表 2.15 中，我们是选定 $v_1=1$，而推出其他的行位势 u_i 与列位势 v_j 的。

（3）计算各空格处的检验数 $\sigma_{ij}=c_{ij}-(u_i+v_j)$。

按此公式计算出的检验数与闭回路法的结果是一致的，现不妨取非基变量（空格）x_{21} 处的检验数说明如下（其他空格处的检验数的推证完全类似）：

$$\begin{aligned}\sigma_{21}&=c_{21}-c_{11}+c_{14}-c_{24}\\&=c_{21}-(u_1+v_1)+(u_1+v_4)-(u_2+v_4)\\&=c_{21}-(u_2+v_1)\\&=3-(-3+1)\\&=5\end{aligned}$$

从上面的推演还可容易看出，虽然 u_i，v_j 的解值有无数多组，但所有格子处的行列位势之和 u_i+v_j 是不变的，因而检验数并不因 u_i，v_j 取值的不同而发生改变。检验数计算结果为表 2.16 中各□里的数字。

三、调运方案的改进

经检验，若初始调运方案不是最优，则需要对此方案作调整。对方案的调整，实际上就是基本可行解的调整。类似线性规划问题中的单纯形法，首先确定哪一个非基变量调入到基中去，哪一个基变量从基中调出来。一般取绝对值最大的那个负空格

表 2.16

产地	销　地				产量
	B_1	B_2	B_3	B_4	
A_1	4　1	3　3	[2]　4	3　6	10
A_2	[5]　3	[5]　5	[6]　5	6　3	6
A_3	[3]　3	3　2	5　1	[-1]　4	8
销量	4	6	5	9	24

检验数所对应的非基变量作为调入变量,对于例 2.9 而言,调入变量显然是 x_{34}。然后再确定调出变量。由于调入变量是非基变量,因此,由调入变量出发,一定可以找到唯一的一条闭回路,而它的其他顶点均为基变量。例 2.9 中,调入变量 x_{34} 所对应的闭回路的顶点为 x_{34},x_{32},x_{12},x_{14}。找到调入变量所对应的闭回路后,按下述方法确定调出变量和调整量:以调入变量为第一顶点,沿着闭回路某一前进方向,比较各偶数顶点的调运量,找出其最小值,那么最小值所对应的变量为调出变量,而这个最小值就是调整量。例中,偶数顶点的运量都是 3,故最小值也为 3。从 x_{32},x_{14} 中任选一个作为调出变量,比如调出变量为 x_{32},调整量是 3。

在确定了调入变量和调出变量以后,就可按下述方法调整调运方案:在调入变量所对应的闭回路中,所有奇数顶点的运量都加上调整量,所有偶数顶点的运量都减去调整量。而该闭回路顶点以外的地方,所有运量都不变。在例 2.9 中,调整后,$x_{34}=3$,$x_{12}=6$,$x_{14}=0$,都是基变量的值,$x_{32}=0$,但它是非基变量,故作为空格。由于原 x_{34} 处的检验数为 -1,而调整量为 3,故调整后,运费下降了 $1\times3=3$ 元。调整以后的新方案见表 2.17。

表 2.17				
产地	销 地				产量
	B_1	B_2	B_3	B_4	
A_1	4 1	6 3	4	0 6	10
A_2	3	5	5	6 3	6
A_3	3	2	5 1	3 4	8
销量	4	6	5	9	24

表 2.18				
产地	销 地				产量
	B_1	B_2	B_3	B_4	
A_1	4 1	6 3	[1] 4	0 6	10
A_2	[5] 3	[5] 5	[5] 5	6 3	6
A_3	[4] 3	[1] 2	5 1	3 4	8
销量	4	6	5	9	24

调整时唯一的一条闭回路上的某一基格在调整后被换成了空格,而其他格子位置未变,因此调整后的那些数字格不再含有闭回

路,故新方案仍是基可行解。

得到新的调运方案以后,再作最优解的检验,如果所有检验数都非负,则已得到最优解。如果仍有检验数为负,则仍须继续调整,直至得到最优解为止。在例 2.9 中,对表 2.17 所示新方案作最优解检验,其结果列于表 2.18。

所有空格检验数非负,则由表 2.18 所确定的调运方案最优,它所对应的目标函数值即最小总运费为:

$$Z = 1 \times 4 + 3 \times 6 + 6 \times 0 + 3 \times 6 + 1 \times 5 + 4 \times 3$$
$$= 57 \ 元$$

2.4.3　产销不平衡运输问题的表上作业法

产销平衡是一种特定的情况,实际的问题常常是不平衡的,即产大于销或销大于产。在这种情况下,我们可以把它化为平衡问题来讨论,方法是,当产大于销时,假定有一个储藏地,产地到储藏地的单位运价为 0,如果销大于产,则假定有一个生产地,由该生产地到销地的单位运价为 0,要注意一些特殊说明,比如某销地的需求必须满足,则由假想产地到此销地的单位运价为 M,M 是一个充分大的正数,远远大于任一有限数;假定的储藏地的收量为原总产量与原总销量之差,而假想产地的发量为原总销量与原总产量之差。

【例 2.10】　将第 1 章的例 1.4 转换为产销平衡的运输问题。

解:　将三个月的正常生产和三个月的加班生产作为运输问题的 6 个发点,以 A_i 代表第 i 月的正常生产,A'_i 代表第 i 月的加班生产;三个月末的需求作为收点,B_i 代表第 i 月的需求,$i=1,2,$ 3;"单位运价"即是单位生产费与单位存贮费的和,不可能事件的费用为 M(M 已作过说明)。注意时间不可逆转,如第二月生产的产品不可能在第一月销售,故相应的费用为 M。因此可得"运输"表,如表 2.19 所示。

由于总产量为 1170,总需求量为 840,所以增设个收点 B_4,其需求量为 $1170-840=330$,平衡的运输问题如表 2.20 所示。

表 2. 19

发点＼收点	B_1	B_2	B_3	产量
A_1	75	75.5	76	300
A_2	M	75	75.5	300
A_3	M	M	75	300
A'_1	95	95.5	96	90
A'_2	M	95	95.5	90
A'_3	M	M	95	90
需求量	160	380	300	

表 2. 20

发点＼收点	B_1	B_2	B_3	B_4	产量
A_1	75	75.5	76	0	300
A_2	M	75	75.5	0	300
A_3	M	M	75	0	300
A'_1	95	95.5	96	0	90
A'_2	M	95	95.5	0	90
A'_3	M	M	95	0	90
需求量	160	380	300	330	

【例 2. 11】 某工厂生产 A,B,C,D 四种产品,根据订货和市场预测,这四种产品的需求量,除产品 B 只需 7 000 件外,其他三种产品没有确定的数置,产品 A 最少 3 000 件,最多 5 000 件;产品 C 最多 3 000 件;产品 D 至少 1 000 件。工厂的甲、乙、丙三个车间,除了车间丙不能生产产品 D 外都能生产这四种产品。它们的生产能力和单位成本如表 2.21 所示。

问如何安排生产才可使总成本最小?

表 2. 21

车间＼产品	A	B	C	D	生产能力
甲	16	13	22	17	5 000
乙	14	13	19	15	6 000
丙	19	20	23	—	5 000

解: 这是一个可看成需求量有上下界的"运输问题";由于三个车间的总生产能力为 16 000 件,产品 D 最多只能生产 16 000－

（3 000＋7 000）＝6 000（件）各产品的最大与最小需求量示于表 2.22。

表 2.22

产　　品	A	B	C	D
最小需求量	3 000	7 000	0	1 000
最大需求量	5 000	7 000	3 000	6 000

由于最大的需求总量超过总生产能力,其值为:

$$5\,000＋7\,000＋3\,000＋6\,000－16\,000＝5\,000(件)$$

必须虚设一个发点——丁车间,考虑到最小需求量一定要满足的条件. 可把产品 A 人为地分成两部分:一定要满足需求量 3 000 的部分(记成 A)和不一定满足需求量 2 000 的部分(记为 A')。产品 D 也可类似地处理但这里满足产品 A,B 和 C 的最大需求量之后,剩余生产能力正好满足产品 D 的最小需求量,因此可不必像产品 A 那样处理了,这样可列出如表 2.23 所示的"运输表格"。

表 2.23

车间＼产品	A	A'	B	C	D	生产能力
甲	16	16	13	22	17	5 000
乙	14	14	13	19	15	6 000
丙	19	19	20	23	M	5 000
(丁)	M	0	M	0	0	5 000
需求量	3 000	2 000	7 000	3 000	6 000	21 000

2.5　目　标　规　划

在前面所讨论的线性规划问题中,我们只研究在满足一定的条件下,单一的目标函数取最优的问题,例如利润最大。然而,在实际的经济问题中,衡量一个方案是好是坏,其标准常常不止一个,如在拟订生产计划时,不仅要考虑总产量,同时还要考虑利润、产品质量和设备利用率等。对于这样的问题,一般的线性规划方法就无能为力了。除此以外,在应用线性规划方法时,还会遇到以下几种困难:

(1) 当各个约束条件相互之间存在矛盾时,就得不到问题的可行解,因而也就不能进行决策。

（2）线性规划是致力于寻求单个目标函数的最优解,这个最优解若是超过了实际的需要,就很可能是以过分地耗用约束条件中的某些资源为代价的。

（3）线性规划把各个约束条件的重要性都不分主次地等同看待,这也不符合实际情况。

为了弥补上述线性规划的缺点,需要引入目标规划方法。

2.5.1　引例

【例2.12】　某公司为客户生产一种带有特殊标志的专用产品,该产品有甲、乙两种款式,它们都需要经过两道加工工序,这两道加工工序分别由车间Ⅰ和车间Ⅱ来完成。公司最近接受了10400个该产品的订货,客户愿意接受甲、乙两种款式中的任一种。这些产品必须在下一个生产周期内生产出来并装运。公司的设计工程师估计每个甲款式产品在两道工序中都需要加工2分钟,而每个乙款式产品在第一道工序中需要加工1分钟,在第二道工序中需要加工3分钟。每个甲款式产品的售价为30元,利润为16元,乙款式产品的售价为40元,利润为12元。在下一个生产周期内,车间Ⅰ和车间Ⅱ所能提供的工时分别为16000分钟和28800分钟。

现在生产的主管人用线性规划来安排生产,使其获得的利润最大。为此,设 x_1 表示所生产的甲款式产品的数量, x_2 表示所生产的乙款式产品的数量,可得以下线性规划模型:

$$\max Z = 16x_1 + 12x_2$$
$$\begin{cases} 2x_1 + x_2 \leqslant 16\,000 \\ 2x_1 + 3x_2 \leqslant 28\,800 \\ x_1 + x_2 = 10\,400 \\ x_1,\ x_2 \geqslant 0 \end{cases}$$

用单纯形法求解,可得: $x_1 = 5\,600$, $x_2 = 4\,800$, $Z = 147\,200$ 元。因此,如果唯一目标是使利润最大,生产计划应安排生产甲款式产品5600个,乙款式产品4800个,利润为147200元,总收入为30×5600+40×4800=360000元。

对于这样一个计划安排,如果公司经理认为,在这个生产周期内,公司不应追求最大利润效益,而更重要的是能有一个满意的销售金额。同时,他认为满意的销售金额应定为 40 万元,这就应作为销售金额目标。由于实际生产不可能正好达到这个目标,所以经理希望尽可能接近于这个目标。为此,引入正负偏差变量 d^+,d^-,其中,

$$d^- = 低于所定目标的数量$$
$$d^+ = 高于所定目标的数量$$

则预定销售金额目标可表达为:

$$30x_1 + 40x_2 + d^- - d^+ = 400\,000$$

这个关系式应作为约束条件列入线性规划问题。新目标是使偏差变量 d^+ 与 d^- 之和最小。从而得线性规划模型:

$$\min Z = d^+ + d^-$$
$$\left.\begin{array}{l} 2x_1 + x_2 \leqslant 16\,000 \\ 2x_1 + 3x_2 \leqslant 28\,800 \\ x_1 + x_2 = 10\,400 \\ 30x_1 + 40x_2 + d^- - d^+ = 400\,000 \\ x_1,\ x_2, d^-, d^+ \geqslant 0 \end{array}\right\} \qquad (2.24)$$

这就是一个目标规划问题,它是为了寻找一个尽可能地接近目标的方案,它的目标是通过正负偏差变量 d^+,d^- 的控制来实现的。也就是说,目标函数中这些变量的存在表明决策者力求准确地达到目标。在任何解中,都应有 $d^+ d^- = 0$,这是因为一个单一解不能在两个方向都偏离一个所定的目标。

如果决策者要想尽可能准确地实现目标,则正、负偏差应同时引入目标函数中,其目标函数形式为:

$$\min Z = d^+ + d^-$$

如果决策者想避免低于某一特定目标,而愿意接受超过所定目标。此时,可将 d^+ 从目标函数中删去,则目标函数形式为:

$$\min Z = d^-$$

如果决策者的目标是使超过所定目标达到最小时,则低于所定目标是可以接受的,此时应将 d^- 从目标函数中删去,其目标函

数形式为:

$$\min Z = d^+$$

【例 2. 13】 接例 2.12。若该公司在后续的生产周期内签订了一个生产 12 800 个该产品的合同,这表示比前一周期增加 2 400 个产品。实际上,在给定周期内生产这么多产品,车间 Ⅰ 或车间 Ⅱ,或者这两个车间都需要加班,公司应付的加班费为车间 Ⅰ 每分钟 0.3 元,车间 Ⅱ 每分钟 0.5 元。

于是两道工序的时间约束条件为:

$$2x_1 + x_2 + d_1^- - d_1^+ = 16\,000$$
$$2x_1 + 3x_2 + d_2^- - d_2^+ = 28\,800$$

其中,d_1^+、d_2^+ 分别表示两个车间必须加班的时间总数,d_1^-,d_2^- 分别表示低于两个车间可提供的工时数量。

由于生产定额 12 800 个产品必须保证全部满足,不得有任何偏差,所以生产合同的约束条件为:

$$x_1 + x_2 = 12\,800$$

该问题的目标是希望用于两个车间的加班费最小。因为车间 Ⅰ 的加班费为分钟 0.3 元,车间 Ⅱ 的加班费为每公钟 0.5 元,所以公司宁愿在车间 Ⅰ 加班,而不愿在车间 Ⅱ 加班。为此,可以通过在目标函数中规定偏差变量的权数来实现这个目的。这些权数应反映出决策者偏好的相对大小。在本例中决策者的偏好是用两个车间的加班费来准确地反映的,因而目标函数为:

$$\min Z = 0.3d_1^+ + 0.5d_2^+$$

目标函数中没有出现偏差变量 d_1^- 和 d_2^-,是因为公司并不担心生产时间未被充分利用。最后,该问题的线性规划模型为:

$$\begin{aligned}
&\min Z = 0.3d_1^+ + 0.5d_2^+\\
&2x_1 + x_2 + d_1^- - d_1^+ = 16\,000\\
&2x_1 + 3x_2 + d_2^- - d_2^+ = 28\,800\\
&x_1 + x_2 = 12\,800\\
&x_1,\ x_2, d_1^-, d_1^+, d_2^-, d_2^+ \geqslant 0
\end{aligned} \right\} \quad (2.25)$$

这是一个具有加权偏差变量的目标规划。

【例 2. 14】 设某厂生产两种产品,都要经过两道工序,生产每千克产品的工时以及有关资料见表 2.24。

表 2.24

工　　序	产　品		能提供
	甲	乙	的工时
Ⅰ	2	1	100
Ⅱ	1	1	80
产量上界值(千克)	不限	70	
利润(元/千克)	6	4	

如果工序Ⅰ,Ⅱ都允许加班,使得利润不少于 1 000 元作为目标。又以第Ⅰ,Ⅱ道工序的加班工时之和尽可能在 160 之内为第一目标;产品乙必须严格地掌握在 70 千克以内为第二目标;该厂得到的利润越高越好为第三目标;尽量减少第Ⅰ,Ⅱ道工序的加班工时为第四目标。在这些条件下,试确定该厂的最优决策方案。

解：　设 x_1,x_2 为甲、乙两种产品的生产千克数;

d_1^-,d_1^+ 分别为低于与超过预定利润值 1 000 元的偏差变量;

d_2^-,d_2^+ 分别为第Ⅰ道工序的剩余和加班的工时数;

d_3^-,d_3^+ 分别为第Ⅱ道工序的剩余和加班的工时数;

d_4^-,d_4^+ 为加班工时之和低于与超过 160 的工时数。

由于产品乙的生产数 x_2 必须严格地掌握在 70 千克以内,则可取 d_5^- 为实际千克数不到 70 的偏差,且 $d_5^+=0$。

该问题的目标是使 d_4^+,d_5^-,d_1^- 和 $d_2^+ + d_3^+$ 尽可能地小,按照决策者的要求,分别赋于这 4 个目标 p_1, p_2, p_3 和 p_4 优先系数(优先等级),并规定 $p_1 \gg p_2 \gg p_3 \gg p_4$(这里"$\gg$"表示远大于的意思,且含有无法变更次序的含义),这样,该问题的线性规划模型为:

$$\min Z = p_1 d_4^+ + p_2 d_5^- + p_3 d_1^- + p_4(d_2^+ + d_3^+)$$

$$\left.\begin{aligned}
&6x_1 + 4x_2 + d_1^- - d_1^+ = 1000 \\
&2x_1 + x_2 + d_2^- - d_2^+ = 100 \\
&x_1 + x_2 + d_3^- - d_3^+ = 80 \\
&d_2^+ + d_3^+ + d_4^- - d_4^+ = 160 \\
&x_2 + d_5^- = 70 \\
&d_i^- \geqslant 0, d_i^+ \geqslant 0 (i=1,2,3,4), d_5^- \geqslant 0 \\
&x_1, x_2 \geqslant 0
\end{aligned}\right\} \quad (2.26)$$

在以后的求解中,要首先考虑 p_1 级目标,在不考虑其他各级目标的情况下,求出 p_1 级目标的最优值。然后在不破坏 p_1 级目标的前提下,再优化 p_2 级目标,此时仍不考虑 p_3 级目标,求出 p_2 级目标的最优值。接着再在不破坏 p_1,p_2 级目标已得到最优解的前提下,优化 p_3 级目标,如此继续,直到最后一级目标都已得到优化,或者在某级目标 p_i 时已无法优化时为止。

2.5.2　目标规划模型

一、单目标模型

单目标模型与一般线性规划模型相似,都是单一目标。所不同的是,线性规划是在满足约束条件的前提下,使一个目标函数最优化;而目标规划是找一个尽可能地接近目标和约束的预定值的解。例 2.12 中模型(2.24)式即为单目标模型。

单目标模型的一般形式为:

$$\min Z = d^+ + d^-$$

$$\begin{cases} \sum_{j=1}^{n} c_j x_j - d^+ + d^- = f_0 & \text{(目标约束)} \\ \sum_{j=1}^{n} a_{ij} x_j \leqslant (\text{或} =, \text{或} \geqslant) b_i & (i=1,\cdots,m) \quad \text{(资源约束)} \\ x_j \geqslant 0 & (j=1,2,\cdots,n), d^+, d^- \geqslant 0 \end{cases}$$

其中,f_0 为预定目标值。

二、多目标并列模型

多目标并列模型是假定多个目标都是同样重要的,它与单一目标模型很相似,所不同的在于该模型为多个目标,且目标函数是寻求这些目标的偏差之和为最小。因此,其模型为:

$$\min Z = \sum_{l=1}^{k} (d_l^+ + d_l^-)$$

$$\begin{cases} \sum_{j=1}^{n} c_{lj}x_j - d_l^+ + d_l^- = f_l & (l=1,2,\cdots,k) \quad \text{（目标约束）} \\ \sum_{j=1}^{n} a_{ij}x_j \leqslant (\text{或}=,\text{或}\geqslant)b_i & (i=1,\cdots,m) \quad \text{（资源约束）} \\ x_j \geqslant 0 & (j=1,2,\cdots,n) \\ d_l^+, d_l^- \geqslant 0 & (l=1,2,\cdots,k) \end{cases}$$

三、优先顺序模型

优先顺序模型是在多个目标的重要程度不同时，按一定的优先顺序 p_k 实现目标的，且在同一优先级别中，各目标的重要程度不一定相同。为了表示各目标的相对重要程度，将同一优先级中的偏差变量 d_l^+,d_l^- 分别赋于不同的权系数 η_l^+,η_l^-。该模型为：

$$\min Z = \sum_{l=1}^{k} p_l(\eta_l^+ d_l^+ + \eta_l^- d_l^-)$$

$$\begin{cases} \sum_{j=1}^{n} c_{lj}x_j - d_l^+ + d_l^- = f_l & (l=1,2,\cdots,k) \quad \text{（目标约束）} \\ \sum_{j=1}^{n} a_{ij}x_j \leqslant (\text{或}=,\text{或}\geqslant)b_i & (i=1,\cdots,m) \quad \text{（资源约束）} \\ x_j \geqslant 0 & (j=1,2,\cdots,n) \\ d_l^+, d_l^- \geqslant 0 & (l=1,2,\cdots,k) \end{cases}$$

例 2.14 中模型(2.26)式就是一个优先顺序模型。

2.5.3　解目标规划的单纯形法

目标规划的数学模型结构与线性规划的数学模型结构没有本质区别，所以可以用单纯形法来求解。但要考虑目标规划的数学模型的特点，作以下规定：

(1) 因目标规划问题的目标函数都是求最小值，所以以检验数非负为最优准则。

(2) 利用单纯形法求优先顺序模型的解时，检验数 σ 行将是优先系数 $p_l(l=1,2,\cdots,k)$ 的线性组合，这时按其顺序，将检验数分成 k 行。然后，要优先顺序最高的第一级 p_1 这一行的检验数满足最优性条件，如不满足，就进行迭代，运算到这一行的所有检验数均非负时为止。接下来再考虑次一级 p_2 行的最优性条件，如不满足，再进行迭代。但这次的迭代要以不破坏已取得的所有较高优先级别的最优性条件为前提，否则就表明这一级的迭代运算，不仅不能改进目标值，反而更坏了，因此，不能迭代。然后顺次考虑下一级别的 p_3。依次类推，直到所有的优先级别都考虑完毕为止，即得到问题的满意解。

【例 2.15】　用单纯形法求解例 2.14 中的模型(2.26)式。

解：　该模型中的 x_i，d_i^- 和 d_i^+ 均为决策变量，且已有现成的初始可行基变量 d_1^-，d_2^-，d_3^-，d_4^- 和 d_5^-。具体迭代运算见表 2.25。

表 2.25

C_B	X_B	b	0 x_1	0 x_2	p_3 d_1^-	0 d_1^+	0 d_2^-	p_4 d_2^+	0 d_3^-	p_4 d_3^+	0 d_4^-	p_1 d_4^+	p_2 d_5^-	θ
p_3	d_1^-	1000	6	4	1	-1	0	0	0	0	0	0	0	250
0	d_2^-	100	2	1	0	0	1	-1	0	0	0	0	0	100
0	d_3^-	80	1	1	0	0	0	0	1	-1	0	0	0	80
0	d_4^-	160	0	0	0	0	0	0	1	0	1	1	-1	—
p_2	d_5^-	70	0	[1]	0	0	0	0	0	0	0	0	1	70
	p_4	0	0	0	0	0	0	0	1	0	1	0	0	
	p_3	-1000	-6	-4	0	1	0	0	0	0	0	0	0	
	p_2	-70	0	-1	0	0	0	0	0	0	0	0	0	
	p_1	0	0	0	0	0	0	0	0	0	0	1	0	
p_3	d_1^-	720	6	0	1	-1	0	0	0	0	0	0	-4	120
0	d_2^-	30	2	0	0	0	1	-1	0	0	0	0	-1	15
0	d_3^-	10	[1]	0	0	0	0	0	1	-1	0	0	-1	10
0	d_4^-	160	0	0	0	0	0	0	1	0	1	1	-1	—
0	x_2	70	0	1	0	0	0	0	0	0	0	0	1	—
	p_4	0	0	0	0	0	0	0	1	0	1	0	0	
	p_3	-720	-6	0	0	1	0	0	0	0	0	0	4	
	p_2	0	0	0	0	0	0	0	0	0	0	0	1	
	p_1	0	0	0	0	0	0	0	0	0	0	1	0	
p_3	d_1^-	660	0	0	1	-1	0	0	-6	6	0	0	2	110
0	d_2^-	10	0	0	0	0	1	-1	-2	[2]	0	0	1	5
0	x_1	10	1	0	0	0	0	0	1	-1	0	0	-1	—
0	d_4^-	160	0	0	0	0	0	0	1	0	1	1	-1	160
0	x_2	70	0	0	0	0	0	0	0	0	0	0	1	—

(续)表 2.25

C_B	X_B	b	0	0	p_3	0	0	p_4	0	p_4	0	p_1	p_2	θ
			x_1	x_2	d_1^-	d_1^+	d_2^-	d_2^+	d_3^-	d_3^+	d_4^-	d_4^+	d_5^-	
	p_4	0	0	0	0	0	0	1	0	1	0	0	0	
	p_3	-660	0	0	0	1	0	0	6	-6	0	0	-2	
	p_2	0	0	0	0	0	0	0	0	0	0	0	1	
	p_1	0	0	0	0	0	0	0	0	0	0	1	0	
p_3	d_1^-	630	0	0	1	-1	-3	3	0	0	0	0	-1	210
p_4	d_3^+	5	0	0	0	0	$\frac{1}{2}$	$-\frac{1}{2}$	-1	1	0	0	$\frac{1}{2}$	—
0	x_1	15	1	0	0	0	$\frac{1}{2}$	$-\frac{1}{2}$	-1	0	0	0	$-\frac{1}{2}$	
0	d_4^-	155	0	0	0	0	$-\frac{1}{2}$	$\left[\frac{3}{2}\right]$	1	0	1	-1	$-\frac{1}{2}$	$\frac{310}{3}$
0	x_2	70	0	1	0	0	0	0	0	0	0	0	1	—
	p_4	-5	0	0	0	0	$-\frac{1}{2}$	$\frac{3}{2}$	1	0	0	0	$-\frac{1}{2}$	
	p_3	-630	0	0	0	1	3	-3	0	0	0	0	1	
	p_2	0	0	0	0	0	0	0	0	0	0	0	1	
	p_1	0	0	0	0	0	0	0	0	0	0	1	0	
p_3	d_1^-	320	0	0	1	-1	-2	0	-2	0	-2	2	0	
p_4	d_3^+	170/3	0	0	0	0	$\frac{1}{3}$	0	$-\frac{2}{3}$	1	$\frac{1}{3}$	$-\frac{1}{3}$	$\frac{1}{3}$	
0	x_1	200/3	1	0	0	0	$\frac{1}{3}$	0	$\frac{2}{3}$	0	$\frac{1}{3}$	$\frac{1}{3}$	$\frac{2}{3}$	
p_4	d_2^+	310/3	0	0	0	0	$-\frac{1}{3}$	1	$\frac{2}{3}$	0	$\frac{2}{3}$	$-\frac{2}{3}$	$\frac{1}{3}$	
0	x_2	70	0	1	0	0	0	0	0	0	0	0	1	
	p_4	-160	0	0	0	0	0	0	0	0	-1	1	0	
	p_3	-320	0	0	0	1	2	0	2	0	2	-2	0	
	p_2	0	0	0	0	0	0	0	0	0	0	0	1	
	p_1	0	0	0	0	0	0	0	0	0	0	1	0	

从表 2.25 中看到,在初始单纯形表中,优先次序最高的 p_1 行已满足最优性条件,而优先次序第二位的 p_2 行没有满足最优性条

件,这时进行迭代,得第二张单纯形表,其结果对 p_1 行已满足的最优性条件没有影响。依次类推,在最后一张单纯形表中,优先次序高的 p_1,p_2 行都已满足最优性条件。再看 p_3 行,由 p_3 这一行的元素可知,应由 d_4^+ 入基,但它会破坏 p_1 已满足的最优性条件,因而不能迭代。再看下一优先次序 p_4 行,由 p_4 行可知,d_4^- 应入基,但它会破坏 p_3 行已满足的最优性条件,所以也不能迭代。至此,p_1,p_2,p_3 和 p_4 都已考虑,迭代也就结束,得满意解为:

$$x_1 = \frac{200}{3}, \ x_2 = 70, \ d_1^- = 320, \ d_2^+ = \frac{310}{3}, \ d_3^+ = \frac{170}{3}$$

$$d_1^+ = d_2^- = d_3^- = d_4^- = d_4^+ = d_5^- = 0$$

即该厂的生产方案为:生产产品甲 $\frac{200}{3}$ 千克,产品乙 70 千克。第 I 道工序要加班 $\frac{310}{3}$ 工时,第II道工序要加班 $\frac{170}{3}$ 工时,才能获得利润:

$$1000 - d_1^- = 680(元)$$

本章对偶单纯形法和运输问题表上作业法可使用网上训练系统完成。网址:http://fos.ujs.edu.cn/web

习　　题

1. 用改进单纯形法求解下列线性规划问题:

(1) $\qquad \max Z = 5x_1 + 8x_2 + 7x_3 + 4x_4 + 6x_5$

$$\begin{cases} 2x_1 + 3x_2 + 3x_3 + 2x_4 + 2x_5 \leqslant 20 \\ 3x_1 + 5x_2 + 4x_3 + 2x_4 + 4x_5 \leqslant 30 \\ x_j \geqslant 0 \qquad (j = 1, 2, 3, 4, 5) \end{cases}$$

(2) $\qquad \max Z = 5x_1 + 2x_2 + 3x_3 - x_4 + x_5$

$$\begin{cases} x_1 + 2x_2 + 2x_3 + x_4 = 8 \\ 3x_1 + 4x_2 + x_3 + x_5 = 7 \\ x_j \geqslant 0 \qquad (j = 1, 2, 3, 4, 5) \end{cases}$$

(3) $\qquad \min Z = -x_1 - 2x_2 + x_3 - x_4 - 4x_5 + 2x_6$

$$\begin{cases} x_1 + x_2 + x_3 + x_4 + x_5 + x_6 \leqslant 6 \\ 2x_1 + x_2 - 2x_3 + x_4 \leqslant 4 \\ x_3 + x_4 + 2x_5 + x_6 \leqslant 4 \\ x_j \geqslant 0 \qquad (j = 1, \cdots, 6) \end{cases}$$

2. 写出下列线性规划问题的对偶问题：

(1)　　　　　　　$\max Z = 2x_1 + 3x_2 + x_3$

$$\begin{cases} x_1 - 2x_2 + x_3 \leqslant 5 \\ 2x_1 - x_2 + 2x_3 \leqslant 6 \\ x_1, x_2, x_3 \geqslant 0 \end{cases}$$

(2)　　　　　　　$\max Z = x_1 + 2x_2 - 3x_3 + 4x_4$

$$\begin{cases} -x_1 + x_2 - x_3 - 3x_4 = 5 \\ 6x_1 + 7x_2 - 3x_3 - 5x_4 \geqslant 8 \\ 12x_1 - 9x_2 + 9x_3 + 9x_4 \leqslant 20 \\ x_1, x_2, x_3 \geqslant 0, \quad x_4 \text{ 无约束} \end{cases}$$

(3)　　　　　　　$\min Z = 3x_1 + 2x_2 - 3x_3 + 4x_4$

$$\begin{cases} x_1 - 2x_2 + 3x_3 + 4x_4 \leqslant 3 \\ x_2 + 3x_3 + 4x_4 \geqslant -5 \\ 2x_1 - 3x_2 - 7x_3 - 4x_4 = 2 \\ x_3 \geqslant 0, x_4 \leqslant 0, \quad x_1, x_2 \text{ 无约束} \end{cases}$$

(4) 设 u_i 为运输问题中对应产量约束的对偶变量，v_j 为对应于销量约束的对偶变量，试写出产销平衡运输问题的对偶问题，并由此推出用 u_i 和 v_j 表示的运输问题单纯形法的检验数。

3. 判断下列说法是否正确，为什么？

(1) 如线性规划的原问题存在可行解，则其对偶问题也一定存在可行解。

(2) 如线性规划的对偶问题无可行解，则原问题也一定无可行解。

(3) 如线性规划的原问题和对偶问题都具有可行解，则两者一定具有最优解。

(4) 如果 $\widetilde{X}$ 是原问题的一个基本解，$\widetilde{Y}$ 是其对偶问题一个基本解，则恒有 $C\widetilde{X} \leqslant \widetilde{Y}b$。

4. 已知线性规划问题

$$\max Z = 3x_1 + 2x_2 + 5x_3$$

$$\begin{cases} x_1 + 2x_2 + x_3 \leqslant 50 \\ 3x_1 + 2x_3 \leqslant 46 \\ x_1 + 4x_2 \leqslant 42 \\ x_1, x_2, x_3 \geqslant 0 \end{cases}$$

（1）写出其对偶问题。

（2）不用单纯形法计算，估计原问题和对偶问题目标函数最优值的范围。

5. 设原问题为

$$\max Z = 2x_1 + x_2$$

$$\begin{cases} -2x_1 + x_2 \leqslant 2 \\ x_1 - 2x_2 \leqslant 2 \\ x_1 + x_2 \leqslant 5 \\ x_1, x_2 \geqslant 0 \end{cases}$$

它的一个可行解是 $x_1 = 4, x_2 = 1$，试用互补松弛定理来验证这个解是否是最优解。

6. 用对偶理论证明下列线性规划问题无最优解：

$$\max Z = x_1 - x_2 + x_3$$

$$\begin{cases} x_1 - x_3 \geqslant 4 \\ x_1 - x_2 + 2x_3 \geqslant 3 \\ x_1, x_2, x_3 \geqslant 0 \end{cases}$$

7. 对于线性规划问题

$$\min Z = 2x_1 + 3x_2 + 5x_3 + 2x_4 + 3x_5$$

$$\begin{cases} x_1 + x_2 + 2x_3 + x_4 + 3x_5 \geqslant 4 \\ 2x_1 - x_2 + 3x_3 + x_4 + x_5 \geqslant 3 \\ x_1, x_2, x_3, x_4, x_5 \geqslant 0 \end{cases}$$

已知其对偶问题的最优解为 $y_1 = 4/5, y_2 = 3/5; \omega = 5$。试用对偶理论找出原问题的最优解。

8. 试用对偶单纯形法求解下列线性规划问题：

（1） $\min Z = 2x_1 + 3x_2$

$$\begin{cases} 2x_1 + 3x_2 \leqslant 30 \\ x_1 + 2x_2 \geqslant 10 \\ x_1 - x_2 \geqslant 0 \\ x_1 \geqslant 5 \\ x_2 \geqslant 0 \end{cases}$$

（2） $\min Z = 3x_1 + 2x_2 + x_3 + 4x_4$

$$\begin{cases} 2x_1 + 4x_2 + 5x_3 + x_4 \geqslant 0 \\ 3x_1 - x_2 + 7x_3 - 2x_4 \geqslant 2 \\ 5x_1 + 2x_2 + x_3 + 6x_4 \geqslant 15 \\ x_1, x_2, x_3, x_4 \geqslant 0 \end{cases}$$

（3） $\max Z = -4x_2 + 3x_3 + 2x_4 - 8x_5$

$$\begin{cases} 3x_1 + x_2 + 2x_3 + x_4 = 3 \\ x_1 - x_2 + x_3 - x_5 \geqslant 2 \\ x_1, x_2, x_3, x_4, x_5 \geqslant 0 \end{cases}$$

9. 设有三种食品,单位价格分别是 1.3 元、6 元和 2.4 元,每种食品的发热量分别为 4 000 J、16 000 J 和 8 000 J,蛋白质含量分别是 200 单位、900 单位和 500 单位,如要求发热量至少为 8 000 J,蛋白质含量至少为 300 单位,问如何采购食品,费用最省?

（1）写出此问题的线性规划模型,并用单纯形法求解。

（2）写出它的对偶问题,并给以经济上的解释。

（3）根据这一对原问题和对偶问题,解释互补松弛定理中的条件。

10. 已知线性规划问题

$$\max Z = -5x_1 + 5x_2 + 13x_3$$

$$\begin{cases} -x_1 + x_2 + 3x_3 \leqslant 20 \\ 12x_1 + 4x_2 + 10x_3 \leqslant 90 \\ x_1, x_2, x_3 \geqslant 0 \end{cases}$$

先用单纯形法求出最优解,再分析下列各种条件单独变化时最优解的变化。

（1）第二个约束条件的右端项由 90 变为 70。

（2）目标函数中 x_3 的系数由 13 变为 8。

（3）变量 x_1 的系数列向量由 $\begin{pmatrix} -1 \\ 12 \end{pmatrix}$ 变为 $\begin{pmatrix} 0 \\ 5 \end{pmatrix}$。

（4）变量 x_2 的系数列向量由 $\begin{pmatrix} 1 \\ 4 \end{pmatrix}$ 变为 $\begin{pmatrix} 2 \\ 5 \end{pmatrix}$。

11. 某厂生产 Ⅰ, Ⅱ, Ⅲ 三种产品,分别经过 A, B, C 三种设备加工。已知生产每件不同产品所需的设备台时、设备的现有加工能力及每件产品的预期利润见表 2.26。

表 2.26

	每件产品所需台时			设备能力（台时）
	Ⅰ	Ⅱ	Ⅲ	
A	1	1	1	100
B	10	4	5	600
C	2	2	6	300
单位产品利润（元）	10	6	4	

（1）求获利最大的产品生产计划。

（2）产品Ⅲ每件的利润增加到多大时才值得安排生产？如果产品Ⅲ每件利润增加到 50/6 元,求最优计划的变化。

（3）产品Ⅰ的利润在多大范围内变化时,原最优计划保持不变。

（4）设备 A 的能力如为 $100+10\theta$,求确定保持最优基不变的 θ 的变化范围。

12. 求下列运输问题的最优调运方案。

（1）

产地	销　　地			产量
	B_1	B_2	B_3	
A_1	10		5	4
A_2	9	3	6	7
A_3	2	1	2	2
销地	2	3	8	13

（2）

产地	销　　地						产量
	B_1	B_2	B_3	B_4	B_5	B_6	
A_1	2	1	3	3	3	5	50
A_2	4	2	2	4	4	4	40
A_3	3	5	4	2	4	1	60
A_4	4	2	2	1	2	2	31
销量	30	50	20	40	30	11	181

（3）

产地	销　　地				产量
	B_1	B_2	B_3	B_4	
A_1	3	5	6	1	25
A_2	4	2	3	7	15
销量	15	20	5	10	

（4）

产地	销　　地			产量
	B_1	B_2	B_3	
A_1	2	1	8	70
A_2	3	7	2	20
A_3	2	4	3	40
A_4	5	3	4	10
销地	50	30	40	

13. 在下列不平衡的运输问题中,假定任何一个发点的物资没运出时都要付出存储费用,且已知三个发点单位存储费各为 5,4 和 3。由于发点 2 必须为其他物资腾出地方,因而要求把现有物资全部运出,求最优解。

发点＼收点	B_1	B_2	B_3	产量
A_1	1	2	1	20
A_2	0	4	5	40
A_3	2	3	5	30
需求量	30	20	20	

14. 今设有四个煤矿 A_1, A_2, A_3, A_4,今年的产量分别为 $(35,45,55,35)\times10^4$ 吨,供应 6 个城市 B_1,B_2,B_3,B_4,B_5,B_6 的用煤。今年的需求量分别为 $(40,20,30,40,30,40)\times10^4$ 吨,为使产销平衡,计划部门打算增加一套年产 30×10^4 吨的采煤设备,如果将这套设备安装在 A_1,A_2,A_3,A_4,生产成本分别为 20 万元,30 万元,15 万元,24 万元。各煤矿到各城市的单位运价见表 2.27。问应将这套采煤设备拨给哪个煤矿,才能使总成本(包括运输成本和增加的生产成本)最低? 写出求解思路,并写出相应的变化了的单位运价表与产销平衡表。

表 2.27　　　　　　　　　　　　　　单位:元/吨

产地	销地					
	B_1	B_2	B_3	B_4	B_5	B_6
A_1	5	7	2	4	1	8
A_2	9	1	3	5	6	7
A_3	2	4	8	1	3	5
A_4	7	6	1	2	4	9

15. 为确保飞行的安全,飞机上的发动机每半年必须强迫更换进行大修。某维修厂估计某种型号战斗机从下一个半年算起的今

后三年内,每半年发动机的更换需要量分别为:100,70,80,120,150,140。更换发动机时可以换上新的,也可以用经过大修的旧的发动机。已知每台新发动机的购置费为 10 万元,而旧发动机的维修有两种方式:快修,每台 2 万元;半年交货(即本期拆下来送修的下批即可用上);慢修每台 1 万元,但需一年交货(即本期拆下来送修的留下下批才能用上)。设该厂新接受该项发动机更换维修任务,又知这种型号战斗机三年后将退役,退役后这种发动机将报废。问在今后三年的每半年内,该厂为满足维修需要各新购、送去快修和慢修的发动机数各多少,使总的维修费用最省?(将此问题归结为运输问题,只列出产销平衡表与单位运价表,不求数值解)。

16. 用单纯形法求解下列目标规划问题:

(1) $\min Z = p_1(d_1^+ + d_2^+) + p_2 d_3^- + p_3 d_4^+$

$$\begin{cases} x_1 + 2x_2 + d_1^- - d_1^+ = 4 \\ 4x_1 + 3x_2 + d_2^- - d_2^+ = 12 \\ x_1 + x_2 + d_3^- - d_3^+ = 8 \\ x_1 + d_4^- - d_4^+ = 2 \\ x_1, x_2, d_i^-, d_i^+ \geqslant 0 \quad (i=1,2,3,4) \end{cases}$$

(2) $\min Z = p_1 d_1^- + p_2 d_2^-$

$$\begin{cases} 2x_1 + x_2 \leqslant 6 \\ x_1 + 2x_2 \leqslant 6 \\ 2x_1 + 3x_2 + d_1^- - d_1^+ = 12 \\ 3x_1 + 2x_2 + d_2^- - d_2^+ = 12 \\ x_1, x_2 \geqslant 0; d_i^-, d_i^+ \geqslant 0 \quad (i=1,2) \end{cases}$$

(3) $\min Z = p_1(2d_1^+ + 3d_2^+) + p_2 d_3^- + p_3 d_4^+$

$$\begin{cases} x_1 + x_2 + d_1^- - d_1^+ = 10 \\ x_1 + d_2^- - d_2^+ = 4 \\ 5x_1 + 3x_2 + d_3^- - d_3^+ = 56 \\ x_1 + x_2 + d_4^- - d_4^+ = 12 \\ x_1, x_2 \geqslant 0; d_i^-, d_i^+ \geqslant 0 \quad (i=1,2,3,4) \end{cases}$$

　　17. 某厂制造 A,B 两种产品。根据预测,市场每周销售量分别不超过 70 吨和 50 吨,每吨利润分别为 3 000 元和 2 500 元。若生产 A,B 单位产品所需工时数均为 0.8,每周可用工作时间不超过 90 小时。依照上级公司安排的优先次序,列举如下目标:

　　第一目标:避免生产设备的空闲,充分利用生产能力;

　　第二目标:超时工作尽量限制在 10 小时之内;

　　第三目标:A,B 两种产品的销售量达到预定目标,即 A 每周 70 吨,B 每周 50 吨。

　　试问:该厂应如何安排 A,B 产品的生产,方为最佳? 试建立该问题的目标规划模型,并求解。

第3章 整 数 规 划

3.1 整数规划问题的提出

在前面讨论的线性规划问题中，所得到的最优解有可能是整数，也有可能不是整数。而在实际的经济规划问题中，有相当多的问题要求决策变量必须是整数，例如机器的台数、完成工作的人数、设备的维修次数和投资的项目数等。对于这种问题，可以在原来的线性规划问题中用增加变量取整的约束条件来反映。其一般数学模型为：

$$\max Z = \sum_{j=1}^{n} c_j x_j$$

$$\begin{cases} \sum_{j=1}^{n} a_{ij}x_j = b_i & (i=1,2,\cdots,m) \\ x_j \geqslant 0 & (j=1,2,\cdots,n) \\ x_j \text{ 部分或全部是整数} \end{cases}$$

像这样的一类问题，我们称之为整数规划。

按照决策变量的取整情况，整数规划分为：纯整数规划、混合整数规划、0-1整数规划。

纯整数规划要求所有变量都限制为非负整数；

混合整数规划只限制某些但非全部决策变量取整数；

0-1整数规划是一种特殊情况的整数规划，它的变量取值只限于0或1。

整数规划与一般线性规划相比，具有以下特点：

（1）可行域为点集。对于一般线性规划问题来说，它的可行域是一个凸集，如果任意选取凸集中的两个点，作为两个可行解，则这两个点的连线上的任一个内点必定也属于这个凸集，因而也是

一个可行解。但是,对于整数规划来说,由于它的可行域是点集,
所以其可行域就不具有这个性质。

　　(2) 整数规划最优解的目标函数值劣于同问题非整数规划最
优解的目标函数值,即当目标要求为极大时,整数解目标函数值下
降;当目标要求为极小时,目标函数值增大。

　　(3) 整数规划问题不能利用线性规划的单纯形法求解,然后经
过"化整"得到其最优解。例如,对于线性规划问题

$$\max Z = 38x_1 + 81x_2$$

$$\begin{cases} 18x_1 + 40x_2 \leqslant 237 \\ 8x_1 - 8x_2 \leqslant 23 \\ x_1, x_2 \geqslant 0, \text{且为整数} \end{cases}$$

不考虑整数约束条件,利用单纯形法可求得最优解:

$$x_1 = 6.069, \ x_2 = 3.194, \ Z = 489.336$$

　　如果"化整"得整数解:

　　取 $x_1 = 6, x_2 = 3$,则不满足第二个约束条件。

　　取 $x_1 = 6, x_2 = 4$,则不满足第一个约束条件。

　　取 $x_1 = 5, x_2 = 3$,是可行解,但目标函数值为 433,与可行解
$x_2 = 2, x_2 = 5$ 的目标值是 481 相差甚大。

　　综上所述,整数规划与一般线性规划之间确实有着本质差别,
因此有必要对整数规划的解法进行专门研究。

3.2　分枝定界解法

　　在求解纯整数规划时,若可行域是有界的,容易想到的方法就
是把各个变量的可行的整数值一一列举出来,组成各种可能的组
合,求出每种组合下的目标函数值,再通过比较,求得原有问题的
最优解,这样的方法叫做穷举法。但在大部分实际问题的求解中,
应用穷举法是不切实际的,因为决策变量和它们能取的整数值往
往是很多的,计算工作量将很大。

　　分枝定界法是求解整数规划的一种常用方法,它既可以求解
纯整数规划问题,又可以求解混合整数规划问题。它的基本思想

是：先不考虑整数约束条件，求出相应线性规划问题的最优解，若此最优解不符合整数条件，则将原问题分为几个部分，每部分都增加了约束条件，因而逐步缩小了不包含可行整数解那部分的可行域，然后在缩小了的可行域中寻求最优整数解。

分枝定界法的解题步骤如下：

ⅰ. **求相应线性规划问题的最优解** 如果所得的最优解满足原问题的取整条件，则计算结束。否则，从不满足整数条件的基变量中任选一个 x_k 进行分枝。

ⅱ. **分枝** 构造两个新的约束条件：
$$x_k \leqslant [x_k] \text{ 和 } x_k \geqslant [x_k]+1$$
其中，$[x_k]$ 表示不超过 x_k 的最大整数，将这两个约束条件分别加进原相应问题的约束条件中去，形成两个子问题，或两个分枝，解这两个子问题。

ⅲ. **定界** 把满足整数条件的各分枝的最优目标函数值中的最优值作为上（下）界值，用它来判别分枝是保留还是剪枝。

ⅳ. **剪枝** 把那些子问题的最优值与界值比较，凡不优或不能更优的分枝全剪掉，直到每个分枝都查清为止。

【**例 3.1**】 求解问题(L_0)
$$\max Z = 40x_1 + 90x_2$$
$$(L_0) \begin{cases} 9x_1 + 7x_2 \leqslant 56 \\ 7x_1 + 20x_2 \leqslant 70 \\ x_1, x_2 \geqslant 0 \text{ 且为整数} \end{cases}$$

解： 它对应的线性规划问题为：
$$\max Z = 40x_1 + 90x_2$$
$$(L'_0) \begin{cases} 9x_1 + 7x_2 \leqslant 56 \\ 7x_1 + 20x_2 \leqslant 70 \\ x_1, x_2 \geqslant 0 \end{cases}$$

用单纯形法求得最优解为：
$$x_1 = 4.809 \qquad x_2 = 1.817 \qquad Z_0 = 355.9$$

由于原问题的目标函数最大值 Z^* 绝对不会比 Z_0 更大，所以原问题的上界 $\bar{Z}$ 为 $Z_0 = 355.9$。且又不难看出原问题有整数解

$x_1=x_2=0, Z=0$，所以原问题的下界 $\underline{Z}$ 为 0，从而有：

$$0=\underline{Z}\leqslant Z^* <\overline{Z}=355.9$$

接着，从问题 (L'_0) 的最优解中，任选一个不符合整数条件的变量，例如，选 $x_1=4.809$，因为 x_1 的最优整数解只可能是 $x_1\leqslant4$ 或 $x_1\geqslant5$，而绝不会在 4 和 5 之间。在问题 (L_0) 上增加约束条件 $x_1\leqslant4$，构成一个分枝——问题 (L_1)；在问题 (L_0) 上增加约束条件 $x_1\geqslant5$，构成另一个分枝——问题 (L_2)，即有：

$$\max Z=40x_1+90x_2$$

$$(L_1)\quad\begin{cases}9x_1+7x_2\leqslant56\\7x_1+20x_2\leqslant70\\x_1\leqslant4\\x_1,x_2\geqslant0,\text{且为整数}\end{cases}$$

以及

$$\max Z=40x_1+90x_2$$

$$(L_2)\quad\begin{cases}9x_1+7x_2\leqslant56\\7x_1+20x_2\leqslant70\\x_1\geqslant5\\x_1,x_2\geqslant0,\text{且为整数}\end{cases}$$

由问题 (L_0) 到问题 (L_1) 和问题 (L_2)，可行域缩小了，但没有丢掉原问题的任何一个整数可行解。用图 3.1 中的阴影部分表示问

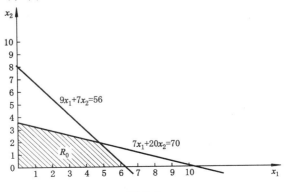

图 3.1

题(L_0)的可行域 R_0,用图 3.2 中的两块阴影部分分别表示问题(L_1)和问题(L_2)的可行域 R_1,R_2。

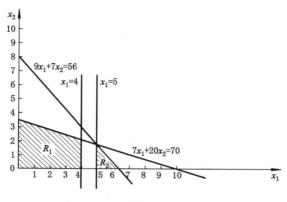

图 3.2

分别求解问题(L_1)和问题(L_2)所对应的线性规划问题,得:

问题(L_1)	问题(L_2)
$x_1=4$	$x_1=5$
$x_2=2.1$	$x_2=1.571$
$z_1=349$	$z_2=341.39$

显然没有得到全部变量是整数的解。因 $Z_1>Z_2$,故将 $\overline{Z}$ 改为 349,而 $\underline{Z}$ 仍为 0。

继续对问题(L_1)和问题(L_2)进行分解,因 $Z_1>Z_2$,故先分解问题(L_1)。在问题(L_1)中增加约束条件 $x_2\leqslant2$,得问题(L_3):

$$\max Z=40x_1+90x_2$$

$$(L_3)\begin{cases}9x_1+7x_2\leqslant56\\7x_1+20x_2\leqslant70\\x_1\leqslant4\\x_2\leqslant2\\x_1,x_2\geqslant0,且为整数\end{cases}$$

在问题(L_1)中增加约束条件 $x_2\geqslant3$,得问题(L_4):

$$\max Z=40x_1+90x_2$$

$$(\mathrm{L}_4)\begin{cases} 9x_1+7x_2\leqslant 56 \\ 7x_1+20x_2\leqslant 70 \\ x_1\leqslant 4 \\ x_2\geqslant 3 \\ x_1,x_2\geqslant 0,\text{且为整数} \end{cases}$$

分别求解问题(L_3)和问题(L_4)所对应的线性规划问题,得:

问题(L_3)　　　　　问题(L_4)

$x_1=4$　　　　　　$x_1=1.428$

$x_2=2$　　　　　　$x_2=3$

$z_3=340$　　　　　$z_4=327.12$

由于问题(L_3)已得到了整数解,故 $\underline{Z}$ 改为 340。问题(L_4)的最优解 $Z_4<\underline{Z}$,所以已无必要再分解问题(L_4),即"剪枝"。

对于问题(L_2)来说,因为 $Z_2>\underline{Z}$,所以必须继续分解,得以下两个分枝:

问题(L_5)

$$\max Z=40x_1+90x_2$$

$$(\mathrm{L}_5)\begin{cases} 9x_1+7x_2\leqslant 56 \\ 7x_1+20x_2\leqslant 70 \\ x_1\geqslant 5 \\ x_2\leqslant 1 \\ x_1,x_2\geqslant 0,\text{且为整数} \end{cases}$$

以及

$$\max Z=40x_1+90x_2$$

$$(\mathrm{L}_6)\begin{cases} 9x_1+7x_2\leqslant 56 \\ 7x_1+20x_2\leqslant 70 \\ x_1\geqslant 5 \\ x_2\geqslant 2 \\ x_1,x_2\geqslant 0,\text{且为整数} \end{cases}$$

用单纯形法可得,问题(L_6)无可行解,而问题(L_6)的最优解为 $x_1=5.444,x_2=1,Z_5=307.76$。这时,$Z_5<\underline{Z}$,所以也应"剪枝"。

到此为止,可以断定,原问题的最优整数为:
$$x_1=4,\ x_2=2,\ Z^*=Z_3=340$$
我们用图 3.3 来表示整个解题过程和求解结果。图中的"×"表示剪枝。

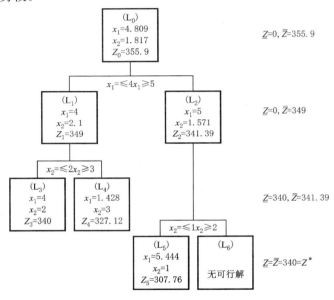

图 3.3

如果用分枝定界法求解混合整数规划,则分枝的过程只针对有整数要求的变量进行,而不管连续变量的取值如何,其整个求解过程与纯整数规划的求解过程基本相同,不再赘述。

3.3　割平面解法

割平面解法是 1958 年由 R. E. Gomory 提出来的。它是通过生成一系列平面割掉非整数部分来得到最优整数解的。现举例说明割平面法的求解方法。

【例 3.2】　求解整数规划问题

$$\max Z = 3x_1 + 2x_2$$
$$\begin{cases} 2x_1 + 3x_2 \leqslant 14 \\ 4x_1 + 2x_2 \leqslant 18 \\ x_1, x_2 \geqslant 0, 且为整数 \end{cases}$$

解： 首先将原问题的数学模型标准化。这里"标准化"包含两层意义：一是将所有不等式约束全部转化为等式约束，以便于利用单纯形法求解；二是将整数规划中所有非整数系数全部转化为整数，以便于构造切割平面。

于是，将原问题化为下列形式：

$$\max Z = 3x_1 + 2x_2$$
$$\begin{cases} 2x_1 + 3x_2 + x_3 = 14 \\ 2x_1 + x_2 + x_4 = 9 \\ x_1, x_2, x_3, x_4 \geqslant 0 \end{cases}$$

利用单纯形法求解，得到最优单纯形表 3.1。

表 3.1

C_B	X_B	b	0	0	3	2
			x_3	x_4	x_1	x_2
2	x_2	$5/2$	$\frac{1}{2}$	$-\frac{1}{2}$	0	1
3	x_1	$13/4$	$-1/4$	$3/4$	1	0
$-Z$		$-\frac{59}{4}$	$-1/4$	$-5/4$	0	0

最优解为 $x_1 = \frac{13}{4}, x_2 = \frac{5}{2}, Z = \frac{59}{4}$。

根据表 3.1，写出非整数解的约束方程，例如：

$$x_2 + \frac{1}{2}x_3 - \frac{1}{2}x_4 = \frac{5}{2} \tag{3.1}$$

将该方程中所有变量的系数及右端常数项均改写成"整数与非负真分数之和"的形式，即

$$(1+0)x_2 + (0+\frac{1}{2})x_3 + (-1+\frac{1}{2})x_4 = 2 + \frac{1}{2}$$

把整数及带有整数系数的变量移到方程左边，分数及带有分数系数的变量移到方程右边，得：

$$x_2 - x_4 - 2 = \frac{1}{2} - (\frac{1}{2}x_3 + \frac{1}{2}x_4) \tag{3.2}$$

由于原数学模型已"标准化",因此,在整数最优解中 x_2 和 x_4 也必须取整数值,所以(3.2)式左端必为整数或零,因而其右端也必须是整数。又因 $x_3,x_4 \geqslant 0$,所以必有:

$$\frac{1}{2}-(\frac{1}{2}x_3+\frac{1}{2}x_4)<1$$

由于(3.2)式右端必为整数,于是有:

$$\frac{1}{2}-(\frac{1}{2}x_3+\frac{1}{2}x_4)\leqslant 0 \qquad (3.3)$$

或 $\qquad\qquad\qquad x_3+x_4\geqslant 1 \qquad\qquad\qquad (3.4)$

这就是考虑整数约束的一个割平面约束方程,它是用非基变量表示的,如果用基变量来表示割面平面约束方程,则有:

$$2x_1+2x_2\leqslant 11 \qquad (3.5)$$

从图 3.4 中可看出(3.4)式所表示的割平面约束仅割去线性规划可行域中不包含整数可行解的部分区域,使点 $(\frac{7}{2},2)$ 成为可行域的一个极点。

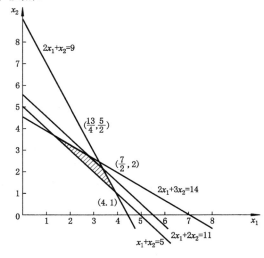

图 3.4

在(3.3)式中加入松弛变量 x_5,得:

$$-\frac{1}{2}x_3 - \frac{1}{2}x_4 + x_5 = -\frac{1}{2} \qquad (3.6)$$

将(3.6)式增添到问题的约束条件中得到新的整数规划问题

$$\max Z = 3x_1 + 2x_2$$

$$\begin{cases} 2x_1 + 3x_2 + x_3 = 14 \\ 2x_1 + x_2 + x_4 = 9 \\ -\dfrac{1}{2}x_3 - \dfrac{1}{2}x_4 + x_5 = -\dfrac{1}{2} \\ x_1, x_2, x_3, x_4, x_5 \geqslant 0 \end{cases}$$

该问题的求解可以在表 3.1 中加入(3.6)式,然后运用对偶单纯形法求出最优解。具体计算过程见表 3.2。

表 3.2

C_B	X_B	b	0	0	3	2	0
			x_3	x_4	x_1	x_2	x_5
2	x_2	5/2	1/2	−1/2	0	1	0
3	x_1	13/4	−1/4	3/4	1	0	0
0	x_5	−1/2	[−1/2]	−1/2	0	0	1
−Z		$-\dfrac{59}{4}$	−1/4	−5/4	0	0	0
2	x_2	2	0	−1	0	1	1
3	x_1	7/2	0	1	1	0	−1/2
0	x_3	1	1	1	0	0	−2
−Z		$-\dfrac{58}{4}$	0	−1	0	0	−1/2

由此得最优解为 $x_1 = \dfrac{7}{2}, x_2 = 2, Z = \dfrac{58}{4}$。该最优解仍不满足整数约束条件,因而需进行第二次切割。为此,从表 3.2 中抄下非整数解 x_1 的约束方程为:

$$x_1 + x_4 - \frac{1}{2}x_5 = \frac{7}{2}$$

按整数、分数归并原则写成:

$$x_1 + x_4 - x_5 - 3 = \frac{1}{2} - \frac{1}{2}x_5 \leqslant 0 \qquad (3.7)$$

这就是一个新的割平面方程,用基变量来表示,得:

$$x_1 + x_2 \leqslant 5 \qquad (3.8)$$

表 3.3

| C_B | X_B | b | 0 | 0 | 3 | 2 | 0 | 0 |
			x_3	x_4	x_1	x_2	x_5	x_6
2	x_2	2	0	-1	0	1	1	0
3	x_1	7/2	0	1	1	0	$-1/2$	0
0	x_3	1	1	1	0	0	-2	0
0	x_6	$-1/2$	0	0	0	0	$[-1/2]$	1
$-Z$		$-\dfrac{58}{4}$	0	-1	0	0	$-1/2$	0
2	x_2	1	0	-1	0	1	0	2
3	x_1	4	0	1	1	0	0	-1
0	x_3	3	1	1	0	0	0	-4
0	x_5	1	0	0	0	0	1	-2
$-Z$		$-\dfrac{56}{4}$	0	-1	0	0	0	-1

在(3.7)式中加入松弛变量 x_6,得:

$$-\frac{1}{2}x_5+x_6=-\frac{1}{2} \tag{3.9}$$

将(3.9)式增添到前一个问题的约束条件中去,得到又一个新的整数规划问题,对它求解可以在表 3.2 中加入(3.7)式,然后运用对偶单纯形法求出最优解。具体计算过程见表 3.3。

由此得最优解为 $x_1=4,x_2=1,Z=14$。该最优解符合整数条件,因此也是原整数规划问题的最优解。从图 3.4 中可以看出,由(3.8)式表示的割平面约束,不仅割去线性规划可行域中剩下的不含整数解域,而且使最优整数解 $x_1=4,x_2=1$ 成为新的线性规划可行域的一个极点。

表 3.4 　　　　　　　单位:万元

| 投资年度 | 每项投资额 | | | 总投资额 |
	I	II	III	
1	0	4	2	6
2	5	1	2	6
3	4	-2	3	7
4	5	2	3	7
纯利润	17	10	16	

在实际应用中,割平面法在有些情况下收敛迅速,而另一些情况下又可能收敛很慢。因此,至今完全用它来解题仍是少数,但若与分枝定界法等其他方法结合起来使用,一般能收到比较好的效果。

3.4　0－1规划和隐枚举法

3.4.1　0－1规划

0-1规划是一种特殊的纯整数规划,其变量只能取 0 或 1。这时决策变量 x_i 称为 0－1 变量或二进制变量。x_i 只能取 0 或 1 这个条件可由下述约束条件来表示:

$$x_i = 0 \text{ 或 } 1$$

或者

$$\begin{cases} x_i \leqslant 1 \\ x_i \geqslant 0, \text{ 且为整数} \end{cases}$$

这和一般整数规划的约束条件形式是一致的。

【例 3.3】　某公司对三个项目进行投资,根据预算,前两年每年可投资 6 万元,后两年每年可投资 7 万元,三个项目每年所需投资额和纯利润见表 3.4,问对哪几个项目进行投资,可获得最大利润。

$$令 \qquad x_j = \begin{cases} 0, & \text{对项目 } j \text{ 不投资} \\ 1, & \text{对项目 } j \text{ 投资} \end{cases} \qquad (j = 1, 2, 3)$$

则该问题的数学模型为:

$$\max Z = 17x_1 + 10x_2 + 16x_3$$
$$\begin{cases} 0x_1 + 4x_2 + 2x_3 \leqslant 6 \\ 5x_1 + x_2 + 2x_3 \leqslant 6 \\ 4x_1 - 2x_2 + 3x_3 \leqslant 7 \\ 5x_1 + 2x_2 + 3x_3 \leqslant 7 \\ x_1, x_2, x_3 = 0 \text{ 或 } 1 \end{cases}$$

该问题就是一个 0－1 规划问题。

很多管理问题无法归结为线性规划的数学模型,但却可以通过设置 0－1 变量建立起整数规划的数学模型。下面说明 0－1 变量在建立数学模型中的作用。

1. m 个约束条件中只有 k 个起作用

设 m 个约束条件可表为：

$$\sum_{j=1}^{n} a_{ij}x_j \leqslant b_i \qquad (i=1,\cdots,m)$$

定义

$$y_i = \begin{cases} 1, & \text{假定第 } i \text{ 个约束条件不起作用} \\ 0, & \text{假定第 } i \text{ 个约束条件起作用} \end{cases}$$

又 M 为任意大的正数,则

$$\left.\begin{array}{l} \sum_{j=1}^{n} a_{ij}x_j \leqslant b_i + My_i \\ y_1 + y_2 + \cdots + y_m = m-k \end{array}\right\} \qquad (3.10)$$

表明(3.10)式的 m 个约束条件中有 $(m-k)$ 个的右端项为 (b_i+M),不起约束作用,因而只有 k 个约束条件真正起到约束作用。

2. 约束条件的右端项可能是 r 个值 $(b_1,b_2,\cdots,b_r)$ 中的某一个

约束条件的右端项可能是 r 个值 $\{b_1,b_2,\cdots,b_r\}$ 中的某一个,即:

$$\sum_{j=1}^{n} a_{ij}x_j \leqslant b_1 \text{ 或 } b_2,\cdots,\text{或 } b_r$$

定义

$$y_i = \begin{cases} 1, & \text{假定约束右端项为 } b_i \\ 0, & \text{否则} \end{cases} \qquad (3.11)$$

由此,上述约束条件(3.11)式可表示为:

$$\begin{cases} \sum_{j=1}^{n} a_{ij}x_j \leqslant \sum_{j=1}^{n} b_i y_i \\ y_1 + y_2 + \cdots + y_r = 1 \end{cases}$$

3. 两组条件中满足其中一组

若 $x_1 \leqslant 4$,则 $x_2 \geqslant l$;否则(即 $x_1 > 4$ 时),$x_2 \leqslant 3$。

定义

$$y_i = \begin{cases} 1, & \text{第 } i \text{ 组条件不起作用} \\ 0, & \text{第 } i \text{ 组条件起作用} \end{cases}$$

又 M 为任意大的正数,则问题可表达为:

$$\begin{cases} x_1 \leqslant 4 + y_1 M \\ x_2 \geqslant 1 - y_1 M \\ x_1 \leqslant 4 - y_2 M \\ x_2 \leqslant 3 + y_2 M \\ y_1 + Y_2 = 1 \end{cases}$$

4. 用以表示含固定费用的函数

例如,用 x_j 代表产品 j 的生产数量,其生产费用函数通常可表示为:

$$C_j(x_j) = \begin{cases} K_j + c_j x_j & (x_j > 0) \\ 0 & (x_j = 0) \end{cases}$$

式中,K_j 是同产量无关的生产准备费用。问题的目标是使所有产品的总生产费用为最小,即

$$\min z = \sum_{j=1}^{n} C_j(x_j)$$

这里需设置一个逻辑变量 y_j,当 $x_j = 0$ 时,$y_j = 0$;当 $x_j > 0$,$y_j = 1$。为此引进一个特殊的约束条件

$$x_j \leqslant M y_j$$

则模型即可变为不含分段函数的形式:

$$\min z = \sum_{j=1}^{n} (c_j x_j + K_j y_j)$$

$$\begin{cases} 0 \leqslant x_j \leqslant M y_j \\ y_j = 0 \text{ 或 } 1 \end{cases}$$

3.4.2　隐枚举法

求解 0-1 规划问题的一种明显的方法是穷举法,这就是列出变量所有可能的 0 或 1 的每一种组合,算出目标函数值在每一个组合(点)上的函数值,比较它们的大小以求得最优解。显然,当变量个数 n 较大时,和整数规划一样,这仍然是不容易办到的,因为这要检验目标函数在 2^n 个组合(点)上取值的大小。因此,和前面一样,如何设计一种计算方法,只需检查目标函数在一小部分组合(点)上取值的大小,就能求得最优解,隐枚举法就是这样的一种方法。

隐枚举法的基本思路是从所有变量等于 0 出发,依次指定一

些变量为 1,直至得到一个可行解,它就是目前的最好的可行解。此后,依次检查变量等于 0 或 1 的某些组合,对目前最好的可行解不断加以改进,最终获得最优解。隐枚举法与穷举法有着根本的区别,它不需要将所有可行的变量组合一一枚举。实际上,在得到最优解时,很多可行的变量组合并没有被枚举,只是通过分析、判断,排除了它们是最优解的可能性,也就是说,它们被隐含枚举了,故此法叫隐枚举法。实际上,分枝定界法也是一种隐枚举法。

【例 3.4】 求解例 3.3 中的 0-1 规划问题

$$\max Z = 17x_1 + 10x_2 + 16x_3$$

$$\begin{cases} 4x_2 + 2x_3 \leqslant 6 & (1) \\ 5x_1 + x_2 + 2x_3 \leqslant 6 & (2) \\ 4x_1 - 2x_2 + 3x_3 \leqslant 7 & (3) \\ 5x_1 + 2x_2 + 3x_3 \leqslant 7 & (4) \\ x_1, x_2, x_3 = 0 \text{ 或 } 1 \end{cases}$$

解: 先用试探的方法找出一个初始可行解。比如,$x_1 = 0$,$x_2 = 0$,$x_3 = 1$,就符合所有约束条件,其目标函数值 $Z_0 = 16$。然后在原问题的基础上,增加一个约束条件——过滤条件:$17x_1 + 10x_2 + 16x_3 \geqslant 16$。这是因为初始可行解的目标函数值已为 16,我们要继续寻找的当然是大于 16 的可行的目标函数值,因此,问题变为:

$$\max Z = 17x_1 + 10x_2 + 16x_3$$

$$\begin{cases} 4x_2 + 2x_3 \leqslant 6 & (5) \\ 5x_1 + x_2 + 2x_3 \leqslant 6 & (6) \\ 4x_1 - 2x_2 + 3x_3 \leqslant 7 & (7) \\ 5x_1 + 2x_2 + 3x_3 \leqslant 7 & (8) \\ 17x_1 + 10x_2 + 16x_3 \geqslant 16 & (9) \\ x_1, x_2, x_3 = 0 \text{ 或 } 1 \end{cases}$$

为了求解该问题,我们按照穷举法的思路,依次检查各种变量组合,每找到一个可行解,求出它的函数值 Z_1 后,如果 $Z_1 > Z_0$,则将原来的过滤条件的常数项换成 Z_1。

一般来说,过滤条件是所有约束条件中关键的一个,因而先检验是否满足它,如不满足,其他约束条件也就不必检查了。

求解过程见表 3.5。其中"√"号表示相应的约束条件满足,

"×"号表示相应的约束条件不满足。

最优解为 $x_1 = 1, x_2 = 1, x_3 = 0$。即对Ⅰ和Ⅱ两个项目投资,对Ⅲ不投资,可获最大利润 27 万元。

表 3.5

点	过滤条件	约束条件				Z 值
		①	②	③	④	
	$17x_1 + 10x_2 + 16x_3 \geqslant 16$					
$(0,0,0)$	×					
$(0,0,1)$	√	√	√	√	√	16
$(0,1,0)$	×					
$(0,1,1)$	√	√	√	√	√	26
	$17x_1 + 10x_2 + 16x_3 \geqslant 26$					
$(1,0,0)$	×					
$(1,0,1)$	√	√	×			
$(1,1,0)$	√	√	√	√	√	27
	$17x_1 + 10x_2 + 16x_3 \geqslant 27$					
$(1,1,1)$	√	×				

3.5　指派问题和匈牙利法

3.5.1　指派问题的数学模型

在实际工作中,经常会遇到这样的问题,某单位需完成 n 项任务,恰好有 n 个人可承担这些任务。由于每人的专长不同,各人完成不同任务所需的资源(比如时间)也不一样。问应指派哪个人去完成哪项任务,可使完成 n 项任务所需的总资源最少?这样一类问题就称为指派问题。

为了建立指派问题的数学模型,我们引入 $0-1$ 变量 x_{ij}:

$$x_{ij} = \begin{cases} 1 & \text{表示指派第 } i \text{ 个人去完成第 } j \text{ 项任务} \\ 0 & \text{表示不指派第 } i \text{ 个人去完成第 } j \text{ 项任务} \end{cases}$$

用 c_{ij} 表示第 i 个人完成第 j 项任务所需要的资源数。由此可得指派问题的数学模型为:

$$\min Z = \sum_{i=1}^{n}\sum_{j=1}^{n} c_{ij}x_{ij}$$

$$\begin{cases} \sum_{i=1}^{n} x_{ij} = 1 & (j = 1, 2, \cdots, n) \\ \sum_{j=1}^{n} x_{ij} = 1 & (i = 1, 2, \cdots, n) \\ x_{ij} = 0 \ 或 \ 1 & (i = 1, 2, \cdots, n, \quad j = 1, 2, \cdots, n) \end{cases}$$

其中,约束条件 $\sum_{i=1}^{n} x_{ij} = 1$ 表示每项任务必须且只能有一个人承担;而约束条件 $\sum_{j=1}^{n} x_{ij} = 1$ 表示每个人必须且只能承担一项任务。从以上数学模型可知,指派问题是特殊的 0-1 规划问题,也是特殊的线性规划运输问题。因此,当然可用整数规划、0-1 规划或运输问题的解法去求解,但这就和用单纯形法求运输问题一样,是不合算的。利用指派问题的特点可有更简便的解法,这就是匈牙利法。该方法的得名是因为匈牙利数学家狄·考尼格为发展这个方法,而证明了主要定理。

3.5.2 匈牙利法

匈牙利法的基本原理是:

(1)如果 (c_{ij}) 是指派问题的价值系数矩阵,则在该矩阵的任一行或任一列的全部元素上同时加或减去一个常数,结果并不影响最优分配方案。

(2)如果在价值系数矩阵 $(c_{ij})_{n \times n}$ 中,位于不同行不同列的零元素共有 m 个($1 \leqslant m \leqslant n$),则覆盖所有 0 元素所需的最少直线(水平线或竖直线)数恰好为 m 条。

(3)如果在价值系数矩阵中,位于不同行不同列的零元素的个数与价值系数矩阵 $(c_{ij})_{n \times n}$ 的阶数 n 相同,则显然只要令对应于这些零元素位置的 $x_{ij} = 1$,其余的 $x_{ij} = 0$,则此解就是问题的最优解。

下面通过例子来说明匈牙利法的求解步骤。

【例 3.5】 有一份中文说明书,需译成英、日、德、俄四种文字,分别记作 E, J, G, R。现在甲、乙、丙、丁四人,将中文说明书翻译成不同语种的说明书,所需时间如表 3.6 所示。问应指派何人去完成何工作,使所需总时间最少?

表 3.6

人　员	任　务			
	E	J	G	R
甲	2	10	9	7
乙	15	4	14	8
丙	13	14	16	11
丁	4	15	13	9

解：　该问题的价值系数矩阵为：

$$c_{ij} = \begin{pmatrix} 2 & 10 & 9 & 7 \\ 15 & 4 & 14 & 8 \\ 13 & 14 & 16 & 11 \\ 4 & 15 & 13 & 9 \end{pmatrix}$$

具体求解步骤如下：

第一步　变换价值系数矩阵,使各行各列中都出现 0 元素。

(1) 将系数矩阵的每行都减去本行的最小元素；

(2) 将上述所得系数矩阵的每列都减去本列的最小元素。

本例中,有：

$$\begin{pmatrix} 2 & 10 & 9 & 7 \\ 15 & 4 & 14 & 8 \\ 13 & 14 & 16 & 11 \\ 4 & 15 & 13 & 9 \end{pmatrix} \begin{matrix} -2 \\ -4 \\ -11 \\ -4 \end{matrix} \rightarrow \begin{pmatrix} 0 & 8 & 7 & 5 \\ 11 & 0 & 10 & 4 \\ 2 & 3 & 5 & 0 \\ 0 & 11 & 9 & 5 \end{pmatrix}$$

$$\begin{matrix} -0 & -0 & -5 & -0 \end{matrix}$$

$$\rightarrow \begin{pmatrix} 0 & 8 & 2 & 5 \\ 11 & 0 & 5 & 4 \\ 2 & 3 & 0 & 0 \\ 0 & 11 & 4 & 5 \end{pmatrix}$$

第二步　选取 0 元素。

(1) 从 0 元素最少的行或 0 元素最少的列中括起(即选取)一

个 0(若 0 元素最少的列所含的 0 元素的个数比行中的 0 元素少，则从此列中选取 0，否则从 0 元素最少的行中选 0)，并划去此 0 所在行和所在列上的其他的 0 元素；

（2）重复此步中的（1），直到所有的 0 元素或被括起或被划去。

本例经过第二步的选 0 工作，结果如下：

$$
\begin{bmatrix}
(0) & 8 & 2 & 5 \\
11 & (0) & 5 & 4 \\
2 & 3 & (0) & 0 \\
0 & 11 & 4 & 5
\end{bmatrix}
$$

经过此步后，若括起的 0 元素的个数等于矩阵的阶数，则矩阵中所有括起的 0 元素的位置即为最优指派位置，写出最优解，结束；否则转第三步。此例中括起的 0 元素只有三个，小于矩阵阶数 4，故只需转第三步。

第三步　以最少数目的直线覆盖矩阵中所有 0 元素。

（1）对没有括号的行打 △；

（2）对打 △ 行上所有 0 元素对应的列打 △；

（3）对打 △ 列上有括起的 0 元素的，即在(0)对应的行上打 △；

（4）反复执行（2）、（3），直至标号行上无新的 0 元素，标号列上无新的"(0)"为止；

（5）对没有打 △ 的行划横线，对所有打 △ 的列划竖线。

本例经过第三步的变换如下：

$$
\begin{bmatrix}
(0) & 8 & 2 & 5 \\
11 & (0) & 5 & 4 \\
2 & 3 & (0) & 0 \\
0 & 11 & 4 & 5
\end{bmatrix}
\begin{matrix} \triangle \\ \\ \\ \triangle \end{matrix}
$$

第四步　进一步变换：

（1）在未划线的元素中找最小者，设为 δ；

（2）对未被直线覆盖的各元素减去 δ；

（3）对两条直线交叉点覆盖的元素加上 δ；

（4）只有一条直线覆盖的元素保持不变；

（5）抹除所有标记,回到第二步,重新选取 0 元素。

本例经过第三步的变换后,未划线的最小元素为 2,再经过第四步的变换,结果如下:

$$\begin{bmatrix} 0 & 6 & 0 & 3 \\ 13 & 0 & 5 & 4 \\ 4 & 3 & 0 & 0 \\ 0 & 9 & 2 & 3 \end{bmatrix}$$

转第二步,重新选取 0 元素,得到如下结果:

$$\begin{bmatrix} \emptyset & 6 & (0) & 3 \\ 13 & (0) & 5 & 4 \\ 4 & 3 & \emptyset & (0) \\ (0) & 9 & 2 & 3 \end{bmatrix}$$

至此,括起的 0 元素的个数已经等于矩阵的阶数 4,从而得到最优解,最优解以矩阵形式表示如下:

$$\begin{bmatrix} 0 & 0 & 1 & 0 \\ 0 & 1 & 0 & 0 \\ 0 & 0 & 0 & 1 \\ 1 & 0 & 0 & 0 \end{bmatrix}$$

由此得最优指派方案为:甲—G,乙—J,丙—R,丁—E。所需总时间为 min＝28。

以上所讲的指派问题是求极小值的,在实践中往往会遇到要求最大效率的问题。例如,有 4 种机器分别安装在 4 个工地上,由于机器性能不同,它们在不同工地上的效率也不同。设 4 部机器在 4 个工地上的效率如表 3.7 所示,如何安排才能使机器发挥的总效率最大?

表 3.7

机　　器	工　　地			
	B₁	B₂	B₃	B₄
A₁	43	35	40	28
A₂	33	41	29	38
A₃	27	35	29	40
A₄	30	38	42	36

对于这种求极大值的指派问题来说,不能用通常改变系数符号而成为极小化问题的办法来求解。也就是说,如果指派问题的目标函数为:

$$\max Z = \sum_{i=1}^{n} \sum_{j=1}^{n} c_{ij} x_{ij}$$

它是不能用求解

$$\min Z' = -\sum_{i=1}^{n} \sum_{j=1}^{n} c_{ij} x_{ij}$$

的办法来解决的,这是因为匈牙利法要求效率矩阵的每个元素都是非负的。

为了解决这一问题,我们可以构造一个新的系数矩阵

$$B = (b_{ij})$$

其中,$b_{ij} = M - c_{ij}$,M 是一足够大的数。例如,可取 c_{ij} 中的最大者为 M,这时 $b_{ij} \geqslant 0$,满足匈牙利法的条件。这样一来,求解

$$\min Z' = \sum_{i=1}^{n} \sum_{j=1}^{n} b_{ij} x$$

所得的极小解(x_{ij})就是原问题的极大解。这是因为:

$$Z' = \sum_{i=1}^{n} \sum_{j=1}^{n} b_{ij} x_{ij} = \sum_{i=1}^{n} \sum_{j=1}^{n} (M - c_{ij}) x_{ij}$$

$$= \sum_{i=1}^{n} \sum_{j=1}^{n} M x_{ij} - \sum_{i=1}^{n} \sum_{j=1}^{n} c_{ij} x_{ij} = nM - Z$$

故当 $Z' = \sum_{i=1}^{n} \sum_{j=1}^{n} b_{ij} x_{ij}$ 取得极小值时,必使 $Z = \sum_{i=1}^{n} \sum_{j=1}^{n} c_{ij} x_{ij}$ 取得极大值。

这样,对于表 3.7 所给出的指派问题来说,只要将原系数矩阵

$$\begin{pmatrix} 43 & 35 & 40 & 28 \\ 33 & 41 & 29 & 38 \\ 27 & 35 & 29 & 40 \\ 30 & 38 & 42 & 36 \end{pmatrix}$$

的各个元素用其最大值 43 去减,即得到新的矩阵

$$\begin{pmatrix} 0 & 8 & 3 & 15 \\ 10 & 2 & 14 & 5 \\ 16 & 8 & 14 & 3 \\ 13 & 5 & 1 & 7 \end{pmatrix}$$

对此矩阵利用匈牙利法,即可得到原问题的最优解。

仿产销不平衡的运输问题,请读者思考:对于人数与任务数不等的指派问题,如何转为标准的指派问题?

本章匈牙利法可使用网上训练系统。网址:http://fos. ujs. edu. cn/web

习　　题

1. 对下列整数规划问题,能否先求解相应的线性规划问题,然后用凑整的办法来求得原问题的最优整数解?

（1）　$\min Z = 3x_1 + 2x_2$

$$\begin{cases} 3x_1 + x_2 \geqslant 6 \\ x_1 + x_2 \geqslant 3 \\ x_1, x_2 \geqslant 0, 且为整数 \end{cases}$$

（2）　$\max Z = 4x_1 - 2x_2 + 7x_3$

$$\begin{cases} x_1 + 5x_3 \leqslant 10 \\ x_1 + x_2 - x_3 \leqslant 1 \\ 6x_1 - 5x_2 \leqslant 0 \\ x_1, x_2, x_3 \geqslant 0, 且为整数 \end{cases}$$

2. 分别用穷举法、分枝定界法和割平面法求解整数规划问题

$$\max Z = x_1 + x_2$$

$$\begin{cases} 2x_1 + x_2 \leqslant 6 \\ 4x_1 + 5x_2 \leqslant 20 \\ x_1, x_2 \geqslant 0, 且为整数 \end{cases}$$

3. 用分枝定界法求解下列整数规划问题:

（1）　$\max Z = 3x_1 + 4x_2$

$$\begin{cases} x_1 + x_3 \leqslant 500 \\ x_1 + x_2 \geqslant 400 \\ x_1 - 2x_2 = 0 \\ 6x_1 - 4x_2 \geqslant 0 \\ x_1, x_2 \geqslant 0, 且为整数 \end{cases}$$

（2）　$\min Z = 10x_1 + 9x_2$

$$\begin{cases} x_1 \leqslant 8 \\ x_2 \leqslant 10 \\ 5x_1 + 3x_2 \geqslant 45 \\ x_1,x_2 \geqslant 0, \text{且为整数} \end{cases}$$

(3)　$\max Z = -5x_1 + x_2 - 2x_3 + 5$

$$\begin{cases} -2x_1 + x_2 - x_3 + x_4 = \dfrac{2}{7} \\ 2x_1 + x_2 + x_3 + x_5 = 2 \\ x_1,x_2,x_3,x_4,x_5 \geqslant 0 \\ \text{其中}, x_3, x_5 \text{为整数} \end{cases}$$

4. 用割平面法求解下列整数规划问题,并作出图形。

(1)　$\max Z = 4x_1 + 3x_2$

$$\begin{cases} x_1 + x_2 \leqslant 30 \\ 3x_1 + x_2 \leqslant 75 \\ x_1 + 2x_2 \leqslant 50 \\ x_1,x_2 \geqslant 0, \text{且为整数} \end{cases}$$

(2)　$\min Z = -3x_1 - 4x_2$

$$\begin{cases} 2x_1 + 5x_2 \leqslant 15 \\ 2x_1 - 2x_2 \leqslant 5 \\ x_1,x_2 \geqslant 0, \text{且为整数} \end{cases}$$

(3)　$\max Z = 3x_1 - x_2$

$$\begin{cases} 3x_1 - 2x_2 \leqslant 2 \\ -5x_1 - 4x_2 \leqslant -10 \\ 2x_1 + x_2 \leqslant 5 \\ x_1,x_2 \geqslant 0, \text{且为整数} \end{cases}$$

5. 用隐枚举法求解下列 0-1 规划问题:

(1)　$\min Z = 2x_1 + 5x_2 + 3x_3 + 4x_4$

$$\begin{cases} -4x_1 + x_2 + x_3 + x_4 \geqslant 0 \\ -2x_1 + 4x_2 + 2x_3 + 4x_4 \geqslant 4 \\ x_1 + x_2 - x_3 + x_4 \geqslant 1 \\ x_j = 0 \text{ 或 } 1 \quad (j=1,2,3,4) \end{cases}$$

(2)　　$\max Z = 2x_1 - x_2 + 5x_3 - 3x_4 + 4x_5$

$$\begin{cases} 3x_1 - 2x_2 + 7x_3 - 5x_4 + 4x_5 \leqslant 6 \\ x_1 - x_2 + 2x_3 - 4x_4 + 2x_5 \leqslant 0 \\ x_j = 0 \text{ 或 } 1 \quad (j = 1,2,3,4,5) \end{cases}$$

6. 某厂利用 m 种资源生产 n 种产品,c_j 为单位产品利润,a_{ij} 为单位产品所需资源,b_i 为各种资源的可供应量,如果生产某种产品 j,那么不论生产多少,都需要一笔费用 f_j,只有当 j 不生产时,$f_j = 0$。为使企业获得最大利润,应如何安排各产品的生产计划。试建立这个问题的数学模型。

7. 某公司拟在市东、西、南三区建立门市部。拟议中有 7 个位置(点)$A_i(i = 1,2,3,4,5,6,7)$可供选择。规定:

在东区,由 A_1, A_2, A_3 三个点中至多选两个;

在西区,由 A_4, A_5 两个点中至少选一个;

在南区,由 A_6, A_7 两个点中至少选一个。

如选用 A_i 点,设备投资估计为 b_i 元,每年可获利润估计为 c_i 元,但投资总额不能超过 B 元。选择哪几个点建立门市部,可使年利润为最大? 试建立这个问题的 0 - 1 规划模型。

8. 有四项工作分给四个人去完成,各人完成某项工作所需时间见表 3.8。求完成所有工作总时间最小的方案。

9. 某消防调度中心接到来自五个不同地点的火灾报告,调度员发现有五个站可派救火车前往,从地图上量出各站离出事地点的距离如见表 3.9。试问:调度员应如何选择调度方案,才能使各站的消防车到达出事地点的时间最短?

表 3.8				
人　员	工　作			
	A	B	C	D
甲	15	18	21	24
乙	19	23	22	18
丙	26	17	16	19
丁	19	21	23	17

表 3.9					
消防站	火　灾　地				
	I	II	III	IV	V
A	12	8	4	8	9
B	16	12	2	3	8
C	9	19	6	6	19
D	14	10	10	16	6
E	10	12	4	8	9

10. 现有四个人 A_1, A_2, A_3, A_4 去完成四项不同的手工加工零件的任务 J_1, J_2, J_3, J_4，每个人分别去做各项任务时单位时间内加工零件数如表 3.10 所示。现假设每人仅能做一项工作，且每项任务也只允许由一个人去完成。求单位时间内生产出零件总数量最多的任务分配方案。

表 3.10

人　员	工		作	
	J_1	J_2	J_3	J_4
A_1	2	10	9	7
A_2	15	4	14	8
A_3	13	14	16	11
A_4	4	15	13	9

11. 分配甲、乙、丙、丁四个人去完成 A, B, C, D, E 五项任务，每人完成各项任务的时间如表 3.11 所示。

表 3.11

人＼任务	A	B	C	D	E
甲	25	29	31	42	37
乙	39	38	26	20	33
丙	34	27	28	40	32
丁	24	42	36	23	45

　　(1)每人完成一项任务,且 E 必须完成的,其他四项中每人可任选一项完成;要求把它转为标准的指派问题。

　　(2)其中有一人完成两项,其他每人完成一项;要求转为标准的指派问题并确定最优指派方案。

　　(3)写出第(2)题的 0-1 规划模型。

第4章　动　态　规　划

　　动态规划是运筹学的一个重要分支,它是解决多阶段决策过程最优化问题的一种方法。这种方法将整体决策过程分解为多阶段决策过程,将 n 个变量的最优化问题变换为 n 个单变量的最优化问题,它们可以一个阶段一个阶段地进行决策,一个变量一个变地求解,这是经典的极值方法所做不到的。同时,经典的最优化方法只能确定局部极值,而动态规划方法却能确定出全局极值。

　　动态规划问世以来,在工程技术、企业管理、工农业生产及军事等部门中都有广泛的应用,并且获得了显著的效果。它可以用来解决诸如最短路径问题、资源分配问题、生产调度问题、库存问题、排序问题、设备更新问题、生产过程最优控制问题等等。动态规划具有与线性规划完全不同的独特思路和方法,因此它能处理许多用其他数学规划方法不能奏效的问题,特别是离散性问题。

　　多阶段决策过程根据决策过程中的时间变量是离散变量还是连续变量,可分为离散决策过程和连续决策过程,根据决策过程的演变特征是确定性的还是随机性的又可分为确定性决策过程和随机性决策过程。本章主要讨论离散确定性决策过程及其在一些实际问题中的应用。

4.1　动态规划的基本方法

4.1.1　最短路线问题

　　所谓最短路线问题是指给定始点及终点,并知道由始点到终点的各种可能的途径,问题是要找一条由始点到终点的最短的路线。很多实际问题都可以归结为最短路线问题。例如,运输部门要选择一条费用最低的运输路线;建筑公司要辅设一条使两点之间总距离最短的公路;旅行者希望找到一条由出发地至目的地的距离最短的行进路线等。而且,有些与运输根本没有关系的问题也可以化为求最短路线的模型,用动态规划方法来求解。

【**例 4.1**】　如图 4.1,给定一个线路网络,两点之间连线上的数字表示两点间的距离(或费用),试求一条由 A 到 E 的铺管线路,使总距离为最短(或总费用最小)。

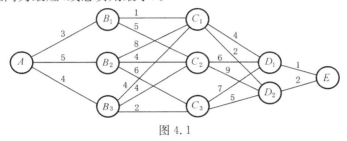

图 4.1

由图 4.1 可知,从 A 点到 E 点可以分为 4 个阶段。从 A 到 B 为第一阶段,从 B 到 C 为第二阶段,从 C 到 D 为第三阶段,从 D 到 E 为第四阶段。在第一阶段,A 为起点,终点有 B_1、B_2、B_3 三个,因而这时走的路线有三个选择,一是走到 B_1,二是走到 B_2,三是走到 B_3。若选择走到 B_3,则 B_3 就是我们在第一阶段的决策结果,它既是第一阶段路线的终点,又是第二阶段路线的始点。在第二阶段,从 B_3 点出发,对应于 B_3 点就有一个可供选择的终点集合{C_1,C_2,C_3},若选择由 B_3 走至 C_3,则 C_3 就是第二阶段的终点,同时又是第三阶段的始点。同理递推下去;可以看到:各个阶段的决策不同,铺管路线就不同。很明显,当某阶段的始点给定时,它直接影响着后面各阶段的行进路线和整个路线的长短,而后面各阶段的路线的发展不受这点以前各阶段路线的影响。对于这样的问题,我们很容易想到,可以用穷举法来解决。即把由 A 到 E 所有可能的每一条路线的距离都算出来,然后互相比较找出最短者,相应地得出了最短路线。这样,由 A 到 E 的 4 个阶段中,若第一阶段选择 B_1,则一共有 $2 \times 2 \times 1 = 4$ 条不同的路线,若第一阶段选择 B_2 或 B_3,则一共有 $3 \times 2 \times 1 = 6$ 条不同的路线,比较这些不同路线的距

离值,就可以找出最短路线为:

$$A \to B_1 \to C_1 \to D_2 \to E$$

相应最短距离为 8。显然,当段数很多,各段的不同选择也很多时,这样的计算是相当繁杂的。为了减少计算工作量,就需要寻求更好的算法,为此,我们引进几个符号和概念:

ⅰ. 阶段   如果已认定一个问题能用动态规划方法来求解,那么首先应当恰当地把问题的过程划分成若干个相互联系的阶段。阶段通常是根据时间和空间的自然特征来划分的,但要便于把问题的过程能转化为多阶段决策的过程。描述阶段的变量称为阶段变量,常用 k 来表示。例 4.1 中共有 4 个阶段,$k=1,2,3,4$。

ⅱ. 状态   阶段的状态可用阶段的某种特征来描述,而决策过程可以通过各阶段状态的演变来说明。例如,例 4.1 中我们取各阶段铺管的起点作为各阶段的状态。状态的演变 $A \to B_1 \to C_1 \to D_2 \to E$ 描述了整个决策的过程。

描述过程状态的变量称为状态变量。它可用一个数、一组数或一向量来描述。常用 x_k 来表示第 k 阶段的状态变量。例如,x_1 就是状态 A,x_2 表示状态 B_1,B_2 和 B_3,集合 $\{B_1, B_2, B_3\}$ 称为第二阶段的可达状态集合,记为 $x_2 = \{B_1, B_2, B_3\}$。

阶段的状态应具有"无后效性",也即过程的历史只能通过当前的状态去影响它未来的发展。阶段的状态应具有"无后效性",也即过程的历史只能通过当的状态去影响它未来的发展,下一阶段所能到达的状态只由当前阶段的和当前所作的选择(即下面要详述的决策概念)来决定,而与过去的状态无关。例如,在例 4.1 中,若第三阶段的状态已知为 C_2,以后的问题就只是考虑如何从 C_2 铺设到 E,至于第一、第二阶段所处的状态(即从起点 A 如何铺设到 C_2),对以后各阶段的选择已无直接的影响。

ⅲ. 决策   所谓决策,就是在给定某阶段状态后从该状态演变到下一阶段状态所作的决择。描述决策的变量称为决策变量,它可用一个数、一组数或一向量来描述。常用 $u_k(x_k)$ 表示第 k 阶段当状态处于 x_k 时的决策变量。即有 $u_k(x_k) = x_{k+1}$。例如,在例 4.1 中,由状态 B_2 出发,是到 C_1,C_2 还是到 C_3 呢? 如果作出到 C_3 的

决策,那么就可表示为 $u_2(B_2)=C_3$。此外,我们还应该注意到决策
变量的取值往往限制在某个范围内,这个范围称为允许决策集合。
用 $D_k(x_k)$ 表示第 k 阶段状态的允许决策集合,例如,状态 B_2 的允
许决策集合为 $D_2(B_2)=\{C_1,C_2,C_3\}$。

iv. **策略**　由各个阶段所确定的决策构成的决策序列称为一
个策略,如果用 $p_{1,n}(x_1)$ 表示从始点开始到终点为止的全过程的
策略:

$$p_{1,n}(x_1)=\{u_1(x_1),u_2(x_2),\cdots u_n(x_n)\}$$

则所有策略的全体叫做策略集合,记为 $P_{1,n}$,于是

$$p_{1,n}(x_1)\in P_{1,n}$$

例如,在例 4.1 中,从始点开始到终点 E 为止,共有 16 条不同的路
线,所以该问题就有 16 个策略,如:

$$p_{1,4}(A)=\{u_1(A),u_2(B_2),u_3(C_3),u_4(D_2)\}$$

就是其中的一个策略,根据这个策略由 A 到 E 的铺管路线为:

$$A\xrightarrow{u_1}B_2\xrightarrow{u_2}C_3\xrightarrow{u_3}D_2\xrightarrow{u_4}E$$

这不是最优策略,由前面的穷举法可知,例 4.1 的最优策略为:

$$p_{1,4}(A)=\{u_1(A),u_2(B_1),u_3(C_1),u_4(D_2)\}$$

由第 k 段开始到终点为止的过程称为全过程的后部子过程,
或简称为 k 子过程,与之相应的决策序列 $\{u_k(x_k),u_{k+1}(x_{k+1}),\cdots,$
$u_n(x_n)\}$ 称为 k 子过程策略或简称为 k 子策略,记为:

$$p_{k,n}(x_k)=\{u_k(x_k),u_{k+1}(x_{k+1}),\cdots,u_n(x_n)\}$$

所有 k 子策略的集合记为 $P_{k,n}$。于是

$$p_{k,n}(x_k)\in P_{k,n}$$

例如,在例 4.1 中,$p_{3,4}(C_1)=\{u_3(C_1),u_4(D_2)\}$ 就是最优策略的 3
子策略。

为了求例 4.1 的最短路线,我们用 $f_k(x_k)$ 表示从第 k 阶段的
状态出发到终点 E 的最短距离。显然,$f_1(x_1)$ 就是我们所要求的
从 A 到 E 的最短距离。

有了以上概念和符号以后,我们来求解例 4.1。由图可知,由
A 到 B 的第一阶段共有三种走法:

（1）$A \rightarrow B_1$。此时已处于状态 B_1，由 B_1 至终点 E 的最短距离为 $f_2(B_1)$。所以，若选此走法，最短距离为：

$$d(A,B_1)+f_2(B_1)$$

其中，$d(A,B_1)$ 表示 A 到 B_1 的距离（下同，不再说明）。

（2）$A \rightarrow B_2$。此时已处于状态 B_2，由 B_2 至终点 E 的最短距离为 $f_2(B_2)$。所以，若选此走法，最短距离为：

$$d(A,B_2)+f_2(B_2)$$

（3）$A \rightarrow B_3$。此时已处于状态 B_3，由 B_3 至终点 E 的最短距离为 $f_2(B_3)$。所以，若选此走法，最短距离为：

$$d(A,B_3)+f_2(B_3)$$

显然，由 A 经四个阶段，最后到达终点 E 的最短距离 $f_1(A)$ 应当在上面三种走法中选取距离最小者，即

$$f_1(A)=\min\begin{cases}d(A,B_1)+f_2(B_1)\\d(A,B_2)+f_2(B_2)\\d(A,B_3)+f_2(B_3)\end{cases}$$

$$=\min\begin{cases}3+f_2(B_1)\\5+f_2(B_2)\\4+f_2(B_3)\end{cases}$$

由此可见，要求出 $f_1(A)$，必须先求出 $f_2(B_1),f_2(B_2),f_2(B_3)$。

先算 $f_2(B_1)$。当已经处于状态 B_1 时，由 B_1 到 C 的这一阶段共有两种走法：

（1）$B_1 \rightarrow C_1$。此时已处于状态 C_1，由 C_1 至终点 E 的最短距离为 $f_3(C_1)$，所以若选此走法，由 B_1 至 E 的最短距离为：

$$d(B_1,C_1)+f_3(C_1)$$

（2）$B_1 \rightarrow C_2$。此时已处于状态 C_2，由 C_2 至终点 E 的最短距离为 $f_3(C_2)$，所以，若选此走法，由 B_1 至 E 的最短距离为：

$$d(B_1,C_2)+f_3(C_2)$$

显然，由 B_1 经三个阶段，最后到达终点 E 的最短距离 $f_2(B_1)$ 应当在上面两种走法中选取距离最小者，即

$$f_2(B_1)=\min\begin{cases}d(B_1,C_1)+f_3(C_1)\\d(B_1,C_2)+f_3(C_2)\end{cases}$$

$$= \min \begin{Bmatrix} 1+f_3(C_1) \\ 5+f_3(C_2) \end{Bmatrix}$$

计算 $f_2(B_2)$ 及 $f_2(B_3)$ 的方法与计算 $f_2(B_1)$ 时类似(这里只需注意由 B_2 或 B_3 至 C 有三种走法)。可得:

$$f_2(B_2) = \min \begin{Bmatrix} d(B_2,C_1)+f_3(C_1) \\ d(B_2,C_2)+f_3(C_2) \\ d(B_2,C_3)+f_3(C_3) \end{Bmatrix} = \min \begin{Bmatrix} 8+f_3(C_1) \\ 4+f_3(C_2) \\ 6+f_3(C_2) \end{Bmatrix}$$

$$f_2(B_3) = \min \begin{Bmatrix} d(B_3,C_1)+f_3(C_1) \\ d(B_3,C_2)+f_3(C_2) \\ d(B_3,C_3)+f_3(C_3) \end{Bmatrix} = \min \begin{Bmatrix} 4+f_3(C_1) \\ 4+f_3(C_2) \\ 2+f_3(C_3) \end{Bmatrix}$$

由此可见,要求出 $f_2(B_1)$,$f_2(B_2)$,$f_2(B_3)$,必须事先计算出 $f_3(C_1)$,$f_3(C_2)$ 及 $f_3(C_3)$。

先算 $f_3(C_1)$。当已经处于状态 C_1 时,由 C_1 至 D 的这一阶段共有两种走法:

(1) $C_1 \rightarrow D_1$。此时已处于状态 D_1,由 D_1 至终点 E 的最短距离为 $f_4(D_1)$,所以若选此走法,由 C_1 至 E 的最短距离为:

$$d(C_1, D_1)+f_4(D_1)$$

(2) $C_1 \rightarrow D_2$。此时已处于状态 D_2,由 D_2 至终点 E 的最短距离为 $f_4(D_2)$,所以若选此走法,由 C_1 至 E 的最短距离为:

$$d(C_1, D_2)+f_4(D_2)$$

显然,由 C_1 经两个阶段,最后到达 E 的最矩距离 $f_4(C_1)$ 应当在上面两种走法中取距离最小者,即

$$f_4(C_1) = \min \begin{Bmatrix} d(C_1,D_1)+f_4(D_1) \\ d(C_1,D_2)+f_4(D_2) \end{Bmatrix} = \min \begin{Bmatrix} 4+f_4(D_1) \\ 2+f_4(D_2) \end{Bmatrix}$$

计算 $f_4(C_2)$ 及 $f_4(C_3)$ 的方法与计算 $f_4(C_1)$ 类似,可得

$$f_4(C_2) = \min \begin{Bmatrix} d(C_2,D_1)+f_4(D_1) \\ d(C_2,D_2)+f_4(D_2) \end{Bmatrix} = \min \begin{Bmatrix} 6+f_4(D_1) \\ 9+f_4(D_2) \end{Bmatrix}$$

$$f_4(C_3) = \min \begin{Bmatrix} d(C_3,D_1)+f_4(D_1) \\ d(C_3,D_2)+f_4(D_2) \end{Bmatrix} = \min \begin{Bmatrix} 7+f_4(D_1) \\ 5+f_4(D_2) \end{Bmatrix}$$

由此可见,要计算 $f_4(C_1),f_4(C_2)$ 及 $f_4(C_3)$,必须先计算出 $f_4(D_1)$ 及 $f_4(D_2)$。

由于由 D_1(或 D_2)经一个阶段到达终点 E 只有一种走法,故有:

$$f_4(D_1)=d(D_1,E)=1$$
$$f_4(D_2)=d(D_2,E)=2$$

由上面的讨论我们可以看到,求 $f_1(A)$ 的过程实际上是倒推的过程,即由最后一个阶段开始向前计算:

$k=4$ 的情况:

$f_4(D_1)=1$,即由 D_1 至终点 E 的最短距离为 1,则其路线是:

$$D_1{\rightarrow}E。$$

$f_4(D_2)=2$,即由 D_2 至终点 E 的最短距离为 2,则其路线是:

$$D_2{\rightarrow}E。$$

$k=3$ 的情况:

$$f_3(C_1)=\min\begin{Bmatrix}4+f_1(D_1)\\2+f_1(D_2)\end{Bmatrix}=\min\begin{Bmatrix}4+1\\2+2\end{Bmatrix}=4$$

即由 C_1 至终点 E 的最短距离是 4,其路线是:

$$C_1{\rightarrow}D_2{\rightarrow}E$$

$$f_3(C_2)=\min\begin{Bmatrix}6+f_4(D_1)\\9+f_4(D_2)\end{Bmatrix}=\min\begin{Bmatrix}6+1\\9+2\end{Bmatrix}=7$$

即由 C_2 至终点 E 的最短距离是 7,其路线是:

$$C_2{\rightarrow}D_1{\rightarrow}E$$

$$f_3(C_3)=\min\begin{Bmatrix}7+f_4(D_1)\\5+f_4(D_2)\end{Bmatrix}=\min\begin{Bmatrix}7+1\\5+2\end{Bmatrix}=7$$

即由 C_3 至终点 E 的最短距离是 7,其路线是:

$$C_3{\rightarrow}D_2{\rightarrow}E$$

$k=2$ 的情况:

$$f_2(B_1)=\min\begin{Bmatrix}1+f_3(C_1)\\5+f_3(C_2)\end{Bmatrix}=\min\begin{Bmatrix}1+4\\5+7\end{Bmatrix}=5$$

即由 B_1 至终点 E 的最短距离是 5,其路线是:

$$B_1{\rightarrow}C_1{\rightarrow}D_2{\rightarrow}E$$

$$f_2(B_2)=\min\begin{Bmatrix}8+f_3(C_1)\\4+f_3(C_2)\\6+f_3(C_3)\end{Bmatrix}=\min\begin{Bmatrix}8+4\\4+7\\6+7\end{Bmatrix}=11$$

即由 B_2 至终点 E 的最短距离是 11,其路线是:

$$B_2 \rightarrow C_2 \rightarrow D_1 \rightarrow E$$

$$f_2(B_3)=\min\begin{Bmatrix}4+f_3(C_1)\\4+f_3(C_2)\\2+f_3(C_3)\end{Bmatrix}=\min\begin{Bmatrix}4+4\\4+7\\2+7\end{Bmatrix}=8$$

即由 B_3 至终点 E 的最短距离是 8,其路线是:

$$B_3 \rightarrow C_1 \rightarrow D_2 \rightarrow E$$

$k=1$ 的情况:

$$f_1(A)=\min\begin{Bmatrix}3+f_2(B_1)\\5+f_2(B_2)\\4+f_2(B_3)\end{Bmatrix}=\min\begin{Bmatrix}3+5\\5+11\\4+8\end{Bmatrix}=8$$

即由 A 至终点 E 的最短距离是 8,其路线(最优路线)是:

$$A \rightarrow B_1 \rightarrow C_1 \rightarrow D_2 \rightarrow E$$

相应的最优策略为:

$$p_{1,4}(A)=\{u_1(A),\ u_2(B_1),\ u_3(C_1),\ u_4(D_2)\}$$

4.1.2　动态规划的基本方程

在例 4.1 的寻解过程中,我们反复使用了如下的递推关系式:

$$\begin{cases}f_k(x_k)=\min\limits_{u_k\in D_k(x_k)}\{d(x_k,u_k(x_k))+f_{k+1}(u_k(x_k))\}\\ \qquad\qquad (k=4,3,2,1)\\ f_5(x_5)=0\end{cases}$$

最后这个式子是由于 E 到 E 的距离为零而得来的。这样的递推关系可以用"最优化原则"来描述:

作为整个过程的最优策略具有这样的性质:即无论过去的状态和决策如何,对前面的决策所形成的状态而言,余下的诸决策必须构成最优策略。

这个最优化原理明确地告诉我们,作为全过程的最优策略,其后部子策略也必须是最优的。因此,我们在寻找最短路线问题的最优策略时,是从终点逐段向始点方向寻优的。另外,从基本方程可以看出,当第 k 阶段的决策 u_k 确定以后,它有两个方面的影响:一是直接影响第 k 阶段的距离 $d(x_k, u_k(x_k))$;二是影响后面第 $k+1$ 阶段的初始状态 x_{k+1},从而影响到后面由第 $k+1$ 阶段到终点的最短距离 $f_{k+1}(x_{k+1})$。而最终最优策略的选取正是统一考虑了这两方面的结果而确定的。因此,动态规划方法是既把当前一段和未来各段分开,又把当前效益和未来效益结合起来考虑的一种方法。为了讨论更一般的动态规划问题,我们将上述递推关系式写成更一般的形式:

$$\begin{cases} f_k(x_k) = \operatorname*{opt}_{u_k \in D_k(x_k)} \varphi_k[V_k(x_k, u_k), f_{k+1}(x_{k+1})] \\ \qquad\qquad (k = n, n-1, \cdots, 2, 1) \\ f_{n+1}(x_{n+1}) = 0 \text{ 或某个已知数值} \end{cases}$$

这个递推关系式称为动态规划基本方程。其中"opt"是最优化"optimization"的缩写,可根据题意而取 min 或 max。$V_k(x_k, u_k)$ 称为阶段指标函数,它是由状态 x_k 和决策变量 u_k 确定的。在不同的问题中,阶段指标函数的含义是不同的,它可能是距离、利润、成本、产品的产量或资源消耗等。$f_k(x_k)$ 则称为最优指标函数,它表示从第 k 阶段的 x_k 起到终点为止的最短距离、最大利润或最低成本等。φ_k 是将 k 阶段的指标与 $k+1$ 子过程的最优指标 $f_{k+1}(x_k)$ 聚合起来的运算,对每一个 k 来说,φ_k 可以取不同的运算,但在大多实际问题中,φ_k 一般是全取加法(如本章的例 4.1)或全取乘法。

在动态规划的基本方程中,由于状态转移的无后效性,所以

$$x_{k+1} = T_k(x_k, u_k)$$

上式被称为状态转移律或状态转移方程,其具体形式由具体问题而决定。基本方程中的递推关系式中 x_{k+1} 并不是新的自变量,只有 u_k 为自变量。

4.1.3 动态规划方法的一般步骤

在明确了动态规划的基本概念和基本思想之后,我们从最短路

线问题的求解过程中,可以归纳出动态规划方法的一般步骤如下:

（1）将实际问题的全过程根据时间或空间顺序恰当地划分成若干阶段,用 k 表示阶段变量。一个阶段表示需要作出一次决策的子问题,各子问题应具有同一模式。

（2）正确选择状态变量 x_k,使它既能描述过程的状态演变特征,又要满足无后效性。同时,还必须具有可知性,即规定的各阶段状态变量的值,由直接或间接都是可以知道的。

（3）确定决策变量 u_k、允许决策集合 $D_k(x_k)$ 和相邻两阶段的状态转移律:

$$x_{k+1} = T_k(x_k, u_k)$$

（4）根据题意写出阶段指标函数 $V_k(x_k, u_k)$ 以及最优指标函数 $f_k(x_k)$。

（5）根据最优化原理,写出动态规划基本方程如:

$$\begin{cases} f_k(x_k) = \underset{u_k \in D_k(x_k)}{opt} \{V_k(x_k, u_k) + f_{k+1}(x_{k+1})\} \\ \qquad\qquad (k = n, n-1, \cdots, 2, 1) \\ f_{n+1}(x_{n+1}) = 0 \text{ 或某个已知数值} \end{cases}$$

基本方程建立以后,剩下的就是求解问题了。但求解动态规划问题尚没有一种统一的处理方法,对于像如何定义状态、决策和阶段指标函数等,以及如何得到具体问题的基本方程表示式,在很大程度上需要分析者根据问题的各种性质,结合其他数学技巧来求解。

【例 4.2】　某运输公司有 500 辆卡车,在超负荷运输(即每天满载行驶 500 千米以上)的情况下,年利润为:

$$\theta_1 = 25q_1 (\text{万元})$$

其中,q_1 是投入超负荷运输的卡车数量。在低负荷运输(每天满载行驶 500 千米以下)的情况下,年利润为:

$$\theta_2 = 16q_2 (\text{万元})$$

其中,q_2 是投入低负荷运输的卡车数量。投入超负荷运输的卡车和投入低负荷运输的卡车的年损坏率分别为 30% 和 10%。现在该公司需制定一个 7 年运输计划,在每年年初应如何重新分配完好车辆在两种不同负荷下运输的卡车数量,使在 7 年内的总利润达到最高。

解: 首先我们将 7 年运输计划按年度划分为 7 个阶段,用 k 表示阶段变量,则 $k=1,2,3,4,5,6,7$。用状态变量 x_k 表示第 k 年度初完好卡车的数量,同时也是第$(k-1)$年末的完好卡车的数量。用决策变量 u_k 表示第 k 年初分配给超负荷运输的卡车数量,于是分配给低负荷运输的卡车数量为(x_k-u_k)。需要说明的是,我们在这里可以将 x_k 和 u_k 视为连续变量,它们的非整数值可以这样来理解:例如,$x_k=0.8$ 表示一辆卡车在第 k 年度中有 80% 的时间在正常运输;$u_k=0.25$表示一辆卡车在第 k 年中,只有四分之一的时间在超负荷运输。所以这是一个连续的动态规划问题。

然后我们用阶段指标函数 $V_k(x_k,u_k)$ 表示第 k 年度的利润,则

$$V_k(x_k,u_k)=25u_k+16(x_k-u_k)=16x_k+9u_k$$

用最优指标函数 $f_k(x_k)$ 表示由 x_k 起采用最优分配方案到第 7 年末这段期间的总利润。

考虑到第 k 年初的状态到第 $k+1$ 年初的状态转移律,即由第 k 年初的完好车辆数而决定的第 $k+1$ 年初的完好车辆数为:

$$x_{k+1}=(1-0.3)u_k+(1-0.1)(x_k-u_k)$$
$$=0.9x_k-0.2u_k \quad (k=1,2,\cdots,7)$$

我们可得下面基本方程:

$$\begin{cases} f_k(x_k)=\max_{u_k\in D_k(x_k)}\{16x_k+9u_k+f_{k+1}(0.9x_k-0.2u_k)\} \\ \quad\quad\quad\quad (k=7,6,\cdots,2,1) \\ f_8(x_8)=0 \end{cases}$$

下面从最后一段开始递推:

当 $k=7$ 时:

$$f_7(x_7)=\max_{0\leqslant u_7\leqslant x_7}\{16x_7+9u_7+f_8(0.9x_7-0.2u_7)\}$$
$$=\max_{0\leqslant u_7\leqslant x_7}\{16x_7+9u_7\}$$
$$=16x_7+9x_7=25x_7$$

相应的最优决策 $u_7^* = x_7$。

当 $k=6$ 时:

$$\begin{aligned} f_6(x_6) &= \max_{0 \leqslant u_6 \leqslant x_6} \{16x_6 + 9u_6 + f_7(0.9x_6 - 0.2u_6)\} \\ &= \max_{0 \leqslant u_6 \leqslant x_6} \{16x_6 + 9u_6 + 25(0.9x_6 - 0.2u_6)\} \\ &= \max_{0 \leqslant u_6 \leqslant x_6} \{38.5x_6 + 4u_6\} \\ &= 38.5x_6 + 4x_6 = 42.5x_6 \end{aligned}$$

相应的最优决策为 $u_6^* = x_6$。

当 $k=5$ 时:

$$\begin{aligned} f_5(x_5) &= \max_{0 \leqslant u_5 \leqslant x_5} \{16x_5 + 9u_5 + f_6(0.9x_5 - 0.2u_5)\} \\ &= \max_{0 \leqslant u_5 \leqslant x_5} \{16x_5 + 9u_5 + 42.5(0.9x_5 - 0.2u_5)\} \\ &= \max_{0 \leqslant u_5 \leqslant x_5} \{54.25x_5 + 0.5u_5\} \\ &= 54.75x_5 \end{aligned}$$

相应的最优决策为 $u_5^* = x_5$。

当 $k=4$ 时:

$$\begin{aligned} f_4(x_4) &= \max_{0 \leqslant u_4 \leqslant x_4} \{16x_4 + 9u_4 + f_5(0.9x_4 - 0.2u_4)\} \\ &= \max_{0 \leqslant u_4 \leqslant x_4} \{16x_4 + 9u_4 + 54.75(0.9x_4 - 0.2u_4)\} \\ &= \max_{0 \leqslant u_4 \leqslant x_4} \{65.275x_4 - 1.95u_4\} \\ &= 65.275x_4 \end{aligned}$$

相应的最优决策为 $u_4^* = 0$。

当 $k=3$ 时:

$$\begin{aligned} f_3(x_3) &= \max_{0 \leqslant u_3 \leqslant x_3} \{16x_3 + 9u_3 + f_4(0.9x_3 - 0.2u_3)\} \\ &= \max_{0 \leqslant u_3 \leqslant x_3} \{16x_3 + 9u_3 + 65.275(0.9x_3 - 0.2u_3)\} \\ &= \max_{0 \leqslant u_3 \leqslant x_3} \{74.7475x_3 - 4.055u_3\} \\ &= 74.7475x_3 \end{aligned}$$

相应的最优决策为 $u_3^* = 0$。

当 $k=2$ 时：

$$
\begin{aligned}
f_2(x_2) &= \max_{0 \leqslant u_2 \leqslant x_2} \{16x_2 + 9u_2 + f_3(0.9x_2 - 0.2u_2)\} \\
&= \max_{0 \leqslant u_2 \leqslant x_2} \{16x_2 + 9u_2 + 74.7475(0.9x_2 - 0.2u_2)\} \\
&= \max_{0 \leqslant u_2 \leqslant x_2} \{83.2728x_2 - 5.9495u_2\} \\
&= 83.2728x_2
\end{aligned}
$$

相应的最优决策为 $u_2^* = 0$。

当 $k=1$ 时：

$$
\begin{aligned}
f_1(x_1) &= \max_{0 \leqslant u_1 \leqslant x_1} \{16x_1 + 9u_1 + f_2(0.9x_1 - 0.2u_1)\} \\
&= \max_{0 \leqslant u_1 \leqslant x_1} \{16x_1 + 9u_1 + 83.2728(0.9x_1 - 0.2u_1)\} \\
&= \max_{0 \leqslant u_1 \leqslant x_1} \{90.9455x_1 - 7.6546u_1\} \\
&= 90.9455x_1
\end{aligned}
$$

相应的最优决策为 $u_1^* = 0$。

至此，可得该公司的最优策略为：

$$
\begin{aligned}
p_{1,7}^* &= \{u_1^*, u_2^*, u_3^*, u_4^*, u_5^*, u_6^*, u_7^*\} \\
&= \{0, 0, 0, 0, x_5, x_6, x_7\}
\end{aligned}
$$

相应的最大利润为：

$$
f_1(500) = 90.9455 \times 500 = 45472.75 (万元)
$$

这就是说，前 4 年应将年初的完好车辆全部投入低负荷运输，而后 3 年则应将年初的完好车辆全部投入超负荷运输，这样，7 年所得最大总利润为 45472.75 万元。

该公司的 7 年运输计划可由公式 $x_{k+1} = 0.9x_k - 0.2u_k (k=1, 2, \cdots, 7)$ 递推得到：

$$
x_1 = 500
$$

$$
x_2 = 0.9x_1 - 0.2u_1^* = 0.9x_1 = 450 (辆)
$$

$$
x_3 = 0.9x_2 - 0.2u_2^* = 0.9x_2 = 405 (辆)
$$

$$
x_4 = 0.9x_3 - 0.2u_3^* = 0.9x_3 = 364.5 (辆)
$$

$$
x_5 = 0.9x_4 - 0.2u_4^* = 0.9x_4 = 328.05 (辆)
$$

$$
x_6 = 0.9x_5 - 0.2u_5^* = 0.7x_5 = 229.64 (辆)
$$

$$x_7 = 0.9x_6 - 0.2u_6^* = 0.7x_6 = 160.75 \text{（辆）}$$
$$x_8 = 0.9x_7 - 0.2u_7^* = 0.7x_7 = 112.52 \text{（辆）}$$

4.2　动态规划应用举例

4.2.1　资源分配问题

所谓资源分配问题,就是将数量一定的资源(例如,原材料、资金、机器设备、劳动力、食品等)恰当地分配给若干个使用者,而使总的目标函数值为最优。

例如,设有某种资源,总量为 Q。现将资源分配给 n 个用户,若第 k 个用户利用资源量为 u_k 时,其收益为 $g_k(u_k)$,问应如何分配,才能使 n 种生产活动的总收益最大?

该问题的数学模型为:

$$\max Z = g_1(u_1) + g_2(u_2) + \cdots + g_n(u_n)$$

$$\begin{cases} u_1 + u_2 + \cdots + u_n \leqslant Q \\ u_i \geqslant 0 \qquad (i = 1, 2, \cdots, n) \end{cases}$$

这是一个静态规划模型,它通常与时间无关,而动态规划所研究的问题是与时间有关的。但是,这类静态问题,可以人为地引入时间因素,把它看作是按阶段进行的一个多阶段决策问题。

为此,把资源分配给一个用户作为一个阶段,则把问题分成 n 个阶段。

选择第 k 阶段初分配者手中拥有的资源总数为状态变量 x_k。

第 k 阶段时,总数为 x_k 的资源要分给用户 k 至用户 n,我们把其中分给用户 k 的资源数选为决策变量 u_k。

有了状态变量 x_k 和决策变量 u_k,即可写出状态转移方程如下:

$$x_{k+1} = x_k - u_k$$

用户 k 利用所分到的资源 u_k 产生的盈利选为阶段指标函数,即

$$V_k(x_k, u_k) = g_k(u_k)$$

根据最优化原理可得动态规划的基本方程:

$$
\begin{cases}
f_k(x_k) = \max_{0 \leqslant u_k \leqslant x_k} \{V_k(x_k, u_k) + f_{k+1}(x_{k+1})\} \\
\qquad = \max_{0 \leqslant u_k \leqslant x_k} \{g_k(u_k) + f_{k+1}(x_{k+1})\} \\
\qquad\qquad (k = n, n-1, \cdots, 2, 1) \\
f_{n+1}(x_{n+1}) = 0
\end{cases}
$$

其中,最优值函数 $f_k(x_k)$ 为将资源 x_k 分配给用户 k 至用户 n 所能获得的最大盈利。

【例 4.3】 某公司有四台某种设备,拟分给下属工厂 1、工厂 2、工厂 3,各工厂利用这设备为公司提供的盈利 $g_k(u_k)$ 各不相同,见表 4.1。

问:应如何分配这四台设备,使公司所获总盈利最大?

解: 该问题可作为一个三阶段决策过程,对工厂 1,2,3 分配设备分别形成 1,2,3 三个阶段。

设状态变量 x_k 为第 k 阶段初公司拥有的设备总数。由题意知,$x_1 = 4, x_4 = 0$。

表 4.1

设备台数	盈利(万元)		
	工厂 1	工厂 2	工厂 3
0	0	0	0
1	4	2	3
2	6	5	5
3	7	6	7
4	7	8	8

第 k 阶段时,总数为 x_k 的设备要分给工厂 k 至工厂 n,把其中分给工厂 k 的设备数选为 u_k,则有:

$$x_{k+1} = x_k - u_k$$

动态规划的基本方程为:

$$
\begin{cases}
f_k(x_k) = \max_{0 \leqslant u_k \leqslant x_k} \{g_k(u_k) + f_{k+1}(x_{k+1})\} \\
\qquad\qquad (k = 3, 2, 1) \\
f_4(x_4) = 0
\end{cases}
$$

下面从第三段开始计算。

当 $k = 3$ 时,首先要按照穷举法的思路,确定状态变量 x_3 的全部可能取值和相应的决策变量 u_3 的取值范围。这里有:

$$x_3 = 0, 1, 2, 3, 4$$

以及

$$当\ x_3=0\ 时,u_3=0$$
$$当\ x_3=1\ 时,u_3=1$$
$$当\ x_3=2\ 时,u_3=2$$
$$当\ x_3=3\ 时,u_3=3$$
$$当\ x_3=4\ 时,u_3=4$$

这时,基本方程为:

$$f_3(x_3)=\max_{0\leqslant u_3\leqslant x_3}\{g_k(u_k)+f_4(x_4)\}=\max_{0\leqslant u_3\leqslant x_3}\{g_k(u_k)\}$$

计算结果列于表 4.2 中。

表 4.2

x_k	u_k	x_{k+1}	$g_k(u_k)$	$f_{k+1}(x_{k+1})$	$f_k(x_k)$
0	0	0	0	0	0
1	1	0	3	0	3
2	2	0	5	0	5
3	3	0	7	0	7
4	4	0	8	0	8

当 $k=2$ 时,状态变量 x_2 的取值为:

$$x_2=0,1,2,3,4$$

决策变量 u_2 的取值为:

$$当\ x_2=0\ 时,u_2=0$$
$$当\ x_2=1\ 时,u_2=0,1$$
$$当\ x_2=2\ 时,u_2=0,1,2$$
$$当\ x_2=3\ 时,u_2=0,1,2,3$$
$$当\ x_2=4\ 时,u_2=0,1,2,3,4$$

基本方程

$$f_2(x_2)=\max_{0\leqslant u_2\leqslant x_2}\{g_2(u_2)+f_3(x_3)\}$$

计算结果列于表 4.3。

当 $k=1$ 时,x_1 的取值为 $x_1=4$,u_1 的取值为 $u_1=0,1,2,3,4$。
基本方程为:

$$f_1(x_1)=\max_{0\leqslant u_1\leqslant 4}\{g_1(u_1)+f_2(x_2)\}$$

计算结果列于表 4.4。

由表 4.4 可知,第 1 阶段的最优决策为 $u_1^* = 1$,第 2 阶段初的最优状态为 $x_2^* = 3$。

由表 4.3 可知,对应于 $x_2^* = 3$,第 2 阶段的最优决策为 $u_2^* = 2$,第 3 阶段初的最优状态为 $x_3^* = 1$。

表 4.3

x_k	u_k	x_{k+1}	$g_k(u_k)$	$f_{k+1}(x_{k+1})$	$f_k(x_k)$
0	0	0	0	0	$0 = f_2(0)$
1	0	1	0	3	$3 = f_2(1)$
	1	0	2	0	0
2	0	2	0	5	5
	1	1	2	3	$5 = f_2(2)$
	2	0	5	0	5
3	0	3	0	7	7
	1	2	2	5	7
	2	1	5	3	$8 = f_2(3)$
	3	0	6	0	6
4	0	4	0	8	8
	1	3	2	7	9
	2	2	5	5	$10 = f_2(4)$
	3	1	6	3	9
	4	0	8	0	8

表 4.4

x_k	u_k	x_{k+1}	$g_k(u_k)$	$f_{k+1}(x_{k+1})$	$f_k(x_k)$
4	0	4	0	10	10
	1	3	4	8	$12 = f_1(4)$
	2	2	6	5	11
	3	1	7	3	10
	4	0	7	0	7

由表 4.2 可知,对应于 $x_3^* = 1$,第 3 阶段的最优决策 $u_1^* = 1$,这样,四台设备刚好分配完。

这样,该公司的最优策略为:

$$p_{1,3}^* = \{u_1^*, u_2^*, u_3^*\} = \{1, 2, 1\}$$

这就是说,这四台设备的最优分配方案是:分配给工厂 1 设备 1 台,可盈利 4;分配给工厂 2 设备 2 台,可盈利 5;分配给工厂 3 设备 1台,可盈利 3。四台设备为公司提供的最大盈利为 12。

4.2.2　设备更新问题

在工业和交通运输企业中,经常碰到设备陈旧或部分损坏需要更新的问题。一般说来,一台设备使用时间越长,收益越大。但随着使用时间的延长,设备越来越陈旧,它所需要的维修费用增加,而且设备使用年限越久,处置价格越低,更新费用也会增加。如果在生产中设备经常发生故障,还会严重影响生产任务的完成。因此,处于某个阶段的各种设备,总要面临着这样的决策:是更新还是继续使用。但是,某个阶段的设备是更新还是继续使用,不应只从该阶段的收益效果来看,而应该从整个计划期间的总的收益效果来考虑。设备更新问题是一个多阶段决策过程,可以利用动态规划方法来求解,在每个阶段都要作出是保留还是更新的选择。

若已知:

$I(t)$ 为已使用 t 年的设备继续使用一个周期(年或月、日、小时)所得的收益,它是时间 t 的减函数。

$Q(t)$ 为已使用 t 年的设备继续使用一个周期所需的维修费用,它是时间 t 的增函数。

$C(t)$ 为更新一台已使用了 t 年的设备所需要的净费用,它是 t 的增函数。

该问题的动态规划模型构造如下:

对于一台已使用了 t 年的设备,需要决策的是两种可能:更新或继续使用,下面用 R 表示更新,K 表示保留。

如果将使用了 t 年的旧设备,再继续使用一年,则在这一年内所得的回收额为:

$$g^{(k)}(t) = I(t) - Q(t)$$

如果将使用了 t 年的旧设备更换后买进一台新设备,则在这一年所得的回收额是：

$$g^{(k)}(t)=I(0)-Q(0)-C(t)$$

　　用最优指标函数 $f(t)$ 表示一台已使用了 t 年的旧设备，从某年开始直到规定的 N 年为止这 n 年内的最大总回收额。而 $f(0)$ 则表示一台新设备从某年开始直到 N 年为止这段期间的最大总回收额。

　　这样，对于一台使用了 t 年的设备，从某年开始直到规定的 N 年为止这段期间内可以有两种处理方式：一是更新这台旧设备，这时到 N 年为止这段期间内的总回收额是：

$$g^{(k)}(t)+f(1)=I(0)-Q(0)-C(t)+f(1)$$

二是继续使用这台旧设备，到规定的 N 年为止这段期间内的总回收额是：

$$g^{(k)}(t)+f(t+1)=I(t)-Q(t)+f(t+1)$$

显然，我们应该采用这二者中总回收额较高的一种处理方式。于是得 $f(t)$ 的基本关系式为：

$$f(t)=\max\begin{Bmatrix} g^{(k)}(t)+f(1) \\ g^{(k)}(t)+f(t+1) \end{Bmatrix}$$
$$=\max\begin{Bmatrix} I(0)-Q(0)-C(t)+f(1) \\ I(t)-Q(t)+f(t+1) \end{Bmatrix}$$

　　为了能得到递推公式，我们以年作为时段，用 $f_j(t)$ 表示已经使用了 t 年的设备在第 j 年又继续使用，直到 N 年为止这 n 年内的最佳总收益，其中 $j=1,2,\cdots,N$。由此可得递推关系式为：

$$f_j(t)=\max\begin{Bmatrix} I_j(0)-Q_j(0)-C_j(t)+f_{j+1}(1) \\ I_j(t)-Q_j(t)+f_{j+1}(t+1) \end{Bmatrix}$$
$$(j=N,N-1,\cdots,2,1) \qquad f_{N+1}(t)=0$$

　　具体运算时，从最后一年（即第 N 年）向前递推，即先求出 $f_N(t)$，再依次求出 $f_{N-1}(t)$，$f_{N-2}(t)$，…直至 $f_1(t)$，这里的 $f_1(t)$ 就是已使用了 t 年的旧设备按最优策略继续使用从第一年到第 N 年的总回收额。

【**例 4.4**】 某工厂有一台设备,到 2014 年初已使用了 2 年。机龄从 2 年到 6 年各年使用情况见表 4.5。试确定从 2014 年至 2018 年这 5 年内的最佳更新策略,在这 5 年中,每年一台设备的各项数据见表 4.6。

表 4.5

机龄(年)	2	3	4	5	6
收入(千元)	16	14	14	12	12
维修费(千元)	6	6	7	7	8
更新费用(千元)	30	32	34	34	36

表 4.6

机 龄		收入(千元)	维修费用(千元)	更新费用(千元)
2014	0	20	4	25
	1	19	4	27
	2	18	6	30
	3	16	6	32
	4	14	6	35
2015	0	25	3	27
	1	23	4	29
	2	22	6	32
	3	20	7	34
2016	0	27	3	29
	1	24	3	30
	2	22	4	31
2017	0	28	2	30
	1	26	3	31
2018	0	30	2	32

解: 将 2014 年至 2018 年依次编号为 1,2,3,4,5。这里 $N=5$,$j=1,2,3,4,5$,而机龄 $t=2,3,4,5,6$。

当 $j=5$ 时

$$f_5(t)=\max\left\{\begin{array}{l} I_5(0)-Q_5(0)-C_5(t)+f_6(1) \\ I_5(t)-Q_5(t)+f_6(t+1) \end{array}\right\}$$

由于到第 5 年开始时设备役龄的可能情况为 1,2,3,4,6 年,所以应分别计算。

$$f_5(1)=\max\left\{\begin{array}{l} 30-2-31+0 \\ 26-3+0 \end{array}\right\}=23$$

由此可知,已使用了一年的设备,在第 5 年开始时应选择继续使用,记为 $x_5(1)=K$。

$$f_5(2)=\max\begin{Bmatrix}30-2-31+0\\22-4+0\end{Bmatrix}=18$$

所以,$x_5(2)=K$。

$$f_5(3)=\max\begin{Bmatrix}30-2-34+0\\20-7+0\end{Bmatrix}=13$$

所以,$x_5(3)=K$。

$$f_5(4)=\max\begin{Bmatrix}30-2-35+0\\14-8+0\end{Bmatrix}=6$$

所以,$x_5(4)=K$。

$$f_5(6)=\max\begin{Bmatrix}30-2-36+0\\12-8+0\end{Bmatrix}=4$$

所以,$x_5(6)=K$。

当 $j=4$ 时:

$$f_4(t)=\max\begin{Bmatrix}I_4(0)-Q_4(0)-C_4(t)+f_5(1)\\I_4(t)-Q_4(t)+f_5(t+1)\end{Bmatrix}$$

这时,设备已使用了 $1,2,3$ 或 5 年。于是分别计算:

$$f_4(1)=\max\begin{Bmatrix}28-2-30+23\\24-3+18\end{Bmatrix}=39$$

所以,$x_4(1)=K$。

$$f_4(2)=\max\begin{Bmatrix}28-2-32+23\\22-6+13\end{Bmatrix}=29$$

所以,$x_4(2)=K$。

$$f_4(3)=\max\begin{Bmatrix}28-2-32+23\\16-6+6\end{Bmatrix}=17$$

所以,$x_4(3)=R$。

$$f_4(5)=\max\begin{Bmatrix}28-2-34+23\\12-7+4\end{Bmatrix}=15$$

所以,$x_4(5)=R$。

当 $j=3$ 时:

$$f_3(t)=\max\begin{Bmatrix}I_3(0)-Q_3(0)-C_3(t)+f_4(1)\\I_3(t)-Q_3(t)+f_4(t+1)\end{Bmatrix}$$

这时设备已使用了 1,2 或 4 年。于是分别计算：

$$f_3(1) = \max \left\{ \begin{matrix} 27-3-29+39 \\ 23-4+29 \end{matrix} \right\} = 48$$

所以，$x_3(1) = K$。

$$f_3(2) = \max \left\{ \begin{matrix} 27-3-30+39 \\ 18-6+17 \end{matrix} \right\} = 33$$

所以，$x_3(2) = R$。

$$f_3(4) = \max \left\{ \begin{matrix} 27-3-34+39 \\ 14-7+15 \end{matrix} \right\} = 29$$

所以，$x_3(4) = R$。

当 $j=2$ 时：

$$f_2(t) = \max \left\{ \begin{matrix} I_2(0)-Q_2(0)-C_2(t)+f_3(1) \\ I_2(t)-Q_2(t)+f_3(t+1) \end{matrix} \right\}$$

这时设备已使用了 1 或 3 年。于是分别计算：

$$f_2(1) = \max \left\{ \begin{matrix} 25-3-27+48 \\ 19-4+33 \end{matrix} \right\} = 48$$

所以，$x_2(1) = K$。

$$f_2(3) = \max \left\{ \begin{matrix} 25-3-32+48 \\ 14-6+29 \end{matrix} \right\} = 38$$

所以，$x_2(3) = R$。

当 $j=1$ 时：

$$f_1(t) = \max \left\{ \begin{matrix} I_1(0)-Q_1(0)-C_1(t)+f_2(1) \\ I_1(t)-Q_1(t)+f_2(t+1) \end{matrix} \right\}$$

这时只需计算：

$$f_1(2) = \max \left\{ \begin{matrix} 20-4-30+48 \\ 16-6+38 \end{matrix} \right\} = 48$$

所以，$x_1(2) = K$。

根据以上计算结果，由 $f_1(2) = 48$ 知 $x_1(2) = K$，即第 1 年的决策应该是保留使用这台设备。当进入第 2 年时，机龄为 3，于是由 $f_2(3) = 38$ 知 $x_2(3) = R$，即第 2 年的决策应更换新的设备。进入第 3 年时，机龄为 1，于是由 $f_3(1) = 48$ 知 $x_3(1) = K$，即第 3 年应继续使用这台设备。当进入第 4 年时，机龄为 2，于是由 $f_4(2)=29$ 知 $x_4(2)=K$，即继续使用这台设备。最后进入第 5 年时，机龄为 3，于是由 $f_5(3)=13$ 知 $x_5(3)=K$，即继续使用这台设备。这样便得最佳更新策略如表 4.7，最佳收益为 $f_1(2)=48$。

表 4.7

年	机龄	最佳策略
2014	2	K
2015	3	R
2016	1	K
2017	2	K
2018	3	K

4.2.3 背包问题

背包问题也是动态规划的典型问题之一。假设有一个徒步旅行者，有 n 种物品供他选择后装入背包中。设这 n 种物品编号为 $1,2,\cdots,j,\cdots,n$，并已知一件第 j 种物品的重量为 a_j 千克，这一件物品对他的使用价值为 c_j。又知这位旅行者本身所能承受的总重量不能超过 a 千克。问该旅行者如何选择这 n 种物品的件数，对他来说使用价值最大。这就是著名的背包问题，类似的问题有货物运输中的最优载货问题、工厂里的下料问题、银行资金的最佳信贷问题等等。

设 x_j 为旅行者选择第 j 种物品的件数，$j=1,2,\cdots,n$，则背包问题的数学模型为：

$$\max Z=\sum_{i=1}^{n}c_jx_j$$

$$\begin{cases}\sum_{j=1}^{n}a_jx_j\leqslant a\\ x_j\geqslant0,\text{且为整数}(j=1,2,\cdots,n)\end{cases}$$

对于这样的整数线性规划问题，当然可以用分枝定界法、割平面法等方法去求解。但由于这一模型的特殊结构，我们可以把这个本来是静态规划的问题，通过引进时间因素，分成阶段，用动态规划方法求解。为此：

用状态变量 x 表示背包中装进第 k 种至第 n 种物品的总重量。

用决策变量 u_k 表示背包中装进第 k 种物品的重量，则有 $u_k=a_kx_k$。而背包中装进第 $k+1$ 种至第 n 种物品的总重量为 $x-u_k=x-a_kx_k$。

用 $f_k(x)$ 表示背包总重量为 x 千克的第 k 种至第 n 种商品所得的最大使用价值。则根据最优化原理,得递推方程为:

$$\begin{cases} f_k(x) = \max\limits_{\sum\limits_{j=k}^{n} a_j x_j \leqslant x} \sum\limits_{j=k}^{n} c_j x_j \\ \qquad = \max\limits_{0 \leqslant x_k \leqslant [\frac{x}{a_k}]} \{c_k x_k + f_{k+1}(x - a_k x_k)\} \\ \qquad\qquad (k = n-1, n-2, \cdots, 2, 1) \\ f_n(x) = \max\limits_{0 \leqslant x_n \leqslant [\frac{x}{a_n}]} c_n x_n \end{cases}$$

其中,$[x]$ 表示不大于 x 的最大整数。

这类问题的一般数学模型是:

$$\begin{cases} f_k(x) = \max\limits_{0 \leqslant x_k \leqslant [\lambda_k]} \{g_k(x_k) + f_{k+1}(x - h_k(x_k))\} \\ \qquad\qquad (k = n-1, n-2, \cdots, 2, 1) \\ f_n(x) = \max\limits_{0 \leqslant x_n \leqslant [\lambda_n]} g_n(x_n) \end{cases}$$

其中,$g_k(x_k)$ 是阶段指标函数,λ_k 是方程

$$x - h_k(x_k) = 0$$

的根。这个一般模型所描述的具体问题就是一般的数学规划问题:

$$\max Z = \sum_{j=1}^{n} g_j(x_j)$$

$$\begin{cases} \sum\limits_{j=1}^{n} h_j(x_j) \leqslant a \\ x_j \geqslant 0, \text{且为整数}(j = 1, 2, \cdots, n) \end{cases}$$

显然,当 $g_j(x_j) = c_j x_j$,$h_j(x_j) = a_j x_j$ 时就是背包问题。

【例 4.5】 解背包问题:

$$\max Z = 8x_1 + 5x_2 + 12x_3$$

$$\begin{cases} 2x_1 + 2x_2 + 5x_3 \leqslant 5 \\ x_1, x_2, x_3 \geqslant 0, \text{且为整数} \end{cases}$$

解: 令 $c_1 = 8, c_2 = 5, c_3 = 12, a_1 = 2, a_2 = 2, a_3 = 5$,则此背包问题的递推方程为:

$$\begin{cases} f_k(x) = \max_{0 \le x_k \le [\frac{x}{a_k}]} \{c_k x_k + f_{k+1}(x - a_k x_k)\} \\ \qquad\qquad (k=2,1) \\ f_3(x) = \max_{0 \le x_3 \le [\frac{x}{a_3}]} c_3 x_3 \end{cases}$$

我们的问题是要求 $f_1(5)$，为此先计算

$$f_3(x) = \max_{0 \le x_3 \le [\frac{x}{5}]} 12 x_3$$

其中，x 的取值为 $x=0,1,2,3,4,5$。

当 $x=0$ 时，$x_3=0$，$f_3(0)=0$，则最优决策为 $x_3^*(0)=0$。

当 $x=1$ 时，$x_3=0$，$f_3(1)=0$，则 $x_3^*(1)=0$。

当 $x=2$ 时，$x_3=0$，$f_3(2)=0$，则 $x_3^*(2)=0$。

当 $x=3$ 时，$x_3=0$，$f_3(3)=0$，则 $x_3^*(3)=0$。

当 $x=4$ 时，$x_3=0$，$f_3(4)=0$，则 $x_3^*(4)=0$。

当 $x=5$ 时，$x_3=0、1$，$f_3(5)=12$，则 $x_3^*(5)=1$。

当 $k=2$ 时，

$$f_2(x) = \max_{0 \le x_2 \le [\frac{x}{2}]} \{5x_2 + f_3(x - 2x_2)\}$$

当 $x=0$ 时，$x_2=0$，$f_2(0)=0$ 则 $x_2^*(0)=0$

当 $x=1$ 时，$x_2=0$，$f_2(1)=0$ 则 $x_2^*(1)=0$

当 $x=2$ 时，$x_2=0、1$，$f_2(2)=5$ 则 $x_2^*(2)=1$

当 $x=3$ 时，$x_2=0、1$，$f_2(3)=5$ 则 $x_2^*(3)=1$

当 $x=4$ 时，$x_2=0、1、2$，$f_2(4)=10$ 则 $x_2^*(4)=2$

当 $x=5$ 时，$x_2=0、1、2$，$f_2(5)=12$ 则 $x_2^*(5)=0$

当 $k=1$ 时，只有 $x=5$ 一种情况，即

$$f_1(5) = \max_{x_1=0,1,2} \{8x_1 + f_2(5 - 2x_1)\}$$

$$= \max \begin{cases} 0 + f_2(5) \\ 8 + f_2(3) \\ 16 + f_2(1) \end{cases} = \max \begin{cases} 0+12 \\ 8+5 \\ 16+0 \end{cases} = 16$$

则 $x_1^*(5)=2$。

由 $x_1^*(5)=2$，$f_2(5-2x_1^*)=f_2(1)$，知 $x_2^*(1)=0$。最后由 f_3

$(5-2x_1^*-2x_2^*)=f_3(1)$,知 $x_3^*(1)=0$,所以,最优策略为 $\{x_1^*,$
$x_2^*,x_3^*\}=\{2,0,0\}$,即背包中仅放两件第 1 种物品,旅行者所得到
的使用价值最多,可达 $f_1(5)=16$。

本章资源分配问题和背包问题的计算可以使用网上训练系
统。网址:http://fos.ujs.edu.cn/web

习 题

1. 设某单位自国外引进一套设备,由制造厂家至出口港有三
个港口可供选择,而进口港又有三个可供选择,进口后可以经两个
城市到达目的地,其间的运输成本如图 4.2 中各线段旁数字所示,
试求运费最低的路线。

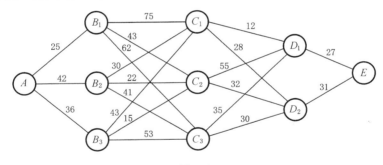

图 4.2

2. 试用动态规划方法求出从 P 点到 J,K,L 三点的最短路线
和最短距离。已知各段路线的长度如图 4.3 所示。

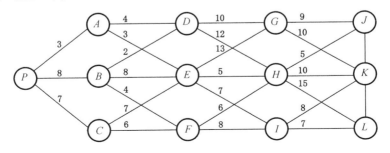

图 4.3

3. 某公司有资金 800 万元向 A,B,C 三个项目追加投资,各项

表 4.8 单位:万元

投资方式	0	1	2	3	4
项 A	76	82	96	120	132
目 B	80	84	100	120	132
C	76	128	136	156	152

目可以有不同的投资额,相应的效益值如表 4.8,问应如何分配资金,才能使总效益值最大?

4. 设某种机器可以在高低两种不同负荷下生产,若机器在高负荷下生产,则产品年产量 S_1 和投入生产的机器数量 u_1 的关系为 $s_1=8u_1$,机器年折损率 $\alpha=0.7$;若机器在低负荷下生产,其产量函数为 $s_2=5u_2$,年折损率 $\beta=0.9$。设开始生产时有完好机器 1000 台,要求制定一个四年计划,每年年初分配完好机器在不同负荷下工作,使四年产品总产量达到最高。

5. 某公司有 4 名营业员要分配到 3 个销售点去,如果 m 个营业员分配到第 n 个销售点时,每月所得利润如表 4.9 所示,试问:该公司应该如何分配这四位营业员,从而使其所获利润最大?

表 4.9 单位:千元/月

n(点)	m(人)				
	0	1	2	3	4
1	0	16	25	30	32
2	0	12	17	21	22
3	0	10	14	16	17

6. 求解背包问题:

(1) $\max Z = 4x_1 + 6x_2 + 3x_3$

$$\begin{cases} 5x_1 + 8x_2 + 4x_3 \leqslant 12 \\ x_1, x_2, x_3 \geqslant 0, 且为整数 \end{cases}$$

(2) $\max Z = 3x_1 + x_2 + 6x_3 + 2x_4$

$$\begin{cases} 2x_1 + x_2 + 5x_3 + 7x_4 \leqslant 15 \\ x_i \geqslant 0, 且为整数, i=1,2,3,4 \end{cases}$$

表 4.10

种 类	1	2	3
重量(吨)	2	3	4
利润(元)	80	130	180

7. 某工厂生产三种产品,各产品重量与利润关系如表 4.10 所示,现将此三种产品运往市场出售,运输能力总重量不超过 6 吨。问如何

安排运输使总利润最大。

8. 现有一台设备,其使用年限为 10 年,役龄为 t 时设备的使用收益与使用维修费用如表 4.11 所示。若设备的处理价格为 0,且与役年龄无关,新设备的购价为 8 万元,试求役龄为 7 的设备的10 年最优更新策略。

表 4.11　　　　　　　　　　　　　　　单位:万元

t(年)	0	1	2	3	4	5	6	7	8	9	10
收益	24	24	24	23	23	22	21	21	21	20	20
维修费用	13	14	15	15	17	17	17	18	19	19	19

9. 有一台彩色复印机 2014 年开始时已使用了 2～5 年,各年使用情况见表 4.12。现在要求确定今后 4 年(2014～2017 年)内的最佳更新策略,这 4 年的各项数据见表 4.13。

表 4.12

机龄(年)	2	3	4	5
收入(元)	12	11	10	8
维修费用(元)	4	4	5	6
更新费用(元)	20	22	24	27

表 4.13

机 龄		收入(元)	维修费用(元)	更新费用(元)
2014	0	15	3	18
	1	15	3	20
	2	13	4	23
	3	11	5	25
2015	0	18	2	20
	1	16	3	22
	2	15	4	25
2016	0	20	2	21
	1	22	3	23
2017	0	22	2	24

第 5 章　图与网络分析

5.1　图的基本概念

　　在现实世界中,存在着许多事物,有些事物之间有着一定的联系,而反映这些事物就可以在纸上用点来表达,事物之间的联系可以用线来表达,这种表达形式就是图,例如,公路或铁路交通图,电话线分布图,煤气管道图,通讯联络图,分子、原子结构图,电路图等。运筹学对所有可能出现的图进行了高度抽象概括,用点表示研究的对象,用边表示对象之间的某种联系。因此图是由点集和边集组成的集合对,以后均用 $G=(V,E)$ 表示无向图,式中 G 即是图,V 为该图的点集,E 为该图的无向边集。而用 $D=(V,A)$ 表示有向图,式中 A 为有向边组成的集合,有向边即带箭头的边。

　　无向图中的无向边,表示它所联结的对象之间的联系具有对称性,例如,甲和乙是亲戚,那么乙和甲也是亲戚;甲药品不能和乙药品放在一起,那么乙药品也不能和甲药品放在一起。无向图中的边用方括号表示,如上例表示为[甲,乙]。

　　有向图中的有向边,反映的关系没有对称性,如甲认识乙,但乙不一定认识甲,这时就可以用从甲指向乙的箭线来表示,这箭线即为有向边,以后简称为弧,弧的记号用圆括号,如上例表示为(甲,乙)。类似的例子还有:甲胜了乙而非平局,交通网络中的单行线等。

　　下面再介绍一些常用的名词和记号,先考虑无向图 $G=(V,E)$。

5.1.1　端点、关联边、相邻

　　对于边 $e=[u,v]\in E,u,v\in V$,则称 u,v 均是边 e 的端点;而 e

为 u 或 v 的关联边；u,v 有同一条关联边，故称 u,v 是相邻的。

如图 5.1 中的(a)图，边 $[v_2,v_3]$ 的端点为 v_2,v_3，而且这两点是相邻的。

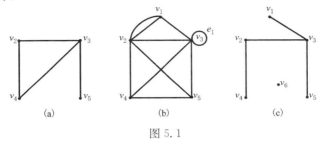

图 5.1

5.1.2　环、多重边、简单图

对于边 $e=[u,v]$，若 $u=v$，即两个端点相重合，则称 e 为环；若两个点之间的边多于一条，则称该图具有多重边；无环无多重边的图称为简单图。

如图 5.1 中的(b)图，$[v_1,v_2]$ 有一个二重边，$e_1=[v_3,v_3]$ 为一环。除"中国邮递员问题"外，本书讨论的都是简单图。

5.1.3　次、奇点、偶点、孤立点、悬挂点、悬挂边

与某一点 v 关联的边的数目称为该点的次，记为 $d(v)$。若 $d(v)$ 为奇数，则称 v 为奇点。若 $d(v)$ 为偶数，则称 v 为偶点。若 $d(v)=0$，则称 v 为孤立点。次为 1 的点称为悬挂点。与悬挂点关联的边称为悬挂边。

如图 5.1 中的(c)图，点 v_2 的次为 2，因此为偶点。点 v_3 的次为 3，因此为奇点。点 v_4,v_5,v_1 的次均为 1，因此均为悬挂点。边 $[v_1,v_3]$ 为其中一条悬挂边。v_6 不与其他五点中的任一个连边，因此 v_6 为孤立点。

5.1.4　链、圈、连通图

一个点边交替的序列 $(v_{i_0},e_{i_1},\cdots,v_{i_{k-1}},e_{i_k},v_{i_k})$，如果满足 $e_{i_t}=$

$[v_{i_{t-1}}, v_{i_t}]$,$(t=1,2,\cdots,k)$,且 v_{i_0},v_{i_1},$\cdots$,v_{i_k} 互不相同,则称该序列为联结 v_{i_0} 和 v_{i_k} 的链;对起点与终点相重合的链称为圈;若一个图中,任意两点之间都至少存在一条链,则称该图为连通图。

链与圈的简写法,是只把各边的端点写在序列中,省去边的书写。如图 5.1 中的三个图都是连通图,其中(b)图中的 $\{v_2, v_3, v_5, v_4\}$ 为其中一条链,$\{v_2, v_3, v_5, v_4, v_2\}$ 为一个圈。

5.1.5 完全图、偶图

一个简单图中若任意两点之间均有边相连,称这样的图为完全图。显然 n 个顶点的完全图,其边数为 $C_n^2 = \dfrac{n}{2}(n-1)$ 条。如果一个图的顶点能分成两个互不相交的非空集合 V_1 和 V_2,使在点集 V_1 中任意两个顶点均不相邻,V_2 也如此,则这样的图称为偶图(也称二分图)。如果偶图中 V_1 和 V_2 之间的每一对顶点都有一条边相连,则称该图为完全偶图。显然完全偶图中若 V_1 和 V_2 分别有 m 和 n 个顶点,则共有 $m \cdot n$ 条边,其中每一条边的两个端点分别在 V_1 和 V_2 中。

5.1.6 子图、部分图

给定两个图:$G_1 = (V_1, E_1)$,$G_2 = (V_2, E_2)$。若 $V_1 \subseteq V_2$ 且 $E_1 \subseteq E_2$,则称 G_1 是 G_2 的子图;若 $V_1 = V_2$,$E_1 \subseteq E_2$,则称 G_1 是 G_2 的部分图。如图 5.1 中,(a) 图是 (b) 图的子图,但不是 (b) 的部分图,而 (c) 图去掉 v_6 后是 (b) 图的部分图,部分图一定是子图。

关于图中点的次和边数有如下关系:

定理 1 图 $G = (V,E)$ 中,所有点的次之和是边数的两倍,即

$$\sum_{v \in V} d(v) = 2q(G)$$

式中,$q(G)$ 是 G 中边的个数。

事实上,在计算点的次时,每条边被它的两端点各统计了一次。

定理 2 任一个图中,奇点的个数为偶数。

证明 设 V_1 和 V_2 分别是 G 中奇点和偶点的集合,由定理 1,有

$$\sum_{v \in V_1} d(v) + \sum_{v \in V_2} d(v) = \sum_{v \in V} d(v) = 2q(G)$$

又因为 $\sum\limits_{v\in V_2} d(v)$ 是偶数,故 $\sum\limits_{v\in V_1} d(v)=2q(G)-\sum\limits_{v\in V_2} d(v)$ 也是偶数,而 $\sum\limits_{v\in V_1} d(v)$ 中每一项都是奇数,故总项数一定是偶数,即奇点的个数是偶数。

下面再给出有向图的一些概念。

5.1.7　基础图

对有向图 $D=(V,A)$,去掉 A 中所有弧的箭头之后得到的无向图称为该有向图的基础图。

5.1.8　始点、终点

若 $a=(u,v)\in A$,则称 u 为 a 的始点,v 为 a 的终点,且称弧 a 是从 u 指向 v 的。

5.1.9　路、回路

对点弧交替的序列 $(v_{i0},\ a_{i1},v_{i1},\cdots,v_{ik-1},a_{ik},v_{ik})$,若 $a_{it}=(v_{it-1},v_{it})(t=1,2,\cdots,k)$,且 $v_{i0},v_{i1},\cdots,v_{ik}$ 互不相同,则称该序列为从 v_{i1} 到 v_{ik} 的一条路;若路的始点和终点相同,则称该路为回路。

用图的方法往往能帮助我们解决一些用其他方法难于解决的问题。

【例 5.1】　有甲、乙、丙、丁、戊、己六名运动员报名参加 A,B,C,D,E,F 六个项目的比赛。表 5.1 中打"*"的是各运动员报名参加比赛的项目。问六个项目的比赛顺序应如何安排,才能做到每名运动员不连续地参加两项比赛。

表 5.1

	A	B	C	D	E	F
甲				*		*
乙	*	*		*		
丙			*		*	
丁	*				*	
戊		*			*	
己		*		*		

解：　把比赛项目作为研究对象,用点来表示。如果两个项目无同一名运动员参加,则它们在比赛顺序上可紧排在一起,相应的在这两上项目之间连一条边,这样便得到图 5.2。

根据题述要求,只需在图 5.2 中找出一条包含全部顶点的链即可。这样的链共有 12 条,可按其中任一条来安排比赛顺序。

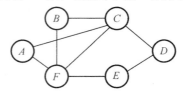

图 5.2

$A—F—E—D—C—B$, $B—C—D—E—F—A$,
$A—F—B—C—D—E$, $E—D—C—B—F—A$,
$A—C—B—F—E—D$, $D—E—F—B—C—A$,
$A—C—D—E—F—B$, $B—F—E—D—C—A$,
$B—C—A—F—E—D$, $D—E—F—A—C—B$,
$B—F—A—C—D—E$, $E—D—C—A—F—B$。

目前,图论已广泛应用于物理、化学、控制论、信息论、电子计算机和科学管理等各领域。本章主要讨论图的优化问题。

5.2 树及图的最小部分树

5.2.1 树及其性质

定义 1 一个无圈的连通图称为树。

树的场合很多,如直线式的组织机构就是一种树形图。

树具有如下一些重要性质:

性质 1 设图 $G=(V,E)$ 是一个树,$p(G) \geqslant 2$,则 G 中至少有两个悬挂点($p(G)$ 是指 G 中点的数目)。

证明 令 $\mu=(v_1, v_2, \cdots, v_k)$ 是 G 中边数最多的一条链,因 $p(G) \geqslant 2$,由树的定义,知 μ 中至少有一条边,且 v_1 与 v_k 是不同的。现用反证法来证明 v_1 是悬挂点。若 $d(v_1) \geqslant 2$,则存在 $[v_1, v_m] \in E$,且 $v_m \neq v_2$。① 若点 v_m 不在 μ 上,则 $(v_m, v_1, v_2, \cdots, v_k)$ 也是 G 中的一条链,但这条链比 μ 多一条边,与 μ 是边数最多的链

相矛盾;② 如果点 v_m 在 μ 上,那么 $2 < m \leqslant k$,即 μ 有一条子链 $(v_1, v_2, \cdots, v_m)$,因此 $(v_1, v_2, \cdots, v_m, v_1)$ 构成圈,这与树的定义矛盾,于是必有 $d(v_1) = 1$,即 v_1 是悬挂点。同理可证 v_k 也是悬挂点。

性质 2　图 $G = (V, E)$ 是一个树的充要条件是 G 不含圈,且恰有 $p(G) - 1$ 条边。

证明　必要性。设 G 是一个树,由定义,G 不含圈,故只需证明 G 恰有 $p(G) - 1$ 条边。对点数 $p(G) = p$ 施行数学归纳法。当 $p = 1, 2$ 时,结论显然成立。

假设对 $p \leqslant n$,结论成立。当树 G 含 $n + 1$ 个点时,由定理 1,G 含悬挂点,设 v_1 是 G 的一个悬挂点,则 $G - v_1$ 也是一棵树,由归纳假设有 $q(G - v_1) = n - 1$,于是 $q(G) = q(G - v) + 1 = n - 1 + 1 = n = p(G) - 1$。

充分性。只要证明 G 是连通的。用反证法,设 G 是不连通的,G 含 s 个连通分图 $G_1, G_2 \cdots, G_s (s \geqslant 2)$,因每个 $G_i (i = 1, 2, \cdots, s)$ 是连通的,且不含圈,因此每个 $G_i (i = 1, 2, \cdots, s)$ 都是树,于是有:

$$
\begin{aligned}
q(G) &= \sum_{i=1}^{s} q(G_i) \\
&= \sum_{i=1}^{s} (p(G_i) - 1) \\
&= \sum_{i=1}^{s} p(G_i) - s \\
&= p(G) - s < p(G) - 1
\end{aligned}
$$

与 $q(G) = p(G) - 1$ 的假设矛盾。

性质 3　图 $G = (V, E)$ 是一个树的充要条件是 G 是连通图,并且 $q(G) = p(G) - 1$。

证明　必要性。由性质 2 及树的定义显而易见。

充分性。只要证明 G 不含圈,对点数实行归纳。$p(G) = 1, 2$ 时,结论显然成立。设 $p(G) = n$ 时结论成立,则当 $p(G) = n + 1$ 时,首先可知 G 含有悬挂点。否则,有:

$$
q(G) = \frac{1}{2} \sum_{i=1}^{p(G)} d(v_i) \geqslant \frac{1}{2} \sum_{i=1}^{p(G)} 2 = p(G)
$$

与 $q(G) = p(G) - 1$ 相矛盾。不妨设 v_1 是 G 的一个悬挂点,则图 G

$-v_1$ 仍是连通图,而 $q(G-v_1)=q(G)-1=p(G)-2=p(G-v_1)$ -1,由归纳假设知 $G-v_1$ 不含圈,于是 G 也不含圈。

性质 4 图 $G=(V,E)$ 是树的充要条件是任意两个顶点之间恰有一条链。

证明 必要性。由树的定义显而易见。

充分性。设 G 中任两点之间恰有一条链,则 G 显然已是连通图。若 G 含有圈,则该圈上的两个顶点间至少有两条链,与假设相矛盾。因此 G 是树。

由性质 4,很容易得出如下结论:

(1) 从一个树中去掉任意一条边,则余下的图是不连通的,因此树是边数最少的连通图。

(2) 在树中不相邻的两个点之间添一条边,则恰好得到一个圈,进一步地,如果再从这个圈中任意去掉一条边,又可以得到一个树。

5.2.2　图的部分树与最小部分树

定义 2 设图 $T=(V,E')$ 是图 $G=(V,E)$ 的一个部分图,若 T 是一个树,则称 T 是 G 的部分树。

定理 3 图 G 有部分树的充要条件是图 G 是连通的。

证明 必要性。显而易见。

充分性。设图 G 是连通图,若 G 不含圈,那么 G 的部分树就是 G 本身。现设 G 含圈,任取一圈,从该圈中任意地去掉一条边,则图仍然是连通的,若仍含有圈,则重复取圈去边这样的过程,最终总可以使它到不含圈为止。由于每次过程后得到的部分图都是连通的。因此最后得到的图为无圈的连通的 G 的部分图,即得到 G 的部分树。

定义 3 给定图 $G=(V,E)$,对 G 中每一条边 $[v_i,v_j]\in E$,相应地有一个数 w_{ij},这样的图称为赋权图,w_{ij} 称为边 $[v_i,v_j]$ 上的权。

这里的"权"可以反映所对应边的距离、时间、费用等。图的优化问题都是针对赋权图而言的。

定义 4 设 $G=(V,E)$ 为非负权的赋权连通图,$T=(V,E')$ 是它的一个部分树,称 E' 中所有边的权数之和为树 T 的权,记为

$w(T)$。若部分树 T^* 的权 $w(T^*)$ 是 G 的所有部分树的权中最小者,则称 T^* 是 G 的最小部分树(简称最小树)。

定理 4　连通图 G 中任一点 i,若$[i,j]$是与 i 关联的边中权数最小的边,则边$[i,j]$必含在该图的最小树内。

证明　用反证法。设$[i,j]$不在最小树 T^* 内,则将$[i,j]$加入 T^* 中,便出现圈,设原 T^* 中与 i 点关联的边有一个$[i,k]$,且 $w_{ik}>w_{ij}$,则在 T^* 中加入$[i,j]$,去掉$[i,k]$后,仍然是一个部分树,设该树为 T,则 T 的权小于 T^* 的权,与 T^* 是最小树矛盾。

定理 4 给出了求一个连通图的最小树的方法,这里我们称它为避圈法,其步骤如下:

第 1 步　从图中任选一点 v_i,令 $V_1=\{v_i\}$,$\bar{V}_1=V \backslash V_1$;

第 2 步　从 V_1 与 $\bar{V}_1$ 的连边中找出最小边,这条边一定包含在最小树内,不妨设$[v_i,v_j]$为找到的最小边,其中 $v_i \in V_1$, $v_j \in \bar{V}_1$,则选上该边;

第 3 步　含 $V_1 \bigcup \{v_j\} \Rightarrow V_1$,$\bar{V}_1 \backslash v_j \Rightarrow \bar{V}_1$;

第 4 步　重复第 2、第 3 步,一直到 $V_1=V$ 为止。

避圈法也可简化为如下步骤:

第 1 步　令 $i=1$,$E_0=\varphi$;

第 2 步　选一条边 $e_i \in E \backslash E_{i-1}$,使 e_i 是与 E_{i-1} 中的边不构成圈的 $E \backslash E_{i-1}$ 中的权最小的边(即每天都从余下的边中选最小权的边,且要求已选边不构成圈)。如果这样的边不存在,那么 $T=(V,E_{i-1})$ 就是最小树,否则转第 3 步;

第 3 步　令 $i+1 \Rightarrow i$,转第 2 步。

简化避圈法的正确性证明较繁,这里略去。

另一种求最小树的方法是"破圈法"。即每次任取一圈,从圈中去掉权最大的边,一直到无圈为止。剩下的子图就是原连通图的最小部分树。

这里"破圈法"正确性的证明也略去。

【**例 5.2**】　某工厂内联结 6 个车间的道路如图 5.3(a)所示,每条边旁数字表示相应道路的长度。要求沿道路架设联结 6 个车间的电话线网,使电话线的总长最小。

解：　问题实际上是求图 5.3(a)的最小树。选用避圈法。依次选边如下：$[v_2，v_3]$、$[v_2，v_4]$、$[v_4，v_5]$、$[v_5，v_6]$、$[v_1，v_2]$，得最小树如图 5.3(b)所示。

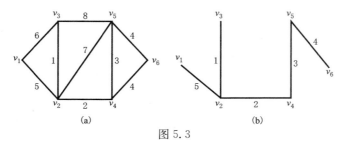

图 5.3

再用破圈法求解。在图 5.3(a)中选一圈$(v_2，v_3，v_5，v_4，v_2)$，从中去掉$[v_2，v_5]$边；从圈$(v_1，v_2，v_3，v_1)$中去掉$[v_1，v_3]$边，从圈$(v_4，v_5，v_6，v_4)$中去掉$[v_4，v_6]$边，从圈$(v_2，v_4，v_5，v_3，v_2)$中去掉$[v_3，v_5]$边，到此所剩图中不再含圈，因此为最小树，如图 5.3(b)所示。

电话线总长最短的架线方案如图 5.3(b)所示，最短电话线总长为 15 个单位。

5.3 最短路问题

5.3.1 Dijkstra 算法

本段介绍非负赋权有向图或无向图中求给定的一点到其他任一点的最短路算法，这些算法中最好的是 Dijkstra 于 1959 年提出的算法，因此称为 Dijkstra 算法。

该算法的基本原理是：如图 5.4 所示，P_{sj}是图中从 v_s 到 v_j 的最短路，v_i 是 P_{sj} 所经过的一个点，$v_i \neq v_s$，$v_i \neq v_j$，则 P_{sj} 的从 v_s 到 v_i 的一段子路 P_{si} 也是所有从 v_s 到 v_i 的路线中最短的一条。假定

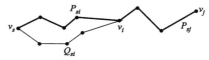

图 5.4

这个结论不成立,而 Q_{si} 是 v_s 到 v_i 的更短的一条路线,则 $Q_{si} \rightarrow P_{ij}$ 就是比 P_{sj} 更短的一条从 v_s 到 v_j 的路线,与 P_{sj} 是 v_s 到 v_j 的最短路矛盾(见图 5.4 粗体部分表示路线 $P_{sj} = P_{si} \rightarrow P_{ij}$,细线部分表示 Q_{si})。

Dijkstra 算法的基本思想就是依据上述基本原理从给定点 v_s 出发,逐步地向外探寻最短路。下面以 $P(v_i)$ 表示从 v_s 到 v_i 的最短路程,$T(v_i)$ 表示从 v_s 到 v_i 的一般路程,$T(v_i)$ 是最短路程的上界,在下面的算法中,$T(v_i)$ 将不断变小,直到变为 $P(v_i)$ 为止。算法过程就是不断地将各点的 T 标号改进为 P 标号的过程。

算法步骤(步骤中 S_i 表示当前所有 P 标号点集合;k 为最新的 P 标号点下标):

(1) 令 $i=0$,$S_i = \{v_s\}$,$p(v_s)=0$,　$T(v_j)=+\infty$　　($j \neq s$)

　　$k=s$;

(2) 若 $S_i = V$,算法终止,这时已得到 v_s 到所有点的最短路程;否则转(3);

(3) 对每个 $v_j \notin S_i$,但 $(v_k, v_j) \in A$(或 $[v_k, v_j] \in E$)修改 v_j 的 T 标号值:$T(v_j) = \min(T(v_j), P(v_k) + w_{kj})$,转(4);

(4) 若 $\min\limits_{\substack{v_j \notin S_i \\ (v_k, v_j) \in A}} \{T(v_j)\} = T(v_{j_i}) < +\infty$,则可把 v_{j_i} 的 T 标号变为 P 标号,即 $T(v_{ji}) \Rightarrow P(v_{j_i})$,令 $S_{i+1} = S_i \bigcup \{v_{j_i}\}$,$k=j_i$,$i+1 \Rightarrow i$,转(2)。否则,若对每个 $v_j \notin S_i$ 和每个 $v_i \in S_i$,且 $(v_i, v_j) \in A$,均有 $T(v_j) = +\infty$,则算法终止。对每个 $v_i \in S_i$,都已得到 v_s 到 v_i 的最短路,而对每一个 $v_t \notin S_i$,不存在 v_s 到 v_t 的最短路。

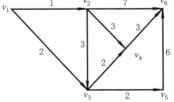

图 5.5

【例 5.3】　求图 5.5 中点 v_1 到其他各点的最短路。

解:　　(1) 令 $P(v_1) = 0$,$T(v_j) = +\infty$,$j = 2, 3, \cdots, 6$。

(2) 由于 $(v_1, v_2) \in A$,$(v_1, v_3) \in A$,没有其他的以 v_1 为始点弧,故有:

$$T(v_2) = \min [T(v_2), p(v_1) + w_{12}] = 1$$
$$T(v_3) = \min [T(v_3), p(v_1) + w_{13}] = 2$$

而对 $j\neq 2,3$，$T(v_j)$ 均不变，以下不变部分省略。

由于 $\min\limits_{j=2,\cdots,6}\{T(v_j)\}=1=T(v_2)$，故将 v_2 的 T 标号修改为 P 标号，即 $P(v_2)=1$。

（3）检验以 v_2 为始点的弧，其终点为 v_3，v_4 和 v_6，因此这三个点相应的 T 标号值变化为：

$$T(v_3)=\min(2,p(v_2)+w_{23})=2$$
$$T(v_4)=\min(+\infty,p(v_2)+w_{24})=4$$
$$T(v_6)=\min(+\infty,p(v_2)+w_{26})=8$$

由于 $T(v_3)=2$ 最小，故 $P(v_3)=2$。

（4）以 v_3 为始点的弧为 (v_3,v_4) 和 (v_3,v_5)，故有：

$$T(v_4)=\min(4,P(v_3)+w_{34})=4$$
$$T(v_5)=\min(+\infty,p(v_3)+w_{35})=4$$

到目前为止 $T(v_4)$ 与 $T(v_5)$ 均最小，故又得到两个 P 标号点 v_4 和 v_5，$P(v_4)=P(v_5)=4$。

（5）以 v_4 为始点的弧为 (v_4,v_6)，以 v_5 为始点的弧为 (v_5,v_6)，因此 $T(v_6)=\min(8,P(v_4)+w_{46},P(v_5)+w_{56})=7$。

目前 $T(v_6)$ 是唯一的 T 标号点，因此直接把 v_6 修改为 P 标号点，即 $P(v_6)=7$。

用反向追踪法得 v_1 至各点的最短路如下：

(v_1,v_2) 最短路程为 $P(v_2)=1$；

(v_1,v_3) 最短路程为 $P(v_3)=2$；

(v_1,v_2,v_4) 或 (v_1,v_3,v_4)，最短路程为 $P(v_4)=4$；

(v_1,v_3,v_5) 最短路程为 $P(v_5)=4$；

(v_1,v_3,v_4,v_6) 或 (v_1,v_2,v_4,v_6)，两条路长均为 $P(v_6)=7$。

5.3.2　求网络所有各点间最短路程的矩阵算法

Dijkstra 算法给出了某一点到其他各点最短路，但有些实际问题往往要求所有各点之间的最短路，用 Dijkstra 算法就要一点一点地加以计算，显得很麻烦，另外 Dijkstra 算法对含负权的有向图可能失效，如图 5.6，按 Dijkstra 算法，得 v_1 至 v_2 的最短路为

(v_1,v_2),但实际上显然 v_1 至 v_2 的最短路是(v_1,v_3,v_2)。

下面介绍求最短路程的矩阵计算法。

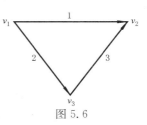

图 5.6

给定图 $G=(V,E)$,设 $p(G)=n$,若$[v_i,v_j]\in E$ 则定义距离 $d_{ij}=w_{ij}$ 为该边的权,若点 v_i 与点 v_j 不相邻时,定义 $d_{ij}=+\infty$,对赋权有向图也作类似规定。

矩阵算法的初始距离矩阵为所有各点之间的直接距离数组成,即

$$D^{(1)}=\begin{matrix} & \begin{matrix} v_1 & v_2 & \cdots & v_n \end{matrix} \\ \begin{matrix} v_1 \\ v_2 \\ \cdots \\ v_n \end{matrix} & \begin{bmatrix} 0 & d_{12} & \cdots & d_{1n} \\ d_{21} & 0 & \cdots & d_{2n} \\ \cdots & \cdots & & \cdots \\ d_{n1} & d_{n2} & \cdots & 0 \end{bmatrix} \end{matrix}$$

再构造 $D^{(2)}$,令 $d_{ij}^{(2)}=\min_r\{d_{ir}^{(1)}+d_{rj}^{(1)}\}$ 则 $D^{(2)}$ 给出网络中任意两点直接到达和经过一个中间点到达所比较出的最短路程。

同理构造 $D^{(3)}$,$d_{ij}^{(3)}=\min_r(d_{ir}^{(2)}+d_{rj}^{(2)})$,则 $D^{(3)}$ 给出任意两点直接到达,经过 $1\sim3$ 个中间点时的最短路程。

若已得到第 t 次矩阵$D^{(t)}$,则第 $t+1$ 次距离矩阵是网络中所有各点之间直接到达,经过一个至 2^t-1 个中间点相互比较时的最短路程组成的矩阵,其元素的计算公式显然为:

$$d_{ij}^{(t+1)}=\min_r\{(d_{ir}^{(t)}+d_{rj}^{(t)}\}$$

设经过 k 步迭代可得到最终结果,则有:

$$2^{k-1}-1<n-2\leqslant2^k-1$$

从而

$$k-1<\frac{\lg(n-1)}{\lg2}\leqslant k$$

即最多经过 $k=\left[\dfrac{\lg(n-1)}{\lg2}\right]+1$ 次迭代即可得到结果,这时的 $D^{(k+1)}$ 就是最短路程矩阵。如果计算中出现 $D^{(m+1)}=D^{(m)}$,计算也

可终止,矩阵 $D^{(m)}$ 的各元素值反映的就是相应两点之间的最短路程。

【例 5.4】 求图 5.7 所示赋权有向图中所有各点之间的最短路。

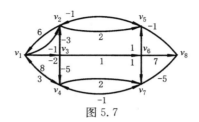

图 5.7

解: 初始路程矩阵如下:(以下矩阵中未写出的元素值为 $+\infty$)

$$D^{(1)} = \begin{array}{c} \\ v_1 \\ v_2 \\ v_3 \\ v_4 \\ v_5 \\ v_6 \\ v_7 \\ v_8 \end{array} \begin{array}{c} \begin{array}{cccccccc} v_1 & v_2 & v_3 & v_4 & v_5 & v_6 & v_7 & v_8 \end{array} \\ \left(\begin{array}{cccccccc} 0 & -1 & -2 & 3 & & & & \\ 6 & 0 & & & 2 & & & \\ & -3 & 0 & -5 & & 1 & & \\ 8 & & & 0 & & & 2 & \\ & -1 & & & 0 & & & \\ & & & & 1 & 0 & 1 & 7 \\ & & & -1 & & & 0 & \\ & & & & -3 & & -5 & 0 \end{array} \right) \end{array}$$

利用 $D^{(k)}$ 的计算公式得:

$$D^{(2)} = \begin{array}{c} \\ v_1 \\ v_2 \\ v_3 \\ v_4 \\ v_5 \\ v_6 \\ v_7 \\ v_8 \end{array} \begin{array}{c} \begin{array}{cccccccc} v_1 & v_2 & v_3 & v_4 & v_5 & v_6 & v_7 & v_8 \end{array} \\ \left(\begin{array}{cccccccc} 0 & -5 & -2 & -7 & 1 & -1 & 5 & \\ 6 & 0 & 4 & 9 & 2 & & & \\ 3 & -3 & 0 & -5 & -1 & 1 & -3 & 8 \\ 8 & 7 & 6 & 0 & & & 2 & \\ 5 & -1 & & & 0 & & & \\ 0 & & & 0 & 1 & 0 & 1 & 7 \\ 7 & & & -1 & & & 0 & \\ & -4 & & 30 & -3 & & -5 & 0 \end{array} \right) \end{array}$$

$$
D^{(3)} = \begin{array}{c}
\begin{array}{cccccccc} v_1 & v_2 & v_3 & v_4 & v_5 & v_6 & v_7 & v_8 \end{array} \\
\begin{array}{c} v_1 \\ v_2 \\ v_3 \\ v_4 \\ v_5 \\ v_6 \\ v_7 \\ v_8 \end{array}
\begin{pmatrix}
0 & -5 & -2 & -7 & -3 & -1 & -5 & 6 \\
6 & 0 & 4 & -1 & 2 & 5 & 1 & 12 \\
3 & -3 & 0 & -5 & -1 & 1 & -3 & 8 \\
8 & 3 & 6 & 0 & 5 & 7 & 2 & 14 \\
5 & -1 & 3 & -2 & 0 & 4 & 10 & \\
6 & 0 & 4 & 0 & 1 & 0 & 1 & 7 \\
7 & 2 & 5 & -1 & 8 & 6 & 0 & \\
2 & 4 & 0 & -6 & 3 & & 5 & 0
\end{pmatrix}
\end{array}
$$

$$
D^{(4)} = \begin{array}{c}
\begin{array}{cccccccc} v_1 & v_2 & v_3 & v_4 & v_5 & v_6 & v_7 & v_8 \end{array} \\
\begin{array}{c} v_1 \\ v_2 \\ v_3 \\ v_4 \\ v_5 \\ v_6 \\ v_7 \\ v_8 \end{array}
\begin{pmatrix}
0 & -5 & -2 & -7 & -3 & -1 & -5 & 6 \\
6 & 0 & 4 & -1 & 2 & 5 & 1 & 12 \\
3 & -3 & 0 & -5 & -1 & 1 & -3 & 8 \\
8 & 3 & 6 & 0 & 5 & 7 & 2 & 14 \\
5 & -1 & 3 & -2 & 0 & 4 & 10 & 11 \\
6 & 0 & 4 & -1 & 1 & 0 & 1 & 7 \\
7 & 2 & 5 & -1 & 4 & 6 & 0 & 13 \\
2 & 4 & 0 & -6 & 3 & 1 & -5 & 0
\end{pmatrix}
\end{array}
$$

由于 $2 < \dfrac{\lg(n-1)}{\lg 2} = \dfrac{\lg 7}{\lg 2} > 3$，$\left[\dfrac{\lg 7}{\lg 2}\right] + 1 = 3$，故 $D^{(4)}$ 即为最短路程矩阵，$D^{(4)}$ 中每一元素 $d_{ij}^{(4)}$ 即表示 v_i 到 v_j 的最短路程。

任取两点 v_i，v_j，只要反查 $D^{(4)}$，$D^{(3)}$，$D^{(2)}$，$D^{(1)}$，即可给出 v_i 至 v_j 的最短路，由于篇幅所限，这里只给出 v_1 至 v_8 的最短路。

由于 $d_{18}^{(4)} = d_{18}^{(3)} = 6$，因此查 $d_{18}^{(3)}$ 的计算，由 $D^{(2)}$ 而来，即

$$
d_{18}^{(3)} = \min_{1 \leqslant i \leqslant 8}\{d_{1i}^{(2)} + d_{i8}^{(2)}\} = d_{16}^{(2)} + d_{68}^{(2)} = -1 + 7 = 6
$$

也就是说，v_8 前一点是 v_6，而 $d_{16}^{(2)} = d_{13}^{(1)} + d_{36}^{(1)} = -2 + 1 = -1$，即 v_6 前一点是 v_3，最后得出 v_3 前一点是 v_1，因此，从 v_1 至 v_8 的最短路为（v_1，v_3，v_6，v_8）。

5.3.3　应用举例

【例 5.5】　某台机器可连续工作 4 年，也可于每年末卖掉，换一台新的。已知于各年初购置一台新机器的价格及不同役龄的机器年末的处理价如表 5.2 所示，每年的运行及维修费用与每年初

机器役龄的对应关系如表 5.3 所示,试确定该机器的最优更新策略,使 4 年内用于更换、购买及运行维修的总费用最省。

表 5.2

时间 j(年)	第 1 年	第 2 年	第 3 年	第 4 年
年初购置价	2.5	2.6	2.8	3.1
使用 j 年的机器处理价	2.0	1.6	1.3	1.1

表 5.3   单位:万元

机龄(年)	0	1	2	3
运行维修费	0.3	0.8	1.5	2.0

解: 以点 v_i 代表"第 i 年年初购新机器"状态($i=1,2,3,4$),并增加一点 v_5 表示第 4 年年末。从 v_i 到 v_j 画弧,表示第 i 年初购买的新机器一直使用到第 j 年年初更新($1 \leqslant j \leqslant 5$),第 4 年年末已结束,故到 v_5 点并未更新,只是处理掉用过的机器。因此得到问题的图示模型,即图 5.8 中求 v_1 至 v_5 的最短路问题。

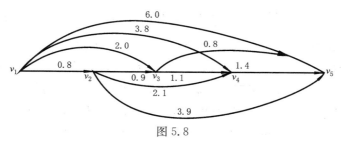

图 5.8

每条弧的权可用表 5.2 和表 5.3 的资料计算出来,例如,弧 (v_2,v_4) 的权 w_{24} 为第 2 年初购买新机器 2.6 万元,加上连续使用了两年后更新,这两年的运行维修费为 $0.3+0.8=1.1$(万元),两年后处理价为 1.6 万元,应从费用中减去,因此,$w_{24}=2.6+1.1-1.6=2.1$(万元)。其他 w_{ij} 类似算出。

用 Dijkstra 算法求出 v_1 至 v_5 的最短路为(v_1,v_2,v_3,v_5),即第 1 年至第 3 年每年初都购买新机器,第 3 年购买的新机器一直使用到第 4 年年末后处理掉,这样的总费用最低,为 4.0 万元。

5.4　网络最大流

流的现象很多,例如,交通网络中有车辆流、人流,控制系统中有信息流,电网中有电流,一区域的水系中有水流,金融系统中有现金流等等。

图 5.9 是徐州至上海的交通简图,问题要求把徐州的煤尽快送到上海去。

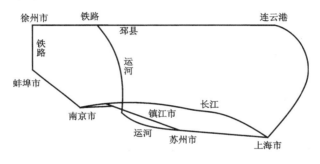

图 5.9

要解决这个问题,显然就是使单位时间内徐州发出去的煤或上海收到的煤达到最多。这需要考虑各条运输线的运力情况,在运力已知的情况下,如何使从发点到收点的运量达到最大,这就是我们需要研究的问题,另外有许多非运输问题也可抽象为这样的问题来解决。

5.4.1　基本概念与基本定理

一、容量网络、流量与流

定义 5　给定一个有向图 $D=(V,A)$,在 V 中指定两点,一个称为发点(或源,记为 v_s),另一个点称为收点(或汇,记为 v_t),其余的点为中间点。对于每一 $(v_i,v_j)\in A$,对应一数字 $c_{ij}\geqslant0$,称为该弧的容量。称这样的有向图为容量网络(以后简称网络),记为 D

$=(V,A,C)$,式中 C 为容量集合,$C=\{c_{ij}\mid(v_i,v_j)\in A\}$。

容量 c_{ij} 反映了弧 (v_i,v_j) 的最大通过能力,与之相对应,还有一个概念叫流量,记为 f_{ij},是弧 (v_i,v_j) 的实际通过量或安排的通过量。

所谓网络上的流,就是弧集 A 上所有弧的流量所组成的集合,记为 f,即 $f=\{f_{ij}\mid(v_i,v_j)\in A\}$。

二、可行流与最大流

由以上所述容量及流量概念,可知一个流 f 如果实际上通得过,必须满足以下条件:

(1) 容量限制条件:对每一弧 $(v_i,v_j)\in A$,有 $0\leqslant f_{ij}\leqslant c_{ij}$。

(2) 平衡条件:对于任一中间点 v_k,流入量 = 流出量,即

$$\sum_{(v_i,v_k)\in A} f_{ik}=\sum_{(v_k,v_j)\in A} f_{kj}。$$

而对于发点 v_s 和收点 v_t,有:

$$\sum_{(v_s,v_j)\in A} f_{sj}-\sum_{(v_i,v_s)\in A} f_{is}=\sum_{(v_m,v_t)\in A} f_{mt}-\sum_{(v_t,v_m)\in A} f_{tm}=v(f)$$

即,净发量 = 净收量,并用 $v(f)$ 表示。满足以上条件的流称为可行流,$v(f)$ 为该可行流的流量。而最大流就是使 $v(f)$ 达到最大的可行流。

显然最大流的问题是一个线性规划问题,但由于问题特殊性,我们在这里用图的方法解决,这种方法更直观、方便。

三、增广链

定义 6 设 μ 是一个可行流图 f 中从 v_s 到 v_t 的一条链,对于 μ 上每一指向为 $s\to t$ 的弧 (v_i,v_j),有 $f_{ij}<c_{ij}$(称为前向弧,其全体记为 μ^+),而对每一指向为 $t\to s$ 的弧 (v_j,v_i),有 $f_{ji}>0$(称为后向弧,全体记为 μ^-),则称这样的 μ 为 f 的增广链。

图 5.10 是一个可行流图,每弧旁的括号中的第一个数字为对应弧的容量,第二个数字为该弧的流量。显然该流有一个增广链 $(v_s,v_2,v_1,v_3,v_4,v_t)$。

若可行流 f 的图中存在一个增广链 μ,则我们可以调整得到一个新的可行流 $f'=\{f'_{ij}\}$。

$$f'_{ij}=\begin{cases} f_{ij}+\theta & \text{当}(v_i,\ v_j)\in\mu^+ \\ f_{ij}-\theta & \text{当}(v_i,\ v_j)\in\mu^- \\ f_{ij} & \text{当}(v_i,\ v_j)\notin\mu \end{cases}$$

$$\theta=\min_{(v_i,\ v_j)}\begin{cases} c_{ij}-f_{ij}, & \text{对}(v_i,\ v_j)\in\mu^+ \\ f_{ij}, & \text{对}(v_i,v_j)\in\mu^- \end{cases}$$

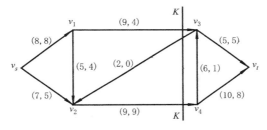

图 5.10

显然 $\theta>0$,故新流 f' 比流 f 的流量增加了一个正数,求最大流的主要方法就是不断寻找增广链,然后如上述方法调整,一直调至最大流为止。

四、截集及其与流的关系

定义7　将网络 $D=(V,\ A,\ C)$ 的点集 V 剖分成两个非空子集 V_1 和 $\bar{V}_1$,且使 $v_s\in V_1$, $v_t\in\bar{V}_1$,则由始点在 V_1 中,终点在 $\bar{V}_1$ 中的所有弧组成的集合称为网络 D 的一个截集,记为 $(V_1,\ \bar{V}_1)$;而将始点在 $\bar{V}_1$ 中,终点在 V_1 中的所有弧组成的集合称为 $(V_1,\ \bar{V}_1)$ 的反截集,记为 $(\bar{V}_1,\ V_1)$。

图 5.10 中,由 KK 线将点集剖分成两部分: $V_1=\{v_s,\ v_1,\ v_2\}$, $\bar{V}_1=\{v_3,\ v_4,\ v_t\}$,相应的截集为 $(V_1,\ \bar{V}_1)=\{(v_1,\ v_3),\ (v_2,\ v_4)\}$,其反截集为 $(\bar{V}_1,\ V_1)=\{(v_3,\ v_2)\}$。

若把某一截集从网络中去掉,则显然 v_s 的流不能到达 v_t,但若只去掉反截集,则 v_s 到 v_t 的流并不会被中断。

若网络中有 n 个顶点,则对点集 V 的上述剖分的 V_1 和 $\bar{V}_1$,由于 $V_s\in V_1,V_t\notin V_1$,故 V_1 的选取是从没有 v_s、v_t 的其他 $n-2$ 顶点中的 0 个,1 个,…或 $n-2$ 个顶点组成,故 V_1 取法共有 $C_{n-2}^0+C_{n-2}^1$

$+\cdots+C_{n-2}^{n-2}=2^{n-2}$ 种,相应的网络的截集及其反截集均有 2^{n-2} 个。

定义 8　设 $(V_1,\bar{V}_1)$ 是网络 D 的一个截集,则 $\sum\limits_{(v_i,v_j)\in(V_1,\bar{V}_1)}c_{ij}$ 称为该截集的容量,简称为截量,记为 $C(V_1,\bar{V}_1)$。

定理 5　任一可行流 f 的流量都不会超过任一截集 $(V_1,\bar{V}_1)$ 的容量,即

$$v(f)\leqslant C(V_1,\bar{V}_1)$$

事实上,
$$v(f)=\sum_{(v_i,v_j)\in(V_1,\bar{V}_1)}f_{ij}-\sum_{(v_j,v_i)\in(\bar{V}_1,V_1)}f_{ji}$$
$$\leqslant\sum_{(v_i,v_j)\in(V_1,\bar{V}_1)}c_{ij}-\sum_{(v_j,v_i)\in(\bar{V}_1,V_1)}f_{ji}$$
$$\leqslant\sum_{(v_i,v_j)\in(V_1,\bar{V}_1)}c_{ij}=C(V_1,\bar{V}_1)$$

推论　若一网络有一个可行流 f^* 和一个截集 $(V_1^*,\bar{V}_1^*)$,使 $v(f^*)=C(V_1^*,\bar{V}_1^*)$,则 f^* 必是最大流,$(V_1^*,\bar{V}_1^*)$ 必是最小截集。

定理 6　网络 D 的可行流 f 是最大流的充要条件是存在 D 的一个截集 $(V_1^*,\bar{V}_1^*)$,使 $v(f)=C(V_1,\bar{V}_1^*)$,且 $(V_1,\bar{V}_1^*)$ 是最小截集。

证明　充分性。由定理 5 的推论显然可得。

必要性。即已知 f 是最大流,则由前面增广链的讨论知道 f 中不存在增广链。为了得到定理结论中的截集 $(V_1,\bar{V}_1^*)$,我们这样选取 V_1:

首先 $v_s\in V_1$,对每一 $v_i\in V_1$;若有 $(v_i,v_j)\in A,f_{ij}<c_{ij}$,则让 $V_1\bigcup\{v_j\}\Rightarrow V_1$;若 $(v_j,v_i)\in A$,且 $f_{ji}>0$,则也让 $V_1\bigcup\{v_j\}\Rightarrow V_1$。如此反复进行下去,由于不存在增广链,故 $v_t\bar{\in}V_1$。且由于点集 V 中的点有限,故最终可得到一个 V_1 和 $\bar{V}_1=V\backslash V_1$,使下式成立:

$$f_{ij}=\begin{cases}c_{ij},&(v_i,v_j)\in(V_1,\bar{V}_1)\\0,&(v_i,v_j)\in(\bar{V}_1,V_1)\end{cases}$$

因此对这样的截集 $(V_1,\bar{V}_1)$,有 $v(f)=C(V_1,\bar{V}_1)$。

上述定理的证明过程同时还引出了下面的定理:

定理 7　可行流 f 是最大流的充要条件是不存在关于 f 的增广链。

本节在对增广链的讨论给出了使流不断增大的方法,即不断

找增广链来调整,定理 7 又给出算法何时终止的判断条件,定理 6 给出了如何从一个最大流找出一个最小截集的方法和判断有无增广链的方法。下面给出求最大流的具体算法。

5.4.2　求最大流的标号算法

这种算法又称 Ford-Fulkerson 算法,是 Ford 和 Fulkerson 于 1956 年提出来的。

设网络中已有一个可行流,(若没有,可取零流作为初始可行流),另外用 ε_j 表示从源到 v_j 点的最大可增流量。算法步骤如下:

(1) 给 v_s 标号 $(0,+\infty)$, $V_1=\{v_s\}$, $\varepsilon_s=+\infty$;

(2) ①对每一弧 $(v_i,v_j)\in(V_1,\bar{V}_1)$,若有 $f_{ij}<c_{ij}$,则给 v_j 标号 (v_i,ε_j),其中 $\varepsilon_j=\min(\varepsilon_i,c_{ij}-f_{ij})$;②对每一弧 $(v_j,v_i)\in(\bar{V}_1,V_1)$,若有 $f_{ji}>0$,则给 v_j 标号为 $(-v_i,\varepsilon_j)$,其中 $\varepsilon_j=\min(\varepsilon_i,f_{ji})$;③若有某一点 $v_k\in\bar{V}_1$,按①、②的标号方法 v_k 可得到两个以上的标号,则取其中数字标号 ε_k 最大者和相应的来源点给 v_k 标号;④当 V_1 中所有在 $\bar{V}_1$ 中的相邻点均被检查到时,则将所有新标号点充入 V_1 中,即令:

$$V_1\bigcup\{v_j|f_{ij}<c_{ij},(v_i,v_j)\in(V_1,\bar{V}_1)\}\bigcup\{v_j|f_{ji}>0,(v_j,v_i)\in(\bar{V}_1,V_1)\}\Rightarrow V_1$$

(3) 重复步骤(2),一直到无法继续标号下去为止。①若这时 v_t 没有得到标号,则该流已是最大流;②若 v_t 得到标号,则用反向追踪法可在网络中找出一条从 $v_s\rightarrow v_t$ 的增广链,即先看 v_t 的标号中的来源点,然后再看这个来源点之前的来源点,如此下去当追踪到 v_s 时,便找到一条增广链,设为 μ。

(4) 调整原流。得一新可行流 $f'=\{f'_{ij}\}$,其中:

$$f'_{ij}=\begin{cases}f_{ij}+\varepsilon_t & \text{当}(v_i,v_j)\in\mu^+\\f_{ij}-\varepsilon_t & \text{当}(v_i,v_j)\in\mu^-\\f_{ij} & \text{当}(v_i,v_j)\overline{\in}\mu\end{cases}$$

(5) 除了 v_s 点,其他点的标号全擦去,对新流 f' 重复步骤(2)至步骤(4),一直到出现第 3 步中的(1)为止。

按上述步骤结束时,必得到一个最大流,设为 f^*。若还要求一个最小截集,则可令 $V_1 = \{f^*$ 中的所有标号点$\}$,$\bar{V}_1 = V \backslash V_1$,这时的$(V_1, \bar{V}_1)$为一个最小截集。

最小截集是网络中最细的必经之道,因此通常又称为瓶颈,在交通网络中则可称为咽喉。显然,当最小截集容量降低时,网络的流量便会减弱。若想提高网络流的输送能力,即提高 $v(f)$,必须将所有最小截集扩容。

【例 5.6】 用标号法求图 5.10 从 v_s 至 v_t 的一个最大流,并给出相应的一个最小截集。

解: (1)首先给 v_s 标号$(0, +\infty)$,$\varepsilon_s = +\infty$。

(2)与 v_s 相邻的点为 v_1 和 v_2,而 $f_{s1} = c_{s1} = 8$,故 v_1 暂不标号,$f_{s2} = 5 < 7 = c_{s2}$。故将 v_2 标号为(v_s, ε_2),其中 $\varepsilon_2 = \min(\varepsilon_s, c_{s2} - f_{s2}) = \min(+\infty, 7-5) = 2$。

(3)与 v_2 相邻的点为 v_1,v_3 和 v_4。由于 $f_{12} = 4 > 0$,故将 v_1 标号$(-v_2, \varepsilon_1)$,$\varepsilon_1 = \min(\varepsilon_2, f_{12}) = 2$,$f_{32} = 0$,故 v_3 暂不标号,$f_{24} = c_{24} = 9$,故 v_4 也暂不标号。

(4)与 v_1 相邻的点为 v_s,v_2,v_3,但 v_s,v_2 在 v_1 之前标号,v_1 是由 v_s,v_2 标过来的,故只检查 v_3。由于 $f_{13} = 4 < c_{13}$,故将 v_3 标号(v_1, ε_3),这里 $\varepsilon_3 = \min(\varepsilon_1, c_{13} - f_{13}) = \min(2, 9-4) = 2$。

(5)只检查 v_t 和 v_4,由于 $f_{3t} = c_{3t} = 5$,故 v_t 暂不标号,$f_{43} = 1 > 0$,故将 v_4 标号$(-v_3, \varepsilon_4)$,这里 $\varepsilon_4 = \min(\varepsilon_3, f_{43}) = \min(2, 1) = 1$。

(6)由于 $f_{4t} = 8 < 10 = c_{4t}$,故将 v_t 标号(v_4, ε_t),$\varepsilon_t = \min(\varepsilon_4, c_{4t} - f_{4t}) = \min(1, 10-8) = 1$。

(7)由于 v_t 得到标号,故用反向追踪法可找出 v_s 至 v_t 的增广链,为$(v_s, v_2, v_1, v_3, v_4, v_t)$,调整量 $\theta = \varepsilon_t = 1$,将所有前向弧上流量加 1,所有后向弧上流量减 1,得新流如图 5.11 所示。

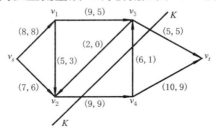

图 5.11

对图 5.11 重复标号法,得相继各点的标号如下:

$v_s:(0,+\infty)$,$v_2:(v_s,1)$,$v_1:(-v_2,1)$,$v_3:(v_1,1)$,到 v_3 后,标号中断,故图 5.11 为一个最大流。

已标号点集合为 $V_1=\{v_s,v_2,v_1,v_3\}$,故得图 5.11 所示最大流的一个最小截集为 $(V_1,\bar V_1)=\{(v_3,v_t),(v_2,v_4)\}$。

5.4.3　应用举例

【例 5.7】　某单位招收懂俄、英、日、德、法文的翻译各一人,有五人应聘。已知乙懂俄文,甲、乙、丙、丁懂英文,甲、丙、丁懂日文,乙、戊懂德文,戊懂法文,问这五个人是否都能得到聘书? 最多几个得到招聘,招聘后每人从事哪一方面翻译任务?(用最大流方法求解)

解:　将五个人与五个外语语种分别用点表示,把各个人与懂得的外语语种之间用弧相连(见图 5.12)。规定每条弧的容量为 l,求出图 5.12 网络的最大流量数字即为最多能得到招聘的人数。从图中看出只能有四个人得到招聘,方案为:甲—英,乙—俄,丙—日,戊—法,丁未能得到应聘。

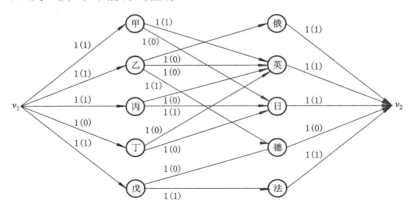

图 5.12

【例 5.8】　图 5.13 中 A,B,C,D,E,F 分别表示陆地和岛屿,①[,②[,…,⑭[表示桥梁及其编号。若河两岸分别为互为敌对的双方军队占领,问至少应切断几座桥梁(具体指出编号)才能达到阻止对方军队过河的目的。

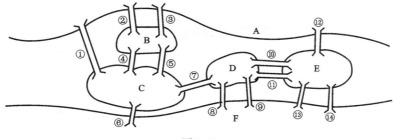

图 5.13

解： 将两岸及岛屿用点表示,点与点之间有桥梁的用弧相连,每弧的容量为两点间桥梁的数目,不妨取定流向为从 A 到 F,则可画出如图 5.14 所示的容量网络。

根据最大流量最小截集原理,用标号法找出图 5.14 所表示网络的最小截集,截集所包含的弧为 AE,CD,CF,即最少需要切断的桥梁数为 3,需要切断的桥梁为⑥,⑦,⑫号桥。

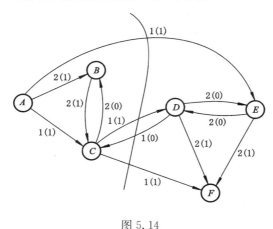

图 5.14

5.5 最小费用最大流

上一节讨论了网络上的最大流问题。实际上,涉及"流"的时候,往往不只考虑"流量",还考虑"费用",本节介绍的最小费用最大流问题就属于这类问题。

5.5.1 最小费用最大流问题与算法依据

对于网络 $D=(V,A)$,若在每一条弧$(i,j)\in A$上,除了给定容量 c_{ij} 外,还给定一个单位流量的费用 $b_{ij}\geqslant 0$。则最小费用最大流问题是指:在满足可行流的条件下,确定一个使总费用

$$\sum_{(i,j)\in A} b_{ij}f_{ij}$$

为最小的自起点 v_s 至终点 v_t 的最大流。式中 f_{ij} 为可行流中各弧中的流量。

在上一节的学习中,我们知道,求最大流是通过不断寻找增广链来调整的,而增广链上每调整一个流量,必然导致费用相应地发生变化,其中每一前向弧(i,j)上的费用会增加 b_{ij},而后向弧(j,i)上的费用会减少 b_{ji},我们把增广链上调整一个单位的流量时所发生的总的费用改变量称为增广链的费用。

和最短路问题、最大流问题相类似,最小费用最大流问题也是线性规划问题,但用网络图论方法求解比用单纯形法求解要简便得多。用图论方法解此问题依据下面的定理:

定理 8　若 f 是流量为 $v(f)$ 的所有可行流中的费用最小者,而 μ 是关于 f 的所有增广链中费用最小的增广链,那么沿 μ 去调整 f,得到的可行流 f',就是流量为 $v(f')$ 的所有可行流中的最小费用流。

证明略。

5.5.2 最小费用最大流问题的求解

最小费用最大流问题的求解方法有多种,它们都是在求最大流的算法上,作一些改变,使得到的解是网络上最大流(或预定值),且总费用最小。下面我们介绍一种应用较广的"最短路法"。

该解法的基本思路是:把各条弧上单位流量的费用看成长度,用求最短路问题的方法确定一条自 v_s 至 v_t 的最短路,再将这条最短路作为增广链,用求解最大流问题的方法,将其上的流量增至最

大可能值;而这条最短路上的流量增加后,其上各条弧的单位流量的费用要重新确定。如此多次迭代,最终得到最小费用最大流。值得注意的是,这里将遇到求解带负权的最短路问题。

下面介绍该解法的求解步骤。

(1) 给定最小费用的初始可行流($f_{ij}^{(0)} = 0$,显然,此时费用为0。令 $k=0$。

(2) 按给定的各条弧的初始单位流量的费用 b_{ij},构造初始费用有向图 $W(f_{ij}^{(0)})$,并以费用 b_{ij} 为长度,求出图 $W(f_{ij}^{(0)})$ 上从 v_s 至 v_t 的最短路 $P^{(1)}$。如果不存在从 v_s 至 v_t 的最短路,则已得到最小费用最大流,停止迭代。否则,转下步。

(3) 根据已知的各条弧的容量 c_{ij} 及可行流 $\{f_{ij}^{(k)}\}$,把刚求出的最短路 $P^{(k+1)}$ 作为增广链,将其上的流量增至最大可能值,从而得到一组新的可行流 $\{f_{ij}^{(k+1)}\}$。

(4) 构造与 $\{f_{ij}^{(k+1)}\}$ 相应的新的费用有向图 $W(f_{ij}^{(k+1)})$。

在最短路 $P^{(k+1)}$,因为各条弧上的可行流变化了,故相应的单位流量的费用也要重新确定。对这条增广链上的每一条弧(i,j):如弧(i,j)未达饱和,则保留此弧,其费用为 b_{ij},如弧(i,j)已达饱和,则将弧(i,j)去掉;又若弧(i,j)的流量为正,则画上一条方向相反的弧(j,i),令其费用为 $-b_{ij}$,如弧(i,j)上的流量为零,则没有方向相反的弧。这样,就得到了 $W(f_{ij}^{(k+1)})$。

值得注意的是,在最短路 $P^{(k+1)}$ 上,只有前向弧,但这些前向弧的单位流量费用可能有正有负。

(5) 求出图 $W(f_{ij}^{(k+1)})$ 上从 v_s 至 v_t 的最短路 $P^{(k+2)}$。如果不存在从 v_s 至 v_t 的最短路,则已得到最小费用最大流,停止迭代。否则,令 $k=k+l$,返回步骤(3)。

【例 5.9】 求图 5.15 所示网络中从 v_1 至 v_5 的最小费用最大流,弧旁的数字为 c_{ij},b_{ij}。

解: 计算过程图示如下:

图 5.16 的(2)、(4)、(6)、(8)、(10)、(12)为费用有向图,

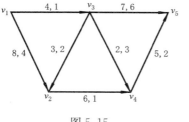

图 5.15

其中的双线所示路径为最短路径。

计算结果如图 5.16 的第(11)张图。因为在第(12)张图,即费用有向图 $W(f_{ij}^{(5)})$ 中,已不存在从 v_1 至 v_5 的最短路,故第(11)张图为最小费用最大流图。最大流量为 9,最小费用为:

$$4\times1+5\times4+5\times1+4\times6+5\times2=63$$

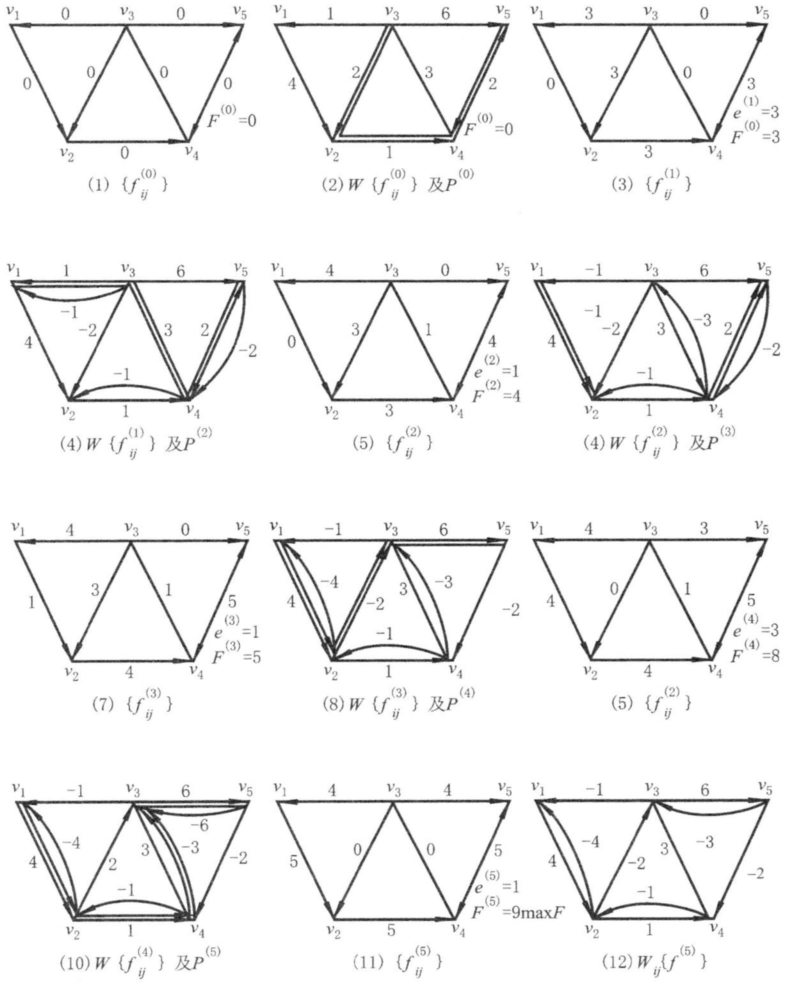

图 5.16

5.5.3 应用举例

【例 5.10】 用最小费用流的方法给出本书第 1 章例 1.4 的最优生产计划。

解： 以三个月的生产为三个发点，三个月末的需求为三个收点，增设一个总发点和一个总收点，绘出具有费用的网络流图，如图 5.17所示，图中每弧旁的第一个数字为容量，表示各种生产能力限制和需求限制，第二个数字为费用，表示正常生产费用、加班生产费用或存贮费，与虚设的发点或收点相关联的弧费用为零。

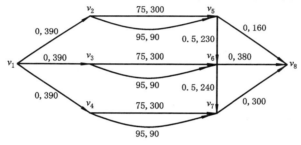

图 5.17

问题转换为求图 5.17 中 v_1 至 v_8 的最小费用最大流。

以零流为初始可行流，前三次的最短路增广链分别为：

$$v_1 \longrightarrow v_2 \xrightarrow{75} v_5 \longrightarrow v_8$$
$$v_1 \longrightarrow v_3 \xrightarrow{75} v_6 \longrightarrow v_8$$
$$v_1 \longrightarrow v_4 \xrightarrow{75} v_7 \longrightarrow v_8$$

三条增广链的路径长均为 75，三条增广链上的调整量分别是：160，300，300。第四次取最短路增广链如下：

$$v_1 \longrightarrow v_2 \xrightarrow{75} v_5 \xrightarrow{0.5} v_6 \longrightarrow v_8$$

其路长为 75.5，调整量为 80，得到图 5.18。第四次调整后，不再有增广链，因此图 5.18 为最小费用最大流。

最优生产计划为：第一月正常生产 240 件，满足第一月的需求 160 件后，剩余的 80 件到第二月销售，第二、三月的生产量均为正常生产 300 件，分别满足所在月的需求；最低总成本为：

$$75 \times (240 + 300 + 300) + 0.5 \times 80 = 63\,040(元)$$

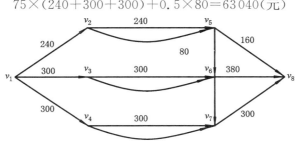

图 5.18

【例 5.11】　设有 A, B, C, D 四个工人,需安排他们完成六种不同的工作 $J_1, J_2, \cdots, J_6$ 共 10 件。每种性质的工作每人最多干一件。每人需完成的工作件数及对各种性质工作的喜爱程度见表 5.4;表中用分数 $1, 2, \cdots, 6$ 来衡量每人对各种性质工作的喜爱程度,分数越低的工作越喜欢干。

表 5.4

喜爱程度 \ 工作	工　　人				该工作件数
	A	B	C	D	
J_1	1	4	5	2	3
J_2	4	2	6	4	2
J_3	3	6	1	6	2
J_4	2	1	4	3	1
J_5	6	5	3	1	1
J_6	5	3	2	5	1
该工人需完成的工作件数	2	2	3	4	

现要求安排这些工人的工作,使得分数的总和最少,即尽量满足他们对工作的喜爱要求。试将该问题表成一个最小费用流问题。

解:　以喜爱程度为"费用",每个工人需完成的工作件数限制和每种性质的工作件数作为容量,A, B, C, D 为四个发点,$J_1, J_2,$

…，J_6 为六个收点，并虚设一个发点 S 和一个收点 T，可得最小费用最大流网络模型如图 5.19 所示。

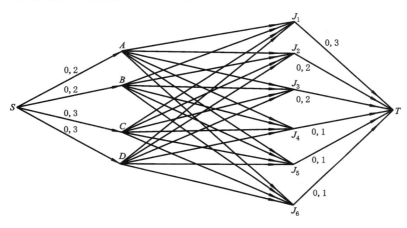

图 5.19

图 5.19 中每弧旁的第一个数字为"费用"，第二个数字为容量，未写数字的弧在此标注如下：

$(A, J_1):1,1;(A, J_2):4,1;(A, J_3):3,1;(A, J_4):2,1;(A, J_5):6,1;(A, J_6):5,1;$

$(B, J_1):4,1;(B, J_2):2,1;(B, J_3):6,1;(B, J_4):1,1;(B, J_5):5,1;(B, J_6):3,1;$

$(C, J_1):5,1;(C, J_2):6,1;(C, J_3):1,1;(C, J_4):4,1;(C, J_5):3,1;(C, J_6):2,1;$

$(D, J_1):2,1;(D, J_2):4,1;(D, J_3):6,1;(D, J_4):3,1;(D, J_5):1,1;(D, J_6):5,1.$

5.6 中国邮递员问题

5.6.1 一笔画问题

一笔画问题是图论中最早研究出来的一个问题，是欧拉于 1736 年研究哥尼斯堡七桥问题时提出来并解决的。七桥问题是：

普雷格尔河中有两个岛,连结两岸和两岛的桥有 7 座,如图 5.20(a)所示。问一个散步者能否每座桥均走且只走一次而最终回到出发点。

欧拉以陆地为点,桥梁为边,将图 5.20(a)抽象为图 5.20(b),七桥问题即变为图 5.20(b)的一笔画问题。下面介绍有关概念。

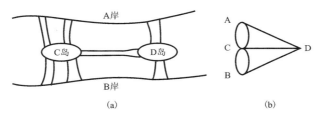

图 5.20

定义 9　给定一个连通多重图,若存在一条链将图中所有边连结起来,且每条边只过一次,则称该链为欧拉链。若存在一个圈,过每边一次,则称该圈为欧拉圈,又称欧拉图。

定理 9　连通多重图 $G=(V, E)$ 是欧拉图的充要条件,是 G 中无奇点。

证明　必要性。设 G 是欧拉图,则 G 的任一点均可作为圈的始点。由于是欧拉图,故从始点出去的边数必与回来的边数相等,因此每一点均是偶点。

充分性。设 G 中无奇点,若 G 只有两个点,则显然 G 就是欧拉图。设 G 至少含有三个点,对边数 $q(G)$ 用数学归纳法。因 G 是连通图且不含奇点,故 $q(G) \geqslant 3$。当 $q(G)=3$ 时,则 G 中的点数 $p(G)$ 必为 3,这时 G 为一个三角形,显然是欧拉图。设结论对 $q(G) \leqslant n(n \geqslant 3)$ 时成立,考虑 $q(G)=n+1$ 的情形,因 G 是不含奇点的连通图,并且 $p(G) \geqslant 3$,故有三个点 $u, v, w \in V$,使 $[u, v]$, $[w, v] \in E$。从 G 中去掉两条边 $[u, v]$ 和 $[w, v]$,再增加一条边 $[u, w]$,则得一个新图 G',若 G' 中存在 u 到 v 或 w 到 v 的一条链,则 G' 仍是无奇点的连通图,由归纳假设知,G' 是欧拉图。若 G' 中 u 到 v 和 w 到 v 的链都不存在,则将所有与 u 相连的点和边放在一边,和 v 相连的点和边放在另一边,得到两个子图 G_1 和 G_2,

$G'=G_1\bigcup G_2,G_1\bigcap G_2=\varphi$,且 G_1 和 G_2 都是无奇点的连通图,其中 $u,w\in G_1$, $v\in G_2$,由归纳假设知 G_1 是欧拉图,G_2 是欧拉图或是孤立点。不妨设 G_2 是欧拉图$(v,\cdots,v)$,欧拉图 G_1 不防设为$(u,\cdots,w,u)$,则欧拉图 G_1 最后经过$[w,u]$时,改为经过链$(w,v,\cdots,v,u)$,则又得一个欧拉图$(u,\cdots,w,v,\cdots,v,u)$,这个欧拉图就是图 G。

定理 10 连通多重图 G 是欧拉链的充要条件是 G 恰有两个奇点。

证明 必要性。设欧拉链 G 的始点为 v_1,终点为 v_n,则 v_1 与 v_n 必为奇点,G 中其他点均为偶点。

充分性。设 G 的两个奇点为 v_1 和 v_n,增加一条边$[v_1,v_n]$,得新图 G',G' 便是无奇点的连通多重图。因此 G' 是欧拉图,在 G' 中去掉一条边$[v_1,v_n]$,既返回到 G,这时 G 正是一条以 v_1 和 v_n 为始点和终点的欧拉链。

判别一个图能否一笔画,只要根据上述两个定理即可解决。上面提到的七桥问题的图是不能一笔画的,即使不要求回到出发点也不能办到,因为该图有四个奇点,多于两个。

5.6.2 中国邮递员问题及其解法

中国邮递员问题是一笔画问题的延伸,即一个邮递员从邮局出发,走遍他负责投递的每一条街道,最后回到邮局,怎样走才能使走过的总路程最短。如果街道图中无奇点,则邮递员很容易走出一条最短的路线,即走欧拉图。若图中有奇点,则邮递员必然要在某些街道上至少重复走一次。问题就是选择哪些街道重复走才能使重复的路程最短,也就是在一个图中增加一些重复边,使之变为最短的欧拉图。为了简便解决这个问题,我们不加证明地引用下面的结论:

最短的投递路线中:①每条边最多重复一次;②街道图中的每个圈,重复走过的边的总长不超过该圈的一半长。

由定理 2,奇点个数为偶数,因此可将奇点两两搭配成对,又因为街道图是连通图,故每对奇点之间必有一条链,将链上所有边重复画一次,如此下去,即可得到一个无奇点的连通多重图;因此是欧拉图。要得到最短的欧拉图,只要再依照上面的两个结论,不断检查,使每条边至多重复一次,若某一圈中重复边的总长超过该圈长的一半,则将该圈中没有重复的边重复画一次,原来该圈已有的重复边擦去,如此下去,即可得到最短的欧拉图。

【**例 5.12**】　某邮递员负责投递的街道如图 5.21 所示,图中 v_2 是邮局。求最佳投递路线。

解：　将 $[v_6 , v_9]$ 重复一次,$[v_2 , v_7]$ 重复一次,$[v_4 , v_5]$ 重复一次,$[v_8 , v_{11}]$,$[v_{11} , v_{10}]$ 各重复一次,得到图 5.22,该图便是欧拉图。由于各重复边只重复一次,故只检验图 5.21 的各圈长。圈 $(v_7 , v_8 , v_{11} , v_{10} , v_7)$ 的长为 16,而该圈中被重复的边的总长为 $9 > 16/2$,故将重复边 $[v_{10} , v_{11}]$ 和 $[v_{11} , v_8]$ 擦去,改为重复 $[v_7 , v_8]$,$[v_7 , v_{10}]$,得到新的欧拉图,如图 5.23 所示。

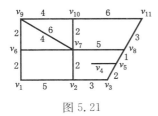

图 5.21

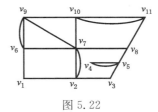

图 5.22

图 5.23 中有一圈 $(v_2 , v_3 , v_5 , v_8 , v_8 , v_2)$,其长为 13,但重复边总长为 $7 > 13/2$,故将重复边 $[v_7 , v_8]$,$[v_7 , v_2]$ 擦去,改为 $[v_2 , v_3]$,$[v_3 , v_5]$,$[v_5 , v_8]$ 各重复一次,又得到一个更短的欧拉图,如图 5.24 所示。

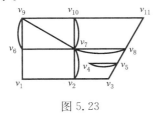

图 5.23

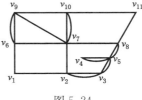

图 5.24

在图 5.24 中每一圈中的重复边总长均不超过所在圈长的一半,故图 5.24 即是最短欧拉图,也就是最佳投递路线。

以上介绍的邮递员问题的解法称为奇偶点图上作业法,这种算法当图中的圈较多时是非常麻烦的,因此有人提出了更好的算法,见本书所列参考文献[3]。

本章最小树、最短路 Dijkstar 算法、最大流三个内容的算法可使用训练系统,注意图形题目的输入方法。

习　题

1. 判断下列说法是否正确:

(1) 在某一图 G 中,当点集 V 确定后,树图是 G 中边数最少的连通图。

(2) 如果图中从 v_1 至各点均有唯一的最短路,则连接 v_1 至其他各点的最短路在去掉重复边后,恰好构成该图的最小树。

(3) 如果图中某点 v_i 有若干个相邻点,与其距离最远的点为 v_j,则边 $[v_i, v_j]$ 必不在该图的最小树内。

(4) 可行流 f 的流量为 0,当且仅当 f 是零流。

2. 有 10 位学生参加 6 门课程的考试,考试门数不完全相同,表 5.5 中打"√"的是各学生应参加考试的课程。规定考试在三天内结束,每天上、下午各安排一门,学生要求每人每天最多考一门,又 A 课程必须安排在第一天上午考,课程 F 要求最后考,课程 B 只能在下午考。试列出一张能满足各方面要求的考试日程表。

表 5.5

学　生	课　程					
	A	B	C	D	E	F
1	√	√		√		
2	√		√			
3	√					√
4		√			√	√
5	√		√	√		
6					√	√
7			√		√	√
8		√		√		
9	√	√				√
10	√		√			√

3. 分别用破圈法和避圈法求图 5.25 中各图的最小树。

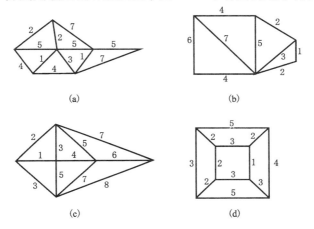

(a)　　　　　　　(b)

(c)　　　　　　　(d)

图 5.25

4. 某公司职员因工作需要购置了一台摩托车,他可以连续使用或任一年末更新。表 5.6 给出了第 i 年初购置或更新的车,使用至第 j 年初所发生的更新费、运行费及维修费总和。试确定此人最佳的更新策略,使从第 1 年初至第 4 年末的各项费用总和最小。

表 5.6

i	j			
	2	3	4	5
1	4.0	5.3	9.6	13.9
2		4.2	5.0	6.0
3			5.0	6.5
4				5.1

5. 已知有 4 个村子,相互间的道路及距离如图 5.26 所示。拟选一村建一所小学,使所有学生走的总路程最短。已知 A 村有小学生 50 人, B 村有小学生 45 人, C 村有小学生 55 人, D 村有小学生 60 人。问小学应选在哪一村。

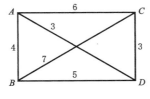

图 5.26

6. 如图 5.27 中每弧旁的数字为 (c_{ij}, f_{ij}) ,求 s 至 t 的最大流,

并且给出一个最小截集。

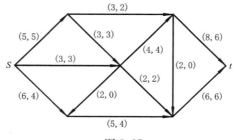

图 5.27

7. 一条流水线有串联的 5 个岗位，现分配甲、乙、丙、丁、戊 5 个工人到这 5 个岗位上去，每个工人在各岗位上的工作效率如表 5.7 所示(单位:件/分)。如何分配，才能使该条流水线的生产能力最大?

表 5.7

工人	工 位				
	I	II	III	IV	V
甲	2	3	4	1	7
乙	3	4	2	5	6
丙	2	5	3	4	1
丁	5	2	3	2	5
戊	3	7	6	2	4

8. 设 x_1, x_2, x_3 是三家工厂，生产能力分别为 30 个单位/天、20 个单位/天、10 个单位/天，y_1, y_2, y_3 是三个仓库。现要把工厂产品通过图 5.28 所示运输网络运到仓库(图中数字为每条线路每天的通过能力)，问现有运输网络能否全部承担下来?

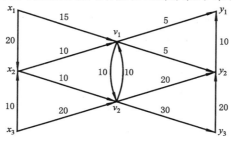

图 5.28

9. 将第 1 章的习题 3 转换为流量下界为零的最小费用最大流的网络图模型,然后由图直接给出此题的最优解。

10. 图 5.29 是一个无向运输网
络图,A 和 B 为发点,供应量为
10 和 40;D 和 E 是收点,需求
量为 30 和 20,C 为转运点;线
段上的数为单位运价 c_{ij} ,运输
时允许各点转运。问题是求总
运费最小的运输方案。

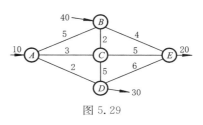

图 5.29

（1）用运输问题的表格模型表述此问题;

（2）用最小费用最大流方法求出此问题的最优运输方案。

11. 求解图 5.30 所示的中国邮递员问题,图中"▬"代表邮局。

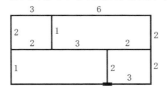

图 5.30

12. 设 $G=(V,\ E)$ 是一个简单图,令 $\delta(G)=\min\limits_{v \in V}\{d(v)\}$ 。证明:

(1)若 $\delta(G) \geqslant 2$,则 G 必有圈;

(2) 若 $\delta(G) \geqslant 2$,则 G 必有包含至少 $\delta(G)+1$ 条边的圈。

13. 设 G 是一个连通图,不含奇点。证明:从 G 中丢去任一条边后,得到的图仍是连通图。

14. 设 $D=(V,\ A,\ C)$ 是一个网络。证明:如果 D 中所有弧的容量 c_{ij} 都是整数,那么必存在一个最大流 $f=\{f_{ij}\}$,使所有 f_{ij} 都是整数。

第6章   网络计划技术

　　网络计划技术是运用网络图的形式来组织项目和进行计划管理的一种科学方法。它的基本原理是利用网络图表示计划任务的进度安排，并反映出组成计划任务的各项活动之间的相互关系，然后在此基础上进行网络分析，计算网络时间，确定关键活动和关键线路，利用时差，不断改善网络计划，求得工期、资源与成本的综合优化方案。

　　从20世纪50年代起，国外就开展了这方面的研究工作。1956年，美国杜邦公司研究设计了一种运用网络图制定计划的方法，它不仅能表示出任务和时间，而且还表明了它们之间的相互关系，给这种方法取名为"关键线路法"(Critical Path Method)，简称CPM。在CPM出现的同时，1958年美国海军特种计划局在研制北极星导弹过程中，也提供了一种以数理统计为基础，以网络分析为主要内容，以电子计算机为手段的新型计划管理方法，称为计划评审方法(Program Evaluation & Review Technique，缩写为PERT)等，这些方法都是建立在网络模型基础上，称为网络计划技术。我国已故著名数学家华罗庚先生将这些方法总结概括称为统筹方法，并在20世纪60年代初引入我国，而且身体力行地进行推广应用。目前，这些方法被世界各国广泛应用于工业、农业、国防、科研等计划管理中，对缩短工期、节约人力、物力和财力，提高经济效益发挥了重要作用。

　　统筹方法的基本原理是：从需要管理的任务的总进度着眼，以任务中各工作所需要的工时为时间因素，按照工作的先后顺序和相互关系作出网络图，以反映任务全貌，实现管理过程的模型化。然后进行时间参数计算，找出计划中的关键工作和关键路线，对任务的各项工作所需的人、财、物通过改善网络计划作出合理安排，求得最优方案付诸实施。还可对各种评价指标进行定量化分析，在计划的实施过程中，进行有效的监督与控制，以保证任务优质优量地完成。

6.1　网络图及其绘制规则

网络图又称箭头图，由带箭头的线和节点组成。箭线表示工作(或活动)，节点表示事项。工作是组成整个任务的各个局部任务，需要一定的时间与资源，而事项则是表示一个或若干个工作的开始或结束，与工作相比，它不需要时间或所需时间少到可以忽略不计。例如，某工作 a 可以表为：

圆圈和里面的数字代表各事项，写在箭杆中间的数字 5 为完成本工作所需时间，这里的工作 a 即为(1,2)，涉及两个事项：1,2。

虚工作用虚箭线表示。它表示工时为零，不消耗任何资源的虚构工作。其作用只是为了正确表示工作的前行后继关系。

6.1.1　网络图的绘制规则

把表示各个工作的箭线按照先后顺序及逻辑关系，由左至右排列画成图。再给节点统一编号，节点 1 表示整个计划的开始(总开工事项)，图中最大的数码 n 表示计划结束事项(总完工事项)，节点由小到大编号，对任一工作(i,j)来讲，必有 j>i。

在绘制网络图时，要注意以下规则：

(1) 网络图只能有一个总起点事项，一个总终点事项。

图 6.1 中有两个总起点事项①，⑦；三个总终点事项④，⑥，⑨，不符合规则。

(2) 网络图是有向图，不允许有回路。

图 6.2 中③→⑤→⑥→③是回路，不符合规则。

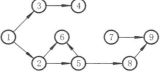

图 6.1

（3）节点 i,j 之间不允许有两个或两个以上的工作。

如图 6.3 不符合规则。

（4）必须正确表示工作之间的前行、后继关系。

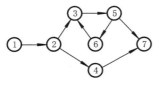

图 6.2

例如，四道工作 a,b,c,d 的关系为：c 必须在 a,b 均完成后才能开工，而 d 只要在 b 完工后即可开工，如果画成图 6.4 所示的图形，那么就是错误的。因为本来与 a 工作无关的工作 d 被错误地表示为必须在 a 完成后才能开工。

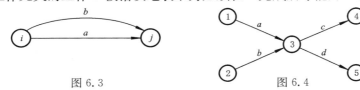

图 6.3　　　　　　　　　　　图 6.4

（5）虚工作的运用：

例如，前面不符合规则的图 6.1，图 6.3，图 6.4 用添加虚工作的方法改画为图 6.5，图 6.6，图 6.7 就是正确的了。

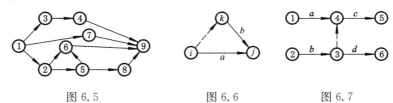

图 6.5　　　　　　　　图 6.6　　　　　　　　图 6.7

虚工作还可以用于正确表示平行工作与交叉工作。一道工作分为几道工作同时进行，称为平行工作，如图 6.8(a)中市场调研(2,3)需 12 天，如增加人力分为三组同时进行，可画为图 6.8(b)。

两件或两件以上的工作交叉进行，称为交叉工作。如果工作

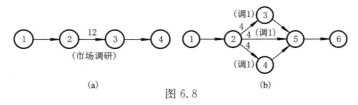

(a)　　　　　　　　　　　　　　　(b)

图 6.8

A 与工作 B 分别为挖沟和埋管子,那么它们的关系可以是挖一段埋一段,不必等沟全部挖好再埋。这就可以用交叉工作来表示,如果把这两件工作各分为三段,$A=a_1+a_2+a_3$,$B=b_1+b_2+b_3$,则可用图 6.9 表示。

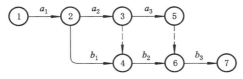

图 6.9

　　遵循上述画图规则是为了保证网络图的正确性,此外为了使图面布局合理、层次分明、条理清楚还要注意画图技巧。例如,要尽量避免箭杆的交叉,图 6.10(a)中许多交叉的箭杆实际可以避免,整理改画为图 6.10(b)就比较清晰了。

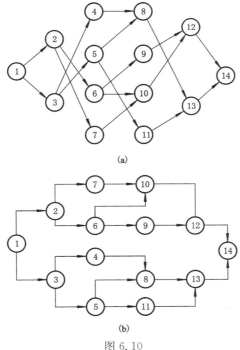

(a)

(b)

图 6.10

通常网络图的工作箭杆画成水平方式,以便于阅读和计算,如图 6.10(b)所示。

6.1.2 实例

一般绘制网络图可分为三步。我们用某新产品投产前全部准备工作来说明。

一、任务的分解

一个任务首先要分解成若干项工作,并分析清楚这些工作之间工艺上和组织上的联系及制约关系,确定各工作的先后顺序,列出工作项目明细表,见表 6.1。

表 6.1

工作	工作内容	紧前工作	工时(周)
A	市场调查		4
B	资金筹备		10
C	需求分析	A	3
D	产品设计	A	6
E	产品研制	D	8
F	制定成本计划	C,E	2
G	制定生产计划	F	3
H	筹备设备	B,G	2
I	筹备原材料	B,G	8
J	安装设备	H	5
K	调集人员	G	2
L	准备开工投产	I,J,J	1

这里所说的紧前工作乃是这样的意义,以工作 C 为例说明之。表中 C 的紧前工序是 A,表明工作 A 刚一完成,工作 C 即可开始,而工作 A 不完成,则工作 C 不能开始。

二、绘制网络图

按照明细表中所示的工作遵循前面的画图规则作出网络图，并在箭线上标出工时，如图 6.11 所示。

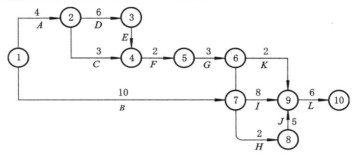

图 6.11

三、节点编号

事项节点编号要满足前面曾述及的要求，即从始点到终点要从小到大编号，且对工作 (i,j) 要求 $i<j$。编号不一定连续，留些间隔便于修改和增添工作。

以上介绍的网络图画法是用箭线表示工作，每个工作用其首尾两端事项表示，如 (i,j)。这种网络图称为双代号网络图。双代号网络图由于常常要加入虚工作，使图显得比较复杂，与此相应，国际上还流行一种单代号网络图。它用节点表示工作，用箭线表明工作之间的关系构成网络，上面例子的单代号网络图如图 6.12 所示。

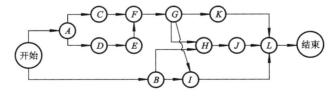

图 6.12

由图 6.12 可以看出，图中没有虚箭线，工作关系比较清晰，但由于节点就是工作，在检查工作进度时，不如双代号使用方便。

6.1.3 网络图分类

网络图可以根据不同指标分类。

一、确定型与概率型网络图

按工时估计的性质分类：每个工作的预计工时只估一个值，称为确定型网络图。这通常是因为这些工作可按预计工时达到，即实现的概率等于1或接近于1。而每个工作用三种特定情况下的工时——最快可能完成工时，最可能完成工时，最慢可能完成工时来估计时，称为概率型（非确定型）网络图。

二、总网络图与多级网络图

如按网络图的综合程度分类，同一个任务可以画成几种详略程度不同的网络图：总网络图、一级网络图、二级网络图等，分别供总指挥部、基层部门、具体执行单位使用。

总网络图画得比较概括、综合，可反映任务的主要组成部分之间的组织联系，这种图一般是指挥部门使用，一则重点突出，二则便于领导掌握任务的关键路线与关键部门。一级、二级网络图则一级比一级更为细微、具体，便于具体部门及单位在执行任务时使用。为了便于管理，各级网络图中工作和事项应实行统一编号。

除此之外，网络图还可以根据其他指标划分为各种类型，如按有、无时间坐标区分，网络图可分为有时间坐标和无时间坐标两种。有时间坐标网络图中附有工作天或日历天的标度，表示工作的箭杆长度要按工时长度准确画出。

6.2 时间参数的计算

计算网络图中有关的时间参数，主要目的是找出关键路线，为网络计划的优化、调整和执行提供明确的时间概念。

网络时间包括工作时间，以事项为对象的三种时间或以工作为对象的六种时间。

6.2.1　工作时间概念

工作时间($T(i,j)$)是指完成某一项工作所需要的时间。其估计方法有两种：

一、单一时间估计法

一般请有关人员一起，采用有经验估计法，给每个工作估计一个工作时间。

二、三点估计法

通常将工作时间按三种情况估计：

(1)最乐观完成时间，用 a 表示；

(2)最保守的完成时间，用 b 表示；

(3)最可能的完成时间，用 m 表示。

然后按下述公式求出工作时间的平均值：

$$T(i,j)=(a+4m+b)/6$$

6.2.2　事项时间

事项时间有三个：事项最早开始时间，事项最迟结束时间，事项时差。

(1)事项最早开始时间($TE(i)$)的含义是从事项 i 开始的各项活动最早可以开始的时刻，即从始点事项到该事项最长线路的时间总和。因此，作为一项任务，首项工作的始点事项的最早开始时间等于 0；某一箭头所指事项的最早开始时间由它的箭尾事项的最早开始时间加上本身工作时间决定。但如果有多箭线与箭头事项相连，则应选其中箭尾事项最早开始时间与相应工作时间相加之和的最大值为该箭头事项的最早开始时间，用数学公式表示为：

$$TE(1)=0,\qquad \text{式中，1 为始点事项的编号}$$

$$TE(i)=\max(TE(k)+T(k,i))$$

$$k<i$$

事项最早开始时间的计算，应从始点开始，从左到右，顺箭线

方向进行。通常把结果用"□"括起,并标在相应的事项旁。图
6.13所示的各事项的最早开始时间按上述公式计算结果见图6.14。

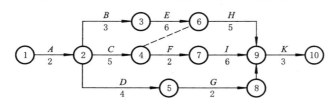

图 6.13

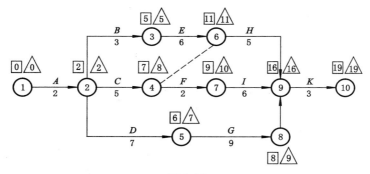

图 6.14

(2)事项最迟结束时间($TL(j)$)的含义是以事项 j 为结束的各
项工作最迟必须完工的时刻。即指如在这个时刻该事项不完工,
就要影响其各紧后工作的按时开工及总完工期。作为终点的最迟
结束时间就是项目的总完工期,并且与终点事项的最早开始时间
相等。一个箭尾事项的最迟结束时间由它的箭头事项的最迟结束
时间减去相应的工作时间决定,但如果从此箭尾事项引出多条箭
线时,应选其中箭头事项的最迟结束时间与相应工作时间相减之
差的最小值为该箭尾事项的最迟结束时间。用数学公式表示为:

$$TL(n)=TE(n),\qquad 式中,n 为终点事项的编号$$
$$TL(j)=\min(TL(k)-T(j,k))$$

$j<k$ 事项最迟开始时间的计算,应从终点开始,从右到左,逆
箭线方向进行,结果用△括起,与表示事项最早开始时间的□上下
或左右排列,标在相应的事项旁。图6.13的计算结果见图6.14。

（3）事项时差（$S(i)$）是指在不影响整个项目完工期或下一个事项最早开始的情况下，该事项可以推迟的时间。计算方法是用该事项的最迟结束时间减去最早开始时间。用数学公式表示为：

$$S(i) = TL(i) - TE(i)$$

时差为零并满足条件：

$$TE(j) - TE(i) = TL(j) - TL(i) = T(i,j)$$

的事项，称为关键事项。将它们按编号顺序从始点到终点串连起来就是该项任务的关键线路。

6.2.3　工作时间参数

除开 6.2.1 所说的工作时间估计值 $T(i,j)$ 以外，还有 5 种工作时间参数：工作最早开始时间；工作最早结束时间；工作最迟开始时间；工作最迟结束时间；时差。

一、工作最早开始时间（$ES(i,j)$）

工作最早开始时间 $ES(i,j)$ 是指一个工作必须等它的所有紧前工作完工以后才能开始的最早时间。计算方法是用该工作的紧前工作的最早开始时间，加上紧前工作的工作时间，当遇到紧前工作有多个时，应选其中最早开始时间加上工作时间之和的最大值。与始点事项相连接的各个工作的最早开始时间等于 0。计算时应从与始点相连接的工作开始，从左到右，依次计算。用数学公式表示为：

$$ES(i,j) = 0$$
$$ES(i,j) = \max(ES(h,i) + T(h,i)), \quad (h < i < j)$$

某项工作的最早开始时间，在数值上等于该工作箭尾事项的最早开始时间，即

$$ES(i,j) = TE(i)$$

二、工作最早结束时间（$EF(i,j)$）

工作最早结束时间 $EF(i,j)$ 是指一个工作必须等它紧前各工作完工后其自身也完工的时间。其值等于该工作最早开始时间加

上自身的工作时间。即

$$EF(i,j)=ES(i,j)+T(i,j)=TE(i)+T(i,j)$$

三、工作最迟开始时间($LS(i,j)$)

某项工作的最迟开始时间是指在不影响其紧后各工作按时开始,该工作最迟必须开始的时间,计算方法是用该工作的紧后工作的最迟开始时间,减去本身的工作时间。当遇到紧后工作有多个时,应选其中紧后各工作最迟开始时间,分别减去该工作时间之差的最小值。与终点相连接的各工作的最迟开始时间,等于总工期减去各自的工时。计算方向是从与终点相连的工作开始,由右到左,依次计算,用数学公式表示为:

$$LS(i,n))=总工期-T(i,n),\quad 式中,n 为终点事项编号$$
$$LS(i,j))=\min\{LS(j,k)-T(i,j)\}$$
$$i<j<k$$

某项工作的最迟开始时间,在数值上等于该工作箭头事项最迟结束时间减去自身工时之差,即

$$LS(i,j))=TL(j)-T(i,j)$$

四、工作最迟结束时间($LF(i,j)$)

某项工作的最迟结束时间是指为了不影响紧后各工作按时开始,该工作本身最迟完工的时间,其时间值等于该工作最迟开始时间加上自身工作时间之和,即

$$LF(i,j)=LS(i,j)+T(i,j)$$

某项工作最迟结束时间,在数值上等于该工作箭头事项的最迟结束时间,即

$$LF(i,j)=TL(j)$$

五、时差

时差是指某道工作的最迟开始时间与最早开始时间的差数。如果某工作在最早开始时间开工,又在最迟结束时间完工,这两个时间之差若大于该工作的作业时间,就会产生时差。时差表明某

工作可以利用的机动时间。时差可分为工作总时差、工作分时差，结点时差和线路时差。在实际工作中多采用工作总时差。工作总时差是指该工作的完工期，在不影响整个项目总工期的条件下，可以推迟的机动时间。用 $TF(i,j)$ 表示。工作总时差的计算公式为：

$$TF(i,j) = LS(i,j)) - ES(i,j)$$
$$= LF(i,j) - EF(i,j)$$
$$= TL(j) - TE(i) - T(i,j)$$
$$= LF(i,j) - ES(i,j) - T(i,j)$$

如果 $TF(i,j) = 0$，那么说明这道工作是关键工作，没有一点机动时间。把总时差为零的各工作依次连接起来就是关键线路，如图 6.14 中的关键线路是：$A—B—E—H—K$，其中 △ 与 □ 内的数字分别代表事项最早开始时间与事项最迟结束时间。

6.2.4　关键线路的确定

计算网络时间参数还有一个目的就是要找出网络计划中的关键工作和关键线路。所谓关键工作就是没有任何机动时间可资利用的工作。任何关键工作的拖延而不能补救时，都将延误工期。网络计划的线路是连接起点节点至终点节点的一系列箭线和首尾衔接处的节点组成的一条通路。而关键线路也就是自起点节点至终点节点而由关键工作所连接起来的线路。在关键线路上没有任何可以机动使用的时间。

确定关键线路有两种常用方法。

一、利用关键工作确定

把所有总时差为 0 或为负值（或最早开始时间等于或者小于最迟开始时间）的工作首尾相接地连接起来，构成一条线路，即为关键线路。

二、利用关键节点确定

所谓关键节点是指最早时间与最迟时间相等的节点。利用关键节点确定关键线路的方法是：先把所有关键节点加成双圈标出，然后自起点节点开始,用特殊线条沿箭线方向前面的双圈节点组成;直至终点节点为止,这就是网络计划的关键线路。但要注意,在自前向后连接时,如在前进线路上出现有两条或两条以上都有双圈节点,出现连接岔道时,就要分别对各条岔道上的各项工作做如下检验:

$$TL(j) - TE(i) \leqslant T(i,j)$$

如果不符合这个条件,那么这条箭线就不能用特殊线条连接。

6.2.5 概率型网络图的完工时间概率与方差

在 6.2.1 中,介绍了用"三点估计法"来确定每项工作的平均作业时间,在这里给出按均值计算的作业时间与网络计划平均完工时间的方差,另外对每一种完工时间的概率给出计算方法。

设一条关键线路上有 n 项关键工作,其中,第 i 项工作的最乐观完成时间为 a_i,最悲观完成时间为 b_i,最可能完成时间为 m_i,平均完成时间为 t_i,则容易算出,第 i 项工作以均值为作业时间的方差为:

$$\sigma_i^2 = \left(\frac{b_i - a_i}{6}\right)^2$$

所以整个网络计划的总完工期是一个期望工期。它是关键路线上各道工作的平均工时之和:$T_e = \sum_{i=1}^{n} t_i$,总完工期的方差就是关键线路上所有工序的方差之和:$\sum_{i=1}^{n} \sigma_i^2$。

若工作足够多,每一工作的工时对整个任务的完工期影响不大时,由中心极限定理可知,总完工期服从以 T_e 为均值,以 $\sum_{i=1}^{n} \sigma_i^2$ 为方差的正态分布。

为达到严格控制工期,确保任务在计划期内完成的目的,我们可以计算在某一给定期限 T_s 前完工的概率。可以指定多个完工期 T_s,直到求得有足够可靠性保证的计划完工期 T_s,将其作为总工期。

$$P(T \leq T_S) = \int_{-\infty}^{T_S} N(T_e, \sqrt{\sum \sigma_i^2}) \mathrm{d}t$$

$$= \int_{-\infty}^{\frac{T_S - T_e}{\sqrt{\sum \sigma_i^2}}} N(0,1) \mathrm{d}t$$

$$= \Phi\left(\frac{T_S - T}{\sqrt{\sum \sigma_i^2}}\right)$$

式中, $N(T_e, \sqrt{\sum \sigma_i^2})$——以 T_e 为均值,以 $\sqrt{\sum \sigma_i^2}$ 为方差的正态分布;

　　$N(0,1)$——标准正态分布。

【例 6.1】 已知某一网络计划中各件工作的 a, m, b 值(单位为月),见表 6.2 的第 2,3,4 列。要求:

(1) 每件工作的平均工时 t 及均方差;

(2) 画出网络图,确定关键路线;

(3) 在 25 个月前完工的概率。

解: (1) 先计算出各项工作的平均工时 t 和 σ;填入表 6.2 的第 5,6 列中。

表 6.2

工　　作	a	m	b	t	σ
①→②	7	8	9	8	0.333
①→③	5	7	8	6.833	0.5
②→⑥	6	9	12	9	1
③→④	4	4	4	4	0
③→⑤	7	8	10	8.167	0.5
③→⑥	10	13	19	13.5	1.5
④→⑤	3	4	6	4.167	0.5
⑤→⑥	4	5	7	5.167	0.5
⑤→⑦	7	9	11	9	0.667
⑥→⑦	3	4	8	4.5	0.833

(2) 按 t 值计算出各工作的最早开工时间 ES 都最迟开工时间

LS,总时差 TF,见表 6.3。

表 6.3

工　作	ES	LS	TF
①→②	0	3.333	3.333
①→③	0	0	0
②→⑥	8	11.333	3.333
③→④	6.833	6.999	0.166
③→⑤	6.833	6.999	0.166
③→⑥	6.833	6.833	0
④→⑤	10.833	10.999	0.166
⑤→⑥	15	15.166	1.166
⑤→⑦	15	15.833	0.833
⑥→⑦	20.333	20.833	0

由此得到关键线路,见图 6.15 中的双箭线。

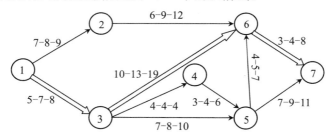

图 6.15

从表 6.3 看出,时差为零的工作为 (1,3),(3,6).(6,7),所以关键线路为①—③—⑥—⑦,总完工期为 24.833(月)。

(3) 由于关键工作为 (1,3),(3,6),(6,7),所以

$$\sqrt{\sum \sigma^2} = \sqrt{\sigma_{1,3}^2 + \sigma_{3,6}^2 + \sigma_{6,7}^2}$$
$$= \sqrt{0.5^2 + 1.5^2 + 0.833^2}$$
$$\approx 1.787$$

在 25 个月前完工概率为:

$$P(T \leq 25) = \int_{-\infty}^{\frac{25-24.833}{1.787}} N(0,1)\mathrm{d}t$$
$$= \Phi(0.099)$$
$$= 53.98\% \text{（月）}$$

应用类似办法，可以求得任务中某一事项 i 在指定日期 $T_s(j)$ 前完成的概率，只须把算式中的 T_s 换为事项 i 的最早可能时间 $TE(i)$，而 $\sqrt{\sum \sigma_i^2}$ 的含义变为事项 i 的最长的先行工作线路所需时间的方差即可。即：

$$P(T \leq T_s(i)) = \Phi\left[\frac{T_S(i) - TE(i)}{\sqrt{\sum \sigma^2}}\right]$$

计算出每一事项按期完工概率后，具有较小概率的事项应持别注意，凡是以它为完工时间的工作均应加快工作进度。

另外，还应注意那些从始点到终点完工日期与总工期相近的次关键线路，计算它们按总工期完工的概率，实施计划时要对其中完工概率较小的一些线路从严控制进度。

6.3　网络图的优化

网络计划的优化，是在满足既定约束条件下，按某一目标，通过不断改善网络计划寻求满意方案。网络计划的优化目标按计划任务的需要和条件选定，有工期目标、费用目标和资源目标，与此相对应，网络计划优化问题有工期优化、费用优化和资源优化。

6.3.1　工期优化

工期优化就是压缩计算工期，以达到要求工期的目标，或在一定约束条件下使工期达到最短的过程。

工期优化的具体实施步骤：

（1）找出网络计划中的关键线路并计算出计划工期。

（2）按要求工期计算应缩短的时间

$$\Delta t = t_c - t_r$$

式中,t_c 为计算工期;t_r 为要求工期。

(3) 按下列因素选择应优先缩短持续时间的关键工作:

①缩短持续时间对质量和安全影响不大的工作;

②有充足备用资源的工作;

③缩短持续时间所需增加的费用最少的工作。

(4)将可缩短时间的关键工作进行优先排序,首先需要缩短时间的关键工作排为 1 号,第二需要缩短时间的关键工作排为 2 号,依次类推。并以全部的关键工作构造流网络,每边容量取用相应工作的排序序号,若某工作已不能缩短工时,则容量应取为无穷大。

(5)求流网络的最大流,当求出最大流时,所得到的最小截集上的工作就是总的应优先缩短时间的一组关键工作,缩短这组关键工作的时间,缩短时间均为:关键路线的时长 — 次关键路线的时长(或要求的工期),若此数字超过可缩短的极限时间要求,则以极限可缩短时间为准。

(6) 若计算工期仍超过要求工期,则重复以上步骤,直到满足工期要求或工期已不能再缩短为止。

(7) 当所有关键工作的持续时间都已达到最短持续时间而工期仍不满足要求时,应对计划的原技术、组织方案进行调整,或对要求工期重新审定。

【例 6.2】 已知网络计划如图 6.16 所示,箭杆下方括号外为正常持续时间,括号内为最短持续时间,假定要求工期为 50 天。根据实际情况并考虑选择应缩短持续时间的关键工作宜考虑的因素,缩短顺序为 B、C、D、E、G、H、I、A。试对该网络计划进行优化。

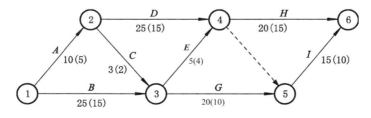

图 6.16

解:(1)确定初始网络计划的关键路线及正常工期,如图 6.17

所示,在图 6.17 中,粗线部分为关键路线,也是流网络,B、G、I 的排序为 1,2,3,因此最小截集的关键工作为 B,故先将 B 压缩 5 天,得到图 6.18。

(2)再确定关键线路及计算工期,如图 6.18 所示。

(3)图 6.17 中有两条关键线路:①→③→⑤→⑥和①→②→④→⑥,这两条关键线路以关键工作可压缩的优先序号作为容量,即是一个流网络,其最小截集为 D、B 两个关键工作,可将它们均压缩 5 天,得到图 6.19,网络计划图 6.19 已满足题述要求。

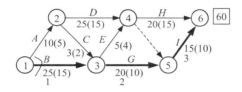

图 6.17

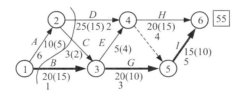

图 6.18

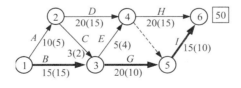

图 6.19

6.3.2　费用优化

费用优化又叫时间费用优化,它是研究如何使得工程完工时间短、费用少;或者在保证既定的完工时间条件下,所需要的费用最少;或者在限制费用的条件下,工程完工时间最短。一句话,就是寻求最低成本时的最短工期(称之为最低成本日程)的安排。

　　为完成一项工程(任务),所需要的费用分为两大类:一类是直接费,它一般包括直接生产工人的工资及支付给他们的其他名义的款项,设备、能源、工具及材料消耗等直接与完成工作有关的费用,它随着工期的缩短而增加;另一类是间接费,它一般包括管理人员的工资及支付给他们的其他名义的款项、办公费、差旅费、教育培训费等等,它随着工期的缩短而减少。

　　完成工程项目的直接费、间接费、总费用与工程完工时间的关系,一般情况下如图 6.20 所示。由于直接费随工期缩短而增加,间接费随工期缩短而减少,必有一个总费用最少的工期,即最低成本日程(T_0),这便是费用优化所要寻求的目标。

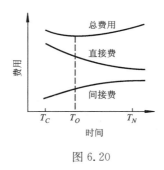

图 6.20

图中,T_C——最短工期;

　　　T_N——正常工期;

　　　T_o——优化工期。

　　费用优化的具体实施步骤如下:

　　(1) 计算出工程总直接费,工程总直接费等于组成该工程的全部工作的直接费的总和。

　　(2) 算出直接费用率,直接费用率是指缩短单位工作时间所需增加的直接费。直接费用与工作所需工时关系,通常假定为直线关系,如图 6.21 所示。工作(i,j)的正常工时为 D_{ij},所需费用 M_{ij};特急工时为 d_{ij},所需费用 m_{ij},用 ΔC_{i-j}^D 表示工作(i,j)的直接费用

率,则有:

$$\Delta C_{i-j}^{D}=\frac{m_{ij}-M_{ij}}{D_{ij}-d_{ij}}$$

（3）确定出间接费的费用率,间接费的费用率是缩短每一单位工作持续时间所减少的间接费。工作(i,j)的间接费率用 ΔC_{i-j}^{D} 表示,其值一般根据实际情况定。

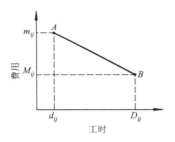

图 6.21

（4）找出网络计划中的关键线路和次关键线路并计算出工期。

（5）在网络计划中找出直接费率或组合直接费率最低的一项关键工作或一组关键工作,确定方法如下:

以全部的关键工作构造流网络,每边容量取用相应工作的直接费用率,若本工作已不能缩短工时,容量应取大于间接费率的数字;求流网络的最大流,当求出最大流时所得到的最小截集上的工作就是直接费用增加最少的一组关键工作。

（6）若最小截集上的组合直接费用率高于间接费率,则转步骤（7）;否则缩短找出的一组关键工作的持续时间,其缩短值取为这组关键工作可缩短时间的最小值,若缩短后的原有的关键线路的时长比次关键线路的时长还小,则只缩短到次关键线路的时长为止;转至步骤（4）。

（7）计算工期缩短后的总费用,此时的总费用即为最低的,此时的工期为最低成本日程 T_0,结束。

【例 6.3】　已知图 6.22 中各道工作的正常作业时间（已标在各条弧线的下面）和最短作业时间,以及对应于正常作业时间、最短作业时间各工作所需要的直接费和每缩短一天工期需要增加的

直接费,见表 6.4。又已知工程项目每天的间接费为 400 元,求该
工程项目的最低成本日程。

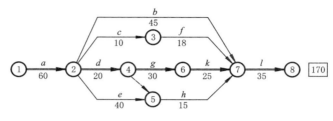

图 6.22

表 6.4

工作	正常情况下		采取措施后		直接费用率(元/天)
	正常作业时间(天)	工作的直接费(元)	最短作业时间(天)	工作的直接费(元)	
a	60	10000	60	10000	—
b	45	4500	30	6300	120
c	10	2800	5	4300	300
d	20	7000	10	8500	150
e	40	10000	35	12500	500
f	18	3600	10	5440	230
g	30	9000	20	12500	350
h	15	3750	10	4750	200
k	25	6250	15	9150	290
l	35	12000	30	15000	600

解: 按图 6.22 及表 6.4 中的已知资料,若按图 6.22 安排,工
程工期为 170 天,则工程的直接费为:

$$10\,000+4\,500+2\,800+7\,000+10\,000+3\,600+9\,000$$
$$+3\,750+6\,250+12v000=68\,900 (元)$$

工程的间接费为:

$$170\times400=68\,000(元)$$

故总费用 $C_{T_1}^N$ 为:

$$C_{T_1}^N=直接费+间接费=136\,900(元)$$

如果缩短图 6.22 所示网络计划的完工时间,必须要缩短关键线路上直接费用率最低的工作的作业时间,而关键线路为 ①→②→④→⑥→⑦→⑧,时长为 170 天,次关键线路的时长为 140 天,关键线路上工作 k 的直接费用率为 290,最低,且低于间接费率。故将工作 k 的时间缩短,最多可缩短 10 天,工作 k 缩短到极限时间后,关键线路仍为上述的一条,但此时的直接费用率最低的关键工作为 g,g 的直接费用率为 350,低于间接费率,故继续缩短 g 到极限时间,即把 g 工作缩短 10 天,结果如图 6.23 所示,总工期为 150 天,总费用降低:

$$[(400-290)+(400-350)]\times10 = 1600\ (元)$$

从图 6.22 中,可知现在有两条关键线路 ①→②→④→⑥→⑦→⑧与①→②→⑤→⑦→⑧,为此,构造流网络如图 6.23 所示。

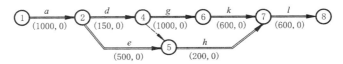

图 6.23

图 6.23 中,每条弧均为关键工作,每弧旁括号中的第一个数字为容量,其值等于对应工作的直接费用率,第二个数字为初始可行流量,可取为 0。用第 5 章求最大流的方法求出最大流与最小截集如图 6.24 所示。

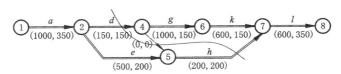

图 6.24

最小截集为 d、h 两工作,最小截量即最小截集上关键工作的直接费用率的总和,为 $200+150=350$,低于间接费率 400,故工期和成本均可进一步降低;此时次关键线路的时间为 140 天,关键线路的时间为 150 天,还可缩短 10 天,但最小截集中 h 工作只能缩短 5 天,故取 d、h 同时缩短 5 天,此时总费用又降低:$(400-350)\times5$

＝250(元),总工期为 145 天。改进的网络计划如图 6.25 所示。

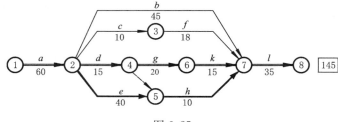

图 6.25

继续用上述方法求得新的最小截集为 d、e 工作,最小截量为 $150+500=650$,超过间接费率,故已得最低成本日程,为 145 天,最低成本为:

$$C_{T_3}^N = 136\,900 - 1\,600 - 250 = 135\,050 \text{ (元)}$$

6.3.3 资源优化

资源是为完成任务所需的人力、材料、机械设备和资金等的总称。完成一项工程任务所需的资源量基本上是不变的,不可能通过资源优化将其减少,更不可能通过资源优化将其减至最少。资源优化是通过改变工作的开始时间,使资源按时间的分布符合优化目标。因此,资源优化主要有"工期固定—资源均衡"和"资源有限—工期最短"两种。"工期固定—资源均衡"的优化过程是调整计划安排,在工期保持不变的条件下(即要求工程在国家颁布的工期定额,甲、乙双方签定的合同工期,或上级机关下达的工期指标范围内完成),使资源需用量尽可能均衡的过程。"资源有限—工期最短"的优化过程是调整计划安排,以满足资源限制条件,并使工期拖延最少的过程。基于篇幅的限制,这里只给出"资源有限—工期最短"的优化过程。

具体优化过程的步骤是:

第一步:

(1) 根据各个工作间的相互关系绘制相应于各工作最早开始的时间坐标网络图及资源需要量动态曲线,从中可以找出关键线路的长度,位于关键线路的工作以及位于非关键线路上各工作的总时差[如例 6.4 中图 6.27 里的虚线所示],如果资源需要量超过了可能供应的数量,那么就需要进行调整。

(2) 假定用 t 表示时间瞬时, t_0 表示整个网络计划的开始瞬时,即 $t_0=0$,资源需要量动态曲线一般是一个阶梯形的曲线, t_1 表示从网络始点出发的持续时间最短的那项工作的结束时刻,假定在时段 $[t_0,t_1]$ 内每天需要的资源数量为常数,即相应于阶梯曲线中的第一个阶梯。

首先研究在时段 $[t_0,t_1]$ 内的工作,即 $T(i,j) \geqslant t_1$ 的工作。根据以下原则对这些工作进行编号:先对位于关键线路上的工作进行编号,编号为 $l,2,3,\cdots,K$。然后对位于非关键线路上的工作按其总时差的递增顺序进行编号,其编号为 $K+l,K+2,\cdots\cdots$如果有总时差相等的非关键工作,则按其每天需要资源数量的递减顺序进行编号。

(3) 把位于时段 $[t_0,t_1]$ 内的工作,按编号从小到大的顺序对每天需要资源数量进行累加,加到每天需要的资源总数量不超过资源限额为准。余下的工作,全部推移至本时段后面开始。

第二步:

假定计算到时段 $[t_0,t_k]$ 均末超过资源的限额,就继续进行时段 $[t_k,t_{k+1}]$ 的分析。时段 $[t_k,t_{k+1}]$ 内的工作,有的在时刻 t_k 前或就在时刻 t_k 时开始,有的在时刻 t_{k+1} 后或就在时刻 t_{k+1} 时结束的。这时根据以下原则对这些工作进行编号。

(1) 对于不允许内部中断的工作,先对在时间 t_{k+1} 之前开始并在 t_k 之后结束的工作进行编号,编号的顺序按照各工作新的总时差与该项工作从开始到 t_{k+1} 的距离之差 $l=TF(i,j)-[t_{k+1}-ES(i,j)]$ 的递增顺序进行编号。然后对在时段 $[t_k,t_{k+1}]$ 内余下的工作,按第一步原则编号。

(2) 对于允许内部中断的工作,对于在 t_{k+1} 之前开始并在 t_k 之后结束的工作,把它在 t_k 之后的部分当作一个独立的工作来处理。然后按第一步原则进行编号和调整,其中对于内部不允许中断的工作,如在 tk 之前开始并需后移的,则应将整个工作后移在 t_{k+1} 开始。

【例 6.4】   图 6.26 所示的网络图,已计算出关键路线为①→
②→③→⑤→⑥,总工期为 11 天。箭杆上△中标注数字为工作每
天所需人力数(假设所有工作都需要同一种专业工人)。现假设资
源有限,每日可用人力为 10 人,试进行计划调整,使其不延迟总工
期或尽量少延迟,并满足每日可用人力的限制。

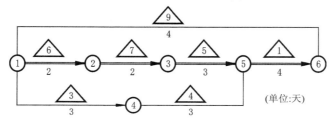

图 6.26

解: 画出带日程的网络图及资源动态曲线,如图 6.27(图中
虚线为非关键工作的总时差)所示。

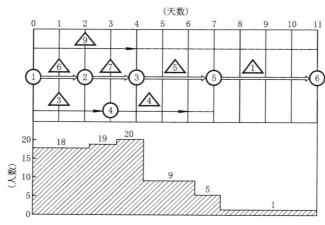

图 6.27

由图 6.27 可见,若按每道工作的最早开工时间安排,人力需
求很不均匀,最多者为 20 人/日,最少为 1 人/日,这种安排即使在
人力资源充足条件下也是很不合适的。

按资源的日需求量所划分的时段逐步从始点向终点进行调

整,第一个时段为[0,2],需求量为 18 人/日.在调整时要对本时段内各工作法总时差的递增顺序排队编号,如:

　　工作(1,2),总时差 0,编为 1#;

　　工作(1,4),总时差 1,编为 2#;

　　工作(1,6),总时差 7,编为 3#。

　　对编号小的优先满足资源需求量。当累计和超过 10 人时,未得到人力安排的工作应移入下一时间段,本例中,工作(1,2)与(1,4)人力日需求量为 9,而工作(1,6)需 9 人/日,所以应把(1,6)移出[0,2]时段后开工,见图 6.28。

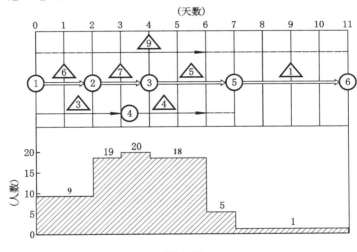

图 6.28

　　接着调整[2,3]时段。在编号时要注意。如果已进行的非关键工作不允许中断,则编号要优先考虑,把它们按照新的总时差与最早开始时间之和的递增顺序排列,否则同于第一步的编号规则。由于(1,4)为已进行中工作,假设不允许中断,而(2,3)为关键工作,(1,6)还有时差 5 天,故编号顺序如下:

　　工作(1,4),总时差 1,编为 1#;

　　工作(2,3),总时差 0,编为 2#;

　　工作(1,6),总时差 5。编为 3#。

　　累加所需人力资源数,工作(1,4)与(2,3)共需 10 人/日,所以工作(1,6)要移出[2,3]时段,调整结果见图 6.29。以后各时段类似处理,经过几次调整,可得图 6.30。此时人力日需求量已满足不超过 l_0 人的限制,总工期未受影响,必要时总工期可能会延迟。这种方法也可用于多种资源分配问题。

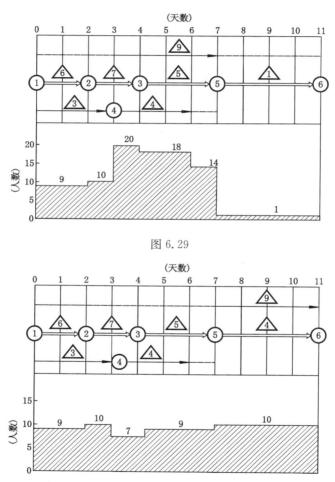

图 6.29

图 6.30

需要说明的是,由于编号及调整规则只是一种原则,所以调整结果常常是较好方案,不一定是工期最短方案。由于求精确解有时很繁难,所以网络优化中多采用这类近似算法。

习　题

1. 有一项加工任务由工序 $A,B,\cdots,J$ 共十道工序组成,其前后工序关系如下:

A 和 B 是同时开始的工序;

B 的紧后工序是 C;

D 和 E 的紧前工序是 A 和 C;

D 的紧后工序是 G 和 H;

E 的紧前工序是 A;

I 的紧前工序是 F 和 H;

J 的紧前工序是 G;

I 和 J 是同时结束的工序。

试画出网络计划图。

2. 指出图 6.31 中的(a),(b),(c),(d)所示网络图的错误,并予以改正。

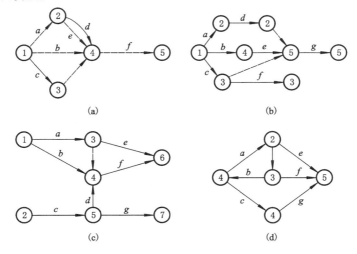

(a)　　　　　　　　　　(b)

(c)　　　　　　　　　　(d)

图 6.31

3. 已知图 6.32 的网络图,计算各结点的最早时间与最迟时间,各工序的最早开工、最早完工、最迟开工及最迟完工时间,并确定路线。

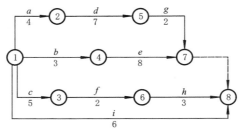

图 6.32

4. 已知建设一个汽车库及引道的作业明细表如表 6.5 所示。

表 6.5

工序代号	工序名称	工序时间(天)	紧前作业
a	清理场地,准备施工	10	
b	备料	8	
c	车库地面施工	6	a,b
d	预制墙及房顶的框架	10	b
e	车库混凝土地面保养	24	c
f	立墙架	4	d,e
g	立房顶桁架	4	f
h	装窗及边墙	10	f
i	装门	4	f
j	装天花板	12	g
h	油漆	16	h,i,j
l	引道混凝土施工	8	c
m	引道混凝土保养	24	l
n	清理场地,交工验收	4	k,m

试求:

(1)该项工程从施工开始到全部结束的最短周期。

(2)若工序 l 拖期 10 天,对整个工程进度有何影响?

(3)若工序 j 的工序时间由 12 天缩短到 8 天,对整个工程进度有何影响?

(4)为保证整个工程进度在最短周期内完成,工序 i 最迟必须在哪一天开工?

(5)若要求整个工程在 75 天完工,要不要采取措施? 应从哪些方面采取措施?

5. 某项工程各道工序时间及每天需要的人力资源如图 6.33 所示。在图 6.33 中,箭线上的英文字母表示工序代号、括号内数值是该工序总时差,箭线下左边数为工序工时,括号内为该工序每天需要的人员数。若人力资源限制每天只有 15 人.求此条件下工期最短的施工方案。

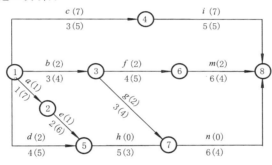

图 6.33

6. 某项工程各工序的工序时间及所需要的人数如表 6.6 所示,现有人数为 10 人,试确定工程完工时间最短的各工序的进度计划。

表 6.6

工序代号	紧前作业	工序时间(天)	需要人员数
a		4	9
b		2	3
c		2	6
d		2	4
e	b	3	8
f	c	2	7
g	f,d	3	2
h	e,g	4	1

7. 已知下列网络图有关数据如表 6.7 所列，设间接费用为 15 元/天。求最低成本日程。

表 6.7

工作代号	正常时间		特急时间	
	工时(天)	费用(元)	工时(天)	费用(元)
①→②	6	100	4	120
②→③	9	200	5	280
②→④	3	80	2	110
③→④	0	0	0	0
③→⑤	7	150	5	180
④→⑥	8	250	3	375
④→⑦	2	120	1	170
⑤→⑧	1	100	1	100
⑥→⑧	4	180	3	200
⑦→⑧	5	130	2	220

8. 某工程资料如表 6.8 所示。要求：

(1)画出网络图。

(2)求出每件工作工时的期望值和方差。

(3)求出工程完工期的期望值和方差。

(4)计算工程期望完工期提前 3 天的概率和推迟 5 天的概率。

表 6.8

工 作	紧前工作	乐观时间 a	最可能时间 m	悲观时间 b
A	—	2	5	8
B	A	6	9	12
C	A	5	14	17
D	B	5	8	11
E	C,D	3	6	9
F	—	3	12	21
G	E,F	1	4	7

第 7 章　存　贮　论

7.1　存贮论的基本概念

7.1.1　引言

人们在各种活动中经常会遇到将暂时不用的或用不了的物资、用品和食物等贮存 FTP 起来,以备将来使用。这种存贮物品的现象是为了解决时刻发生的供应与需求之间不协调的一种措施,这种不协调性是因为供应速度与需求速度不一致,或供应时刻与需求时刻不致,从而出现某时刻供过于求或供不应求。于是人们在供应与需求之间加入存贮环节以保证目前需求与将来需求都能得到满足。存贮论就是要解决最佳的供货批量、存贮量、存贮时间及供货时间,以保证存贮系统各项费用总和最低或所获效益最大。下面是存贮现象的一些例子。

(1) 一场战斗,在 1～2 天内可能消耗几十万发炮弹,而工厂不可能在这么短的时间内生产出这么多炮弹,因此在没有发生战斗甚至没有预料到将来某天会发生战斗时,都需要经常生产,将每天生产的炮弹贮存到军火库内,才能满足战斗的需要。

(2) 水电站在雨季到来之前,水库应蓄水多少,考虑到发电,当然要多蓄水,但考虑到安全,如果蓄水过多,可能会破坏水电站,甚至给下游造成巨大的损失,因此必须合理地解决水库存量问题。

(3) 工厂生产需用原材料,如果厂内没有一定的存贮量,会发生停工损失,而存贮量过多又会占用过多的流动资金,存贮保管费用也高,对于原料有保鲜要求的,还可能遇到意外使其变质,损失更大,因此也必须给出合理的存贮量。

（4）商店经销商品，若商品贮备量不足，会发生缺货现象，失去赚钱机会，造成损失。但存贮量过多，又会造成商品积压，与工厂生产问题一样也会造成积压损失，商店的管理人员也应该研究商品的经济存贮量。

本章介绍的存贮问题，只适用于某些较简单的场合，实际上没有一个通用的存贮模型在任何场合都适用。通过本章的学习，可以掌握其基本原理和方法，在遇到其他场合时，也可以灵活地运用或重建模型。

7.1.2　基本概念

与存贮紧密相关的是输入和输出，输入使存贮增加，输出使存贮减少，存贮论研究的主要内容是根据输出来确定输入，即何时输入，输入多少的问题，并不是研究如何保管货物的问题。

（1）输出即需求，需求有确定性的、随机性的和完全不确定性的。确定性的需求又分为间断式的和连续均匀的。存贮论主要研究的是确定性和随机性需求的场合。完全不确定性的需求导致的存贮问题可像解决不确定性决策问题那样，但不确定性决策本身就依赖各种准则，各种准则导致的决策往往是相互矛盾的，因此对这种情况，我们认为还是随机应变为好。如何知道需求，是市场预测的内容，本书不加讨论。

（2）输入又称补充，即供应，分进货和生产两种方式。商店商品或工厂用原料为进货，在制品或成品的补充为生产。存贮系统本身不能控制的、影响输入的主要因素是订货提前期，即从提出订货到货物进入存贮的时间间隔，它可能是确定性的，也可能是随机性的。

对需求和订货提前期都是确定性的，存贮问题比较好解决，一般可用到的方法有微积分、非线性规划、动态规划等。当需求和订货提前期只要有一个是随机性的，就还要再用概率论、数理统计等知识。

（3）存贮策略。货物何时输入，每次输入多少的策略称为存贮策略，这是存贮系统内部的可控因素。本章介绍的存贮模型用下面两种策略：

（ⅰ）t_0 - 循环策略，每隔一固定时间 t_0 补充，且每次补充相同的货物量 Q，这种策略主要用于确定性的存贮模型。

（ⅱ）(s, S) 策略，即当存贮量多于 s 时，不补充；当存贮量不足 s 时，补充货物至 S。这种策略主要用于随机性存贮模型。

（4）存贮函数。即存贮量随时间变化的函数。

存贮论就是要给出最佳的存贮策略，那么什么是最佳的呢？必须要有数量指标，如费用或利润。由于是在需求已知的前提下，故收入是确定的或其期望值是确定的，因此只要考虑费用或费用的期望值最小即可，有关的费用项目如下：

（5）输入过程中的费用。若是进货补充，则有订购费（与订货数量无关的费用，如差旅费、电信费、手续费等）和货物的成本（包括进价和运价）；若是生产补充，则有固定生产费（与产量无关的费用，如准备结束费、折旧、固定工资等）和可变生产费（随产量变化而变化）。进货与生产两种方式的费用形式是一样的，因此只用一个表达式来表示输入过程总费用，若为线性函数，则为 $C_3 + KQ$，式中 C_3 为订购费或固定生产费，K 为货物的单位成本（单位进价＋单位运价）或每单位产品的可变生产费。

（6）存贮费。包括货物占用资金应付的利息以及保险金、仓库保管费、防腐防损的支出或存贮不当所造成的损失等。本章介绍的模型假定存贮费与存贮量和存贮时间均成正比。这个假定是合理的，但不符合这种假定的实际场合当然也有，可变通处理。单位时间单位货物的存贮费用以后用 C_1 表示。

（7）缺货费。当存贮量已耗尽，下批货物还未到来所引起的供不应求的损失，如机会成本、停工待料的损失以及违约罚金等。本章仍假定缺货费与缺货量及缺货时间成正比。单位时间短缺一个单位货物所发生的缺货费用 C_2 表示。

存贮模型可分为确定性和随机性两种，确定性即是量和期均为确定已知的，随机性是指量或期至少有一个是随机变量，另一个或是随机变量，或是确定的。当然还有完全不确定性的，不过，一般不加以考虑。

7.2 采用 t_0-循环策略的存贮模型

【**模型一**】 基本的 EOQ(经济批量)模型。

这是一个最简单的存贮模型,但正因为简单,所做的假设条件也非常多,因此运用范围有限。它的适用条件如下:

(1) 不允许缺货(处理时可规定缺货费为无穷大)。

(2) 订货提前期是确定的常数。

(3) 货源充足或生产能力非常大。

(4) 需求是连续均匀的,单位时间的需求量,即需求速度为确定的常数 R。

(5) 每次订购地点、订购方式不变,即可假定订购费不变。若是生产补充的,则是每次生产的品种、方式均不变,即可假定固定生产费不变,总之,即 C_3 不变。

(6) 单位存贮费 C_1 不变。

(7) 进货货物的单位成本或单位产品变动成本不变,即 K 是常数。

由于货源充足,提前期又是已知确定的,所以不会出现缺货,又由于不允许缺货,故该模型的费用只有输入过程的费用和存贮费。容易证明:每批货物应该在上批货物的存贮刚好降为零时到达为最佳。但每次的批量为多少,每批的存贮时间又为多少,应以单位时间的总费用最低或以单位货物的总费用最少来确定,这里取前者确定。设某次批量为 Q,该批货物的总存贮时间为 t,则该次的存贮函数如图 7.1 所示。

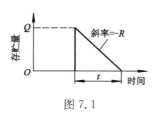

图 7.1

这一周期的总费用为 $C_3 + KQ + \dfrac{1}{2}C_1 Qt$,设该周期单位时间的费用为 $C(t)$,则

$$C(t) = \frac{C_3}{t} + \frac{KQ}{t} + \frac{1}{2}C_1 Q = \frac{C_3}{t} + \frac{1}{2}C_1 Rt + KR \qquad (7.1)$$

KR 与 t 无关,是常数,是不可控成本,因此只要使订购存贮总费用最低即可。

利用中学的几何平均值不超过算术平均值,或利用微分学求极值的方法,均可解得 $C(t)$ 的最小值为:

$$C_0 = C(t_0) = \sqrt{2C_1 C_3 R} + KR \qquad (7.2)$$

该次的最佳存贮时间为:

$$t = t_0 = \sqrt{\frac{2C_3}{C_1 R}} \qquad (7.3)$$

该次的最佳批量为:

$$Q = Q_0 = \sqrt{\frac{2C_3 R}{C_1}} = S_0 \qquad (7.4)$$

式中,S_0 为最大存贮量,显然若要整个研究期费用最小,必然每个周期的单位时间费用均最小,因此该模型应采用 t_0—循环策略,即每隔 t_0 时间订购相同的货物 Q_0。公式(7.4)就是经典的、最基本的经济批量(Economic Order Quantity)公式,简称 EOQ 公式。

【模型二】　在制品或产品的生产批量模型。

产品的生产速度往往与市场需求速度不一致,当不允许缺货时,生产速度 P 必须大于或等于需求速度 R。对于在制品的生产,最佳状态当然是各道工序的生产速度保持一致。但实际上往往做不到这一点,这就要求上道工序的生产速度大于下道工序的生产速度,模型二就是要解决相邻两道工序中前道工序的最佳生产批量,或产品的最佳生产批量问题,以使生产与存贮总费用最低。

本模型的条件是模型一的条件再加上生产速度 P 大于需求速度 R 这个条件,去掉第 3 个条件。

与模型一的论述一样,可以证明,本模型也应该采用 t_0—循环策略,它的存贮函数如图 7.2 所示。

该模型的单位时间总费用为:

$$C(t) = \frac{1}{t}\left[C_3 + KQ + \frac{1}{2}C_1 t(P-R)T\right] \qquad (7.5)$$

注意到 $Q = Rt = PT$,因此(7.5)式可写成一个关于 t 的单元函数:

$$C(t) = \frac{C_3}{t} + \frac{C_1(P-R)Rt}{2P} + KR$$

同样,用微分方法或中学数学中的一个不等式可得 $C(t)$ 的最小值点,即最佳生产间隔期为:

$$t_0 = \sqrt{\frac{2C_3P}{C_1R(P-R)}} \tag{7.6}$$

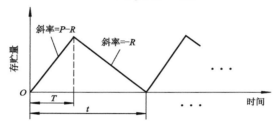

图 7.2

最佳生产批量为:

$$Q_0 = Rt_0 = \sqrt{\frac{2C_3RP}{C_1(P-R)}} \tag{7.7}$$

单位时间的最小总费用为:

$$\min C(t) = C(t_0) = \sqrt{2C_1C_3R \cdot \frac{(P-R)}{P}} + KR \tag{7.8}$$

最高存贮量即存贮函数的最大值为:

$$S_0 = Q_0 - RT_0 = \sqrt{\frac{2C_3R(P-R)}{C_1P}} \tag{7.9}$$

将本模型求 Q_0, t_0 的公式与模型一中相应的公式比较,模型二比模型一多了一个 $\sqrt{\dfrac{P}{P-R}}$ 的因子,而求 $C(t_0)$ 和 S_0 的公式相差一个因子为 $\sqrt{\dfrac{P-R}{P}}$。当 P 趋于无穷大时,$\dfrac{P}{P-R}$ 或 $\dfrac{P-R}{P}$ 均趋于 1,因此模型一可看作模型二的特例。

【模型三】 允许缺货,且缺货需补足的 EOQ 模型。

在允许缺货时,每个周期缺货一定的时间,虽然增加了缺货损失费,但是却节省了存贮费。另外由于周期的延长也使总订购费减少,相对于模型一,总费用有增有减,只要缺货费不是无穷大,这样做考虑得更全面。因此可以预料:允许缺货的单位时间的最小总费用一定比不缺货情况下的低。

本模型的条件是将模型一的条件(1)改为缺货费与缺货时间和缺货量均成正比,比例系数 C_2 为有限的正数。该模型的存贮函数如图 7.3 所示。

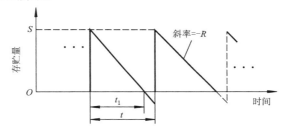

图 7.3

在图中,t 为订货间隔期,t_1 为存贮时间,S 为最高存贮量。模型二的单位时间总费用为:

$$C=\frac{1}{t}\left[C_3+KQ+\frac{1}{2}C_1 t_1 \cdot S+\frac{1}{2}C_2 \cdot (t-t_1)s\right] \qquad (7.10)$$

式中,Q 为每次订货量,由于缺货需补足,故 $Q=Rt$;s 为最大缺货量,显然 $s=R(t-t_1)$。

(7.10)式可表示为 t 和 t_1 的二元函数,也可表示为 S 和 s 的二元函数、S 和 t 的二元函数,S 和 Q 的二元函数等,几种方式均能得出结果,并且所得结果是一致的,这里我们选为 Q 和 S 的二元函数,因此有:

$$C=C(Q,\ S)=\frac{R}{Q}\left[C_1 \frac{S^2}{2R}+C_2 \frac{(Q-S)^2}{2R}+C_3\right]+KR \qquad (7.11)$$

利用多元函数求极值的方法可求出 $C(Q,S)$ 的最小值 $C_0(Q,S)$ 和最小值点 $(Q_0,\ S_0)$:

$$C_0(Q,\ S)=\min C(Q,\ S)=\sqrt{\frac{2C_1C_2C_3R}{C_1+C_2}}+KR \qquad (7.12)$$

$$Q_0=\sqrt{\frac{2C_3R(C_1+C_2)}{C_1C_2}} \qquad (7.13)$$

$$S_0 = \sqrt{\frac{2C_3 R C_2}{C_1(C_1 + C_2)}} \qquad (7.14)$$

由于最佳订货批量 Q_0 已知,故最佳周期为:

$$t_0 = \frac{Q_0}{R} = \sqrt{\frac{2C_3(C_1 + C_2)}{R C_1 C_2}} \qquad (7.15)$$

(7.12)式证实了当缺货费不是无穷大时,缺货一段时间比不缺货来得好。注意到求 Q_0,t_0 的公式比模型一相应的公式分别多了一个因子 $\sqrt{\frac{C_1 + C_2}{C_2}}$,求 C_0 和 S_0 的公式比模型一分别多了一个因子 $\sqrt{\frac{C_2}{C_1 + C_2}}$。当 $C_2 \to \infty$ 时,相应的因子 $\to 1$,这时就是不允许缺货的情况,而模型三的公式正好全部转化为模型一的公式,因此模型三也是模型一的一个推广。

观察一下三个已讨论的模型的各公式,便很容易看出,对每个模型,下式均成立:

$$\frac{1}{2} S_0 t_0 = \frac{C_3}{C_1}$$

【模型四】 有数量折扣的模型。

现考虑具有数量折扣的经济订货批量模型,所谓数量折扣,就是提供存贮货物的企业为鼓励用户多购货物,对于一次购买较多数量的用户在价格上给予一定的优惠。换句话说,单位货物购置费 K 应看作是 Q 的函数 $K(Q)$。通常,$K(Q)$ 是阶梯函数(参看图 7.4)。

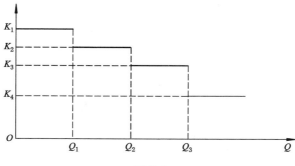

图 7.4

　　为讨论方便,我们仅对最简单的情况进行分析,其方法对一般情况同样也适用。设:

$$K(Q)=\begin{cases} K, & Q<Q_0 \\ K(1-\beta), & Q\geqslant Q_0 \end{cases} \qquad (7.16)$$

其中,$0<\beta<1$,被称为价格折扣率。这时模型变成下列条件极值问题:

$$\min C(t)=\frac{1}{2}C_1 Q+K(Q)\frac{Q}{t}+\frac{C_3}{t} \qquad (7.17)$$

$$\text{s. t} Q=Rt, Q>0, t>0$$

以约束条件 $t=Q/R$ 代入目标函数,可得:

$$C(Q)=\frac{1}{2}C_1 Q+ K(Q)R+C_3 R/Q \qquad (7.18)$$

假定 Q_0 很小,则可按基本的 EOQ 模型得到最优订货批量为:

$$Q^*=\sqrt{\frac{2C_3 R}{C_1}}$$

　　因为 $K(Q)$ 是一个分段函数,所以(7.18)式中的 $C(Q)$ 也是 Q 的分段函数,可有图 7.5 中(a),(b)所示的两种情况。

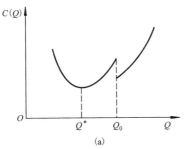
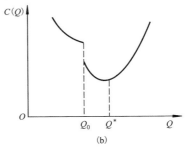

(a)　　　　　　　　　　　　(b)

图 7.5

　　当 $Q^*\geqslant Q_0$ 时(见图 7.5(b)),Q^* 就是(7.18)式的最优解。

　　当 $Q^*<Q_0$ 时(见图 7.5(a)),还要比较 $C(Q^*)$ 与 $C(Q_0)$ 的大小,由(7.18)式可知,这时有:

$$C(Q^*)=\sqrt{2C_1 C_3 R}+KR \qquad (7.19)$$

$$C(Q_0)=\frac{1}{2}C_1 Q_0+K(1-\beta)R+C_3 R/Q_0 \qquad (7.20)$$

如果 $C(Q^*) < C(Q^0)$，则 Q^* 为(7.18)式的最优解；否则 Q^0 为(7.18)式的最优解。

【例 7.1】　设 $C_3 = 50$ 元/次，$C_1 = 3$ 元/(年·件)，$R = 18\,000$ 件/年，

$$K(Q) = \begin{cases} 3, & Q < 1500 \\ 2.9, & 1500 \leqslant Q \leqslant 3000 \\ 2.8, & Q \geqslant 3000 \end{cases}$$

试求最优订货批量。

解：　由于

$$Q^* = \sqrt{\frac{2C_3 R}{C_1}} = \sqrt{\frac{2 \times 50 \times 18\,000}{3}} \approx 775 < 1500$$

故需要比较不享受优惠条件与享受优惠条件共三种情况下的总费用：

$$C(Q^*) = \frac{1}{2} \times 3 \times 775 + 3 \times 18\,000 + \frac{50 \times 18\,000}{775} \approx 56\,324$$

$$C(1500) = \frac{1}{2} \times 3 \times 1500 + 2.9 \times 18\,000 + \frac{50 \times 18\,000}{1500} \approx 55\,050$$

$$C(3000) = \frac{1}{2} \times 3 \times 3000 + 2.8 \times 18\,000 + \frac{50 \times 18\,000}{3000} \approx 55\,200$$

因此，最优订货批量为：$Q = 1500$，最小总费用为：$C(1500) = 55\,050$(元/年)。

7.3　与阶段序数无关的随机需求的存贮模型

【模型五】　需求是随机的一次性存贮模型。

一次性存贮问题即订货只有一次，只在一个较短的周期内存贮，故也可称单周期存贮问题。这方面的实例很多，例如，鲜牛奶、新鲜蔬菜、报纸、挂历等的经销。当一定时间内只能订货一次时就属于本模型，这种模型分为需求是随机离散的和需求是随机连续的两种情况，先讨论前一种情况。

需求是随机离散的典型例子是报童问题，即报童每天销售某种日报的数量是随机离散的，报童每售出一份报纸可赚 k 元，当天

未能售出的报纸每份赔 h 元,以 $P(r)$ 表示每日售出报纸的份数为 r 时的概率,问报童每日应准备多少份报纸。

下面进行推导,给出求解方法或式子。

所谓准备的最佳的报纸份数即是使日期望利润最大或期望损失最小的报纸份数。两种角度所得结果是一致的。这里从期望损失最小考虑,读者可以期望利润最大角度来推导,加以验证。

设报童应准备的报纸份数为 Q,将期望损失分两种情况:

(1) 供大于求,即 $Q \geqslant r$,则期望损失为滞销损失的期望值:

$$\sum_{r \leqslant Q} h \cdot (Q-r) \cdot P(r)$$

(2) 供不应求,即 $Q < r$,则期望损失为失去赚钱机会而少赚的期望值:

$$\sum_{r > Q} k \cdot (r-Q) \cdot P(r)$$

因此,总损失的期望值为:

$$C(Q) = h \sum_{r \leqslant Q} (Q-r) \cdot P(r) + k \sum_{r > Q} (r-Q) \cdot P(r) \qquad (7.21)$$

由于 Q 只能取非负整数,故不能对 $C(Q)$ 求导来确定最佳的 Q,现改用差分 $\Delta C(Q)$,定义如下:

$$\Delta C(Q) = C(Q+1) - C(Q) \qquad (7.22)$$

将 $C(Q)$ 和 $C(Q+1)$ 代入(7.22)式,并化简得:

$$\Delta C(Q) = (k+h) \sum_{r \leqslant Q} P(r) - k$$

即　　　　　$\Delta C(Q) = (k+h)F(Q) - k$

式中,$F(Q)$ 是随机变量 r 的分布函数。

因为 $F(Q)$ 关于 Q 是单调非减的,而对每一 Q 只要满足 $F(Q) < \dfrac{k}{k+h}$,就有 $\Delta C(Q) < 0$;若满足 $F(Q) > \dfrac{k}{k+h}$,就有 $\Delta C(Q) > 0$。故可找到一个 Q_0,Q_0 是满足 $F(Q) \geqslant \dfrac{k}{k+h}$ 的最小的一个 Q。当 $Q > Q_0$ 时,$F(Q) \geqslant F(Q_0) \geqslant \dfrac{k}{k+h}$,从而 $\Delta C(Q) = (k+h)F(Q) - k \geqslant 0$;当 $Q < Q_0$ 时,有 $F(Q) < \dfrac{k}{k+h}$,从而这时的 $\Delta C(Q) < 0$。这说明,

$C(Q)$ 在 $[0, Q_0]$ 单调减,而在 $[Q_0, +\infty)$ 上单调非减,故 Q_0 是 $C(Q)$ 的最小值点,由此得报童问题或类似的问题的解可由下面两不等式联合确定:

$$\left.\begin{array}{l} F(Q_0-1)=\sum_{r\leqslant Q_0-1}P(r)<\dfrac{k}{k+h} \\[3mm] F(Q_0)=\sum_{r\leqslant Q_0}P(r)\geqslant\dfrac{k}{k+h} \end{array}\right\} \qquad (7.23)$$

满足(7.23)式的 Q_0 即是最佳订货量。(7.23)式也是有解的,因为当 Q 取到问题中的上界时,$F(Q)=1>\dfrac{k}{k+h}$,因此一定有满足 $F(Q)\geqslant\dfrac{k}{k+h}$ 的一个最小的 Q。

【例 7.2】 某商店准备在新年前订购一批挂历批发出售,已知每售出一批(100 本)可获利 70 元,新年前售不出去的挂历每 100 本损失为 40 元,根据以往的销售经验,该商店售出挂历的数量及概率如表 7.1 所示。若只能提出一次订货,问应订多少本,才能使期望获利最大。

表 7.1

销售量(百本)	0	1	2	3	4	5
概　　率	0.05	0.10	0.25	0.35	0.15	0.10

解: 题目中已告诉 $k=70$ 元,$h=40$ 元,代入公式(7.23)得:

$$F(2)=P(0)+P(1)+P(2)=0.40<\dfrac{7}{11}=\dfrac{k}{k+h}$$

$$F(3)=F(2)+P(3)=0.40+0.35>\dfrac{k}{k+h}=\dfrac{7}{11}$$

故该商店应订 300 本,期望获利最大。

当需求是随机连续的时,设需求 r 的概率密度为 $f(r)$,则用微积分法即可推导出类似的结果,即最佳订货量 Q 应满足下式:

$$F(Q)=\int_0^Q f(r)\mathrm{d}r=\dfrac{k}{k+h} \qquad (7.24)$$

以上给出的是一次性或单阶段的随机存贮模型,但实际也有的问题并不是一次订货,而是分多阶段进行,每阶段末余下的货物可留给下阶段使用。下面给出这种情况的模型。

【模型六】 (s, S) 型存贮策略。

为了简便,下面只推导需求是随机连续时的 S 和 s,设订货提前期为 0,需求 r 的概率密度函数为 $f(r)$,$\int_0^{+\infty} f(r)\,\mathrm{d}r = 1$,期初库存为 I,订货量为 $Q = S - I$,先确定 S。假定需求只在期初发生。

既然期初决定订货,则该阶段的费用期望值为:

$$C(S) = C_3 + K(S - I) + \int_0^S C_1(S - r) f(r)\,\mathrm{d}r$$
$$+ \int_S^\infty C_2(r - S) f(r)\,\mathrm{d}r$$

令 $\dfrac{\mathrm{d}C(S)}{\mathrm{d}S} = 0$,得到:

$$F(S^*) = \int_0^{S^*} f(r)\,\mathrm{d}r = \frac{C_2 - K}{C_1 + C_2} \tag{7.25}$$

又当 $S < S^*$ 时,$\dfrac{\mathrm{d}C(S)}{\mathrm{d}S} < 0$,当 $S > S^*$ 时,$\dfrac{\mathrm{d}C(S)}{\mathrm{d}S} > 0$,故 S^* 为期望费用函数 $C(S)$ 的最小值点。

在 (7.25) 式中,令 $N = \dfrac{C_2 - K}{C_1 + C_2}$,显然 $N < 1$,又因为 $C_2 \geqslant P$(售价)$> K$(成本),故有 $0 < N < 1$,而 $F(S)$ 是值域为 $[0, 1]$ 的连续函数,由介值定理,$F(S) = N$ 是有解的。

下面确定 s,即最低存贮量。

设某期期初库存就是 s,若订购货物,则期望费用为:

$$C_3 + K(S^* - s) + C_1 \int_0^{S^*} (S^* - r) f(r)\,\mathrm{d}r$$
$$+ C_2 \int_{S^*}^\infty (r - S^*) f(r)\,\mathrm{d}r$$

若不订购货物,期望费用为:

$$C_1 \int_0^s (s - r) f(r)\,\mathrm{d}r + C_2 \int_s^\infty (r - s) f(r)\,\mathrm{d}r$$

令 $D(S) = KS + C_1 \int_0^S (S - r) f(r)\,\mathrm{d}r + C_2 \int_S^\infty (r - S) f(r)\,\mathrm{d}r$

则不订货的期望费用小于订货的期望费用之充要条件为:

$$D(s) < C_3 + D(S^*) \tag{7.26}$$

当 $s = S^*$ 时,(7.26) 式显然成立。与讨论 $C(S)$ 的单调性类似,易得 $D(S)$ 在 $[0, S^*]$ 是单调减的。又 $D(S)$ 是连续函数,故在 S^* 附近,均有 $D(S) < C_3 + D(S^*)$,这说明 s 不能太接近 S^*,即不能取得太大,否则订购产生的期望费用太大。当 s 由 S^* 逐渐减少时,

$D(s)$便逐步增大,当 s 减小到某个 s^*,刚好使 $D(s^*)$ 大到等于 $C_3 + D(S^*)$ 时,则订货与不订货的期望费用相等,因此最低存贮量 s^* 由下式确定:

$$D(s) = C_3 + D(S^*)$$

即 $\quad Ks + C_1 \int_0^s (s-r)f(r)dr + c_2 \int_s^\infty (r-s)f(r)dr$

$$= C_3 + KS^* + C_1 \int_0^{s^*} (S^*-r)f(r)dr$$

$$+ C_2 \int_{s^*}^\infty (r-S^*)f(r)dr \tag{7.27}$$

若(7.27)式始终不能满足,即始终有 $D(s) < C_3 + D(S^*)$,即使对 $s=0$,也有 $D(0) < C_3 + D(S^*)$,这说明应该永远缺货,即经销这种货物是亏损的。

当需求是随机离散的,则可综合使用上述处理方法和报童问题的处理方法来确定的 S 和 s,这里过程略,有兴趣的读者可自己完成,现将结果给出。

确定 S 的公式为:

$$\sum_{r \leqslant S_{i-1}} P(r) < N = \frac{C_2 - K}{C_1 + C_2} \leqslant \sum_{r \leqslant S_i} P(r) \tag{7.28}$$

这时取 S 为 S_i。

这样确定 s:取刚好满足不等式(7.29)的 s,即:使得(7.29)式成立的最大的一个 s,$s \in [0, S]$。

$$Ks + \sum_{r \leqslant s} C_1(s-r)P(r) + \sum_{r > s} C_2(r-s)P(r)$$

$$\geqslant C_3 + KS + \sum_{r \leqslant S} C_1(S-r)P(r) + \sum_{r > S} C_2(r-S)P(r) \tag{7.29}$$

【例 7.3】　某商店经销一种商品,每件的进价为 800 元,存贮费每件 40 元,缺货费每件 1015 元,订购费一次 30 元,已知对该商品需求概率如表 7.2 所示。试确定用 (s, S) 型策略时的 S 和 s。

表 7.2

需求量 r	30	40	50	60
概率 $P(r)$	0.20	0.20	0.40	0.20

解:　(1)利用公式(7.28),先计算临界值:

$$N = \frac{1015 - 800}{40 + 1015} = 0.204$$

又 $\quad P(30) = 0.20 < N, P(30) + P(40) = 0.40 > N$

故　　　　　　　　　　　　　　　　$S=40$

（2）利用（7.29）式，先计算（7.29）式的右端：

$$30+800\times40+40\times(40-30)\times0.2+1015\times$$
$$[(50-40)\times0.4+(60-40)\times0.2]=40230$$

取 $s=30$，则（7.29）式的左端为：

$$800\times30+1015[(40-30)\times0.2+(50-30)\times0.4$$
$$+(60-30)\times0.2]=40240$$

左端大于右端，而 $s=40=S$ 时，显然（7.29）式左端小于右端，因此 s 定为 30。

【**例 7.4**】　某产品的单位成本为 $k=3.0$ 元，单位存贮费为 $C_1=1.0$ 元，单位缺货损失为 $C_2=5.0$ 元，每次订购费 $C_3=5.0$ 元，需求量 x 的概率密度函数为：

$$f(x)=\begin{cases}\dfrac{1}{5}, & 当 5\leqslant x\leqslant10 \\ 0, & x<5 \text{ 或 } x>10\end{cases}$$

当用 (s,S) 型策略时，试求 s 和 S。

解：　（1）临界值　　　　$N=\dfrac{C_2-K}{C_1+C_2}=\dfrac{5.0-3.0}{1.0+5.0}=\dfrac{1}{3}$

令 $F(S)=\dfrac{1}{3}$，即 $\int_0^S f(x)\mathrm{d}x=\dfrac{1}{3}$，也即：

$$\dfrac{S-5}{5}=\dfrac{1}{3}$$

解得：　　　　　　　　　　　　$S=5+\dfrac{5}{3}\approx6.7$

（2）代入公式（7.27）的右端，得：

$$5.0+3.0\times\dfrac{20}{3}+\int_{\frac{20}{3}}^{10}\left(\dfrac{20}{3}-x\right)\cdot\dfrac{1}{5}\mathrm{d}x+5.0\int_{\frac{20}{3}}^{10}\left(x-\dfrac{20}{3}\right)\dfrac{1}{5}\mathrm{d}x$$
$$=77.5-\dfrac{140}{3}$$

假定 $s\geqslant5$，则公式（7.22）的左端为：

$$Ks+\dfrac{1}{5}\int_5^s(s-x)\mathrm{d}x+\int_s^{10}(x-s)\mathrm{d}x=0.6s^2-8s+52.5$$

代入（7.22）式经化简，得：

$$0.6s^2-8s+\frac{65}{3}=0$$

解这个一元二次方程得 $s=3.78$ 或 9.55，9.55 超过 S 的值 6.7，不合理，而且 3.78 不落在 $[5,10]$ 内，也不符合 (7.27) 式。这说明 s 的值只能小于 5，但是不应是 3.78，因为 $s<5$ 时，(7.27) 式应取下面形式：

$$Ks+\int_5^{10}C_2(x-s)f(x)\mathrm{d}x=77.5-\frac{140}{3}$$

即：
$$3s+\frac{1}{2}(10^2-5^2)-5s=77.5-\frac{140}{3}$$

解得：
$$s=\frac{10}{3}\approx3.3$$

即最低存贮量 s 应为 3.3，最高存贮量 S 应为 6.7。

7.4　总时期一定,多阶段存贮问题

本章第二节给出的模型,有一条件,要求需求是连续均匀的,并且需求速度是常数。本节要考虑的是需求在各阶段初发生的多阶段存贮问题,而且任意两阶段的需求未必相等,另外各阶段的需求可以是确定的,也可以是随机变量,其分布在各阶段也未必相同,但总时期有限。假定一个时期分为 n 个阶段,第一阶段初和第 n 阶段末库存均为 0,第 i 阶段的需求为 d_i,若为随机型,其概率为 $P_i(d_i)$。以 v_i 表示第 i 时期的存贮量,当 $v_i\geqslant0$ 时设存贮费为 $h_i(v_i)$,当 $v_i<0$ 时,则发生缺货费,设缺货费为 $\pi_i(-v_i)$。若第 i 时期期初订货量为 Q_i,则进货费(包括订购费和货物的价格、运费等)设为 $a_i(Q_i)$。并假定订货提前期为 0(订货提前期不为 0 的也可以给出解法,不过较繁,这里略去)。

7.4.1　多阶段动态存贮模型

为方便起见,这里只给出不允许缺货时的解法。

显然这个问题可用动态规划方法解决,这里给出逆序解法。

我们将第 i 阶段初库存量 v_i 作为该阶段的状态变量,取第 i 时

期期初订货量 Q_i 作为决策变量,得状态转移方程如下:

$$v_{i+1}=v_i+Q_i-d_i$$

根据最优化原理,得逆序法的递推公式:

$$\left.\begin{array}{l}f_i(v_i)=\min\limits_{Q_i\in D_i}\{a_i(Q_i)+h_i(v_i)+f_{i+1}(v_i+1)\}\\f_{n+1}(v_{n+1})=f_{n+1}(0)=0,\qquad i=1,2\cdots,n\end{array}\right\}\quad(7.30)$$

式中,D_i 为第 i 阶段面临 v_i 状态时的允许决策集合,用(7.30)式逆推到 $f_1(0)$ 时即可得到所求。

【例 7.5】　将本书第 1 章的例 1.4 转为多阶段的动态存贮模型。

解:　以三个月为三个阶段,以 d_k 表示第 k 阶段末的需求量,第 k 阶段的决策变量取为正常生产量 x_k 与加班生产量 y_k,是一个二维的决策变量,状态变量 s_k 为第 k 月初的库存量,$f_k(s_k)$ 为从第 k 阶段的 sk 起到第三阶段末为止的最低成本。则有状态转移方程:

$$s_{k+1}=s_k+x_k+y_k-d_k,\qquad k=1,2,3$$

且根据题述条件,有:

$$s_1=s_4=0$$

根据动态规划理论,此生产存贮问题可用下述递推模型求解:

$$\left\{\begin{array}{l}f_k(s_k)=\mathop{\min}\limits^{(x_k,y_k)\in D_k(s_k)}\{75x_k+95y_k+0.5s_k+f_{k+1}(s_{k+1})\}\\f_4(s_4=0,\qquad k=3,2,1\end{array}\right.$$

其中各阶段的允许决策集合如下:

$D_3(s_3)=\{(x_3,y_3)\mid s_3+x_3+y_3-d_3=0,0\leqslant x_3\leqslant300,0\leqslant y_3\leqslant90\}$

$D_2(s_2)=\{(x_2,y_2)\mid 0\leqslant s_2+x_2+y_2-d_2\leqslant d_3,0\leqslant x_2\leqslant300,$
　　　　$0\leqslant y_2\leqslant90\}$

$D_1(s_1)=\{(x_1,y_1)\mid 0\leqslant x_1+y_1-d_1\leqslant d_2+d_3,0\leqslant x_1\leqslant300,$
　　　　$0\leqslant y_1\leqslant90\}$

7.4.2　需求是随机的多阶段存贮问题

当需求是随机变量时,缺货是可能发生的,为此规定允许缺货。以 $f_k(v_k)$ 表示第 k 阶段开始时库存为 v_k，且采用最优策略，从第 k 阶段到第 n 阶段的期望总费用。

当第 k 阶段初订货量为 Q_k 时，则第 k 阶段的存贮量为 $v_{k+1}=v_k+Q_k-d_k$，当 $v_{k+1} \geqslant 0$ 时，设存贮费为 $h_k(v_{k+1})$，当 $v_{k+1}<0$ 时，为负存贮，即为缺货，设缺货费为 $\pi_k(-v_{k+1})$，将存贮费函数与缺货费函数合并如下：

$$b_k(v_{k+1})=\begin{cases} h_k(v_{k+1}), & \text{当 } v_k \geqslant 0 \\ \pi_k(-v_{k+1}), & \text{当 } v_k<0 \end{cases}$$

则有 $f_k(v_k)$ 的递推方程：

$$\left.\begin{aligned} f_k(v_k)&=\min_{Q_k}\{\sum_{d_k=0}^{+\infty} b_k(v_{k+1})P_k(d_k)+a_k(Q_k) \\ &\quad +\sum_{d_k=0}^{+\infty} f_{k+1}(v_{k+1})P_k(d_k)\} \\ &\qquad\qquad k=1,2,\cdots,n-1 \\ f_n(v_n)&=\min_{Q_n}\{a_n(Q_n)+\sum_{d_n=0}^{\infty} b_n(v_{n+1})P_n(d_n)\} \end{aligned}\right\} \quad (7.31)$$

按(7.31)式求解所得最优订货策略比(s, S)策略优，前者是在给定条件下真正的完全的最优策略。(s, S)策略是预先限定了存贮策略，然后给出最佳的 s 和 S，但(s, S)策略并不一定最适合多阶段随机存贮问题。

7.4.3 多阶段 EOQ 存贮模型

本节的模型一和模型二的应用条件之一是每阶段的需求是一次性的，但是还有许多多阶段的存贮问题，其各阶段的需求是连续的，因此每阶段都可能多次订货，下面就来讨论此种存贮模型的解。

一、模型的环境及参数或变量的符号约定

(1) 时域 H 有限，按参数的变化，将时域分为 N 个相互连接的阶段：$S_i(i=1,2,\cdots,N)$。

(2) A_i——阶段 S_i 的订购费，即一次费用；

h_i——阶段 S_i 的单位存贮费；

P_i——阶段 S_i 的货物单价；

D_i——阶段 S_i 的需求率。

（3）在 S_i 阶段内参数 (A_i, h_i, P_i, D_i) 维持不变,阶段改变,参数亦变,参数变动的时刻即为阶段转换时刻 $T_i(i=1,2,\cdots,N)$。

（4）该有限时域的初始和结束时的库存为 0,不允许缺货,货物可即时补充。

二、多阶段 EOQ 存贮模型

对于多阶段 EOQ 问题,寻求全局最优策略很难,但容易想到的一个较优策略是:当 $P_i > P_{i-1}$,且 $A_i > A_{i-1}$ 时,则在阶段的转换时刻 T_i 以旧的、较低的价格 P_{i-1} 订货 $R_i = D_i \cdot \tau_i$,见图 7.6。这样,问题便简化为每个阶段的独立优化,不失一般性,考虑 $N=2$,即只有两个阶段的情况。

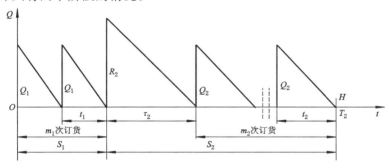

图 7.6

用微分学中极值理论可以证明,每一阶段内的最优存贮策略必为 t_0-循环策略（阶段转换时刻的订货除外）。以上述的策略,则存贮状态图如图 7.6 所示。

对于第一阶段,我们把最后时刻 T_1 发生的订货与相应的费用计入第二阶段中,这样,在写出第一阶段的总费用后,通过给出费用函数的差分可以得出第一阶段的最优订货次数 m_1 由下面的 Schwarz 不等式决定：

$$m_1 = \text{INF}\left[m_1 \in N; m_1(m_1+1) \geqslant \frac{h_1 D_1 S_1^2}{2A_1}\right] \quad (7.32)$$

即满足不等式的最小的 m_1 为最优订货次数。

第二阶段的费用函数如下：

$$f_2(m_2,\tau_2)=A_1+m_2A_2+\frac{1}{2}D_2h_1\tau_2^2+D_2p_1\tau_2^2$$
$$+D_2h_2(s_2-\tau_2)^2/2m_2+D_2P_2(s_2-\tau_2) \qquad (7.33)$$

可以证明 $f_i(m_i,\tau_i)$ 是凸函数，因此，$f_i(m_i,\tau_i)$ 的最小值点应满足：

$$\frac{\partial f_2(m_2,\tau_2)}{\partial \tau_2}=0 \qquad (7.34)$$

即

$$\tau_2=\frac{m_2(P_2-P_1)+h_2s_2}{m_2h_1+h_2} \qquad (7.35)$$

将 τ_i 代入 $f_i(m_i,\tau_i)$，得：

$$f_2(m_2,\tau_2)=m_2A_2-$$
$$\frac{D_2[m_2(P_2-P_1)^2-2S_2(h_1m_2p_2+h_2p_1)-h_1h2S_2^2]}{2*m_2h_2+h_2)}$$
$$=g_2(m_2) \qquad (7.36)$$

对每个 m_2，$g_2(m_2)$ 是 $f_2(m_2,\tau_2)$ 在 τ_2-f_2 坐标平面上的最小值，因此 $g_2(m_2)$ 是以整数 m_2 为自变量的 $f_2(m_2,\tau_2)$ 的最小值函数，由于 $f_2(m_2,\tau_2)$ 为凸函数，故 $g_2(m_2)$ 也是凸的，用 $g_2(m_2)$ 的差分可得最优的 m_2：

$$m_2=\text{INF}[m_2\in I: (m_2h_1+h_2)(m_2h_1+h_1+h_2)$$
$$\geqslant \frac{D_2h_2[(h_1s_2-(p_2-p_1)]^2}{2A_2}] \qquad (7.37)$$

(7.37)式中的 I 为非负整数集合。

注意：当 $h_2S_2-(P_2-P_1)\leqslant 0$ 时，应取 $m_2=0$。

m_2 求出后，再将 m_2 代入(7.35)式，即可求出 τ_2。

当 $P_1\geqslant P_2$，且 $A_1\geqslant A_2$ 时，则不应在 T_1 时刻以旧的价格订货，即这时 $\tau_2=0$，只要分别在两个有限时域 S_1 和 S_2 直接用 Schwarz 不等式[6]求出最优佳的 m_1 和 m_2 即可。

当 $P_1<P_2$，而 $A_1\geqslant A_2$ 或 $P_1\geqslant P_2$，而 $A_1<A_2$ 时，则可用上述享受旧的部分优惠的策略进行优化后，再将总费用与不享受优惠

时的总费用进行比较,即可决定最优的存贮策略。

习 题

1. 某产品的生产中需要一种外购件,年需要量为 10 000 件,单价 100 元,设不允许缺货。每采购一次需 2 000 元,每件每年的存贮费为该件单价的 20%,试求经济订货批量及年最小总费用。

2. 某生产线单独生产一种产品时的能力为每年 36 000 件,对该产品的需求速度为每年 18 000 件,该产品的年存贮费为 1.80 元。准备在生产线上轮流生产多品种产品,更换生产品种时,需准备结束费 500 元。设不允许缺货,求该产品每次最佳的生产量。

3. 某公司经理一贯采用不缺货的经济批量,后由于竞争迫使他不得不考虑采用允许缺货的经济批量。已知需求速度 $R=800$ 件/年,订购费 $C_3=150$ 元,单位存贮费为 $C_1=3$ 元/(件·年),单位缺货费为 $C_2=20$ 元/(件·年),试分析:

(1)两种策略哪种优,费用节省多少?

(2) 如果该公司为保持一定信誉,规定缺货随后补上的数量不超过总量的 15%,任何一位顾客因供应不及时需等下批货到达补上的时间不得超过三周。问这种情况下,允许缺货的策略能否被采用?

4. 试根据下列条件推导并建立一个经济订货批量的公式:

(1)订货必须在每月 1 日提出,订购费为每次 V 元,当日订货当日到达;

(2)每月需求量为 R,均在各月中的 15 日一天内发生;

(3)不允许缺货;

(4)存贮费每件每月 C 元。

5. 某医院药房每年需某种药 1 000 瓶,每次订购费用需要 5元,每瓶药每年保管费用为 0.40 元,每瓶单价 2.50 元。制药厂提出的价格折扣条件为:

(1)订购 100 瓶及以上时,价格折扣为 5%;

(2)订购 300 瓶及以上时,价格折扣为 10%。

问该医院应否接受有折扣的条件?

6. 上题中,如果医院每年对这种药的需要量为 100 瓶,而其他条件均不变化时,应采用什么存贮策略? 如果每年需要量为 4 000 瓶呢?

7. 某商店销售鲜牛奶,每瓶成本为 1.80 元,售价为 2.50 元。如当日不能售出,则全部变质损坏,已知该店鲜牛奶的销售量 r 服从泊松分布

$$P(r)=\frac{\mathrm{e}^{-\lambda}\lambda^{r}}{r!}$$

平均售出量为 120 瓶,问该店每天应进鲜牛奶多少瓶?

8. 某厂对原料需求概率如表 7.3 所示。

表 7.3

需求量 r(吨)	20	30	40	50	60
概率 $P(r)$	0.1	0.2	0.3	0.3	0.1

每次订购费 $C_3=300$ 元,原料每吨价 $K=400$ 元,每吨原料存贮费 $C_1=50$ 元,缺货费 $C_2=600$ 元/吨,若用 (s, S) 策略,试求 s 和 S。

9. 某厂准备连续 3 个月生产某种产品,每月初开始生产。该产品的生产成本是其每次产量 x 的函数(函数为 x^2),存贮费是每月每单位 1 元,估计 3 个月的需求量分别为 $d_1=100$,$d_2=110$,$d_3=120$。若第一月月初无库存且要求第三月末无库存,问每月应生产多少该种产品才能使总的生产和存贮费最低。

10. 某商店一年分上、下半年两次进货,上、下半年的需求情况是相同的,需求量 y 服从均匀分布,概率密度函数为:

$$f(y)=\begin{cases} \dfrac{1}{10}, & 20\leqslant y\leqslant 30 \\ 0, & \text{其他} \end{cases}$$

其进货价格上半年为 $q_1=3$,下半年为 $q_2=2$,售价上半年为 $p_1=5$,下半年为 $p_2=4$,设年初存货为 0,年存贮费为进价的 20%,缺货费为失去销售机会的损失。问两次进货应各为多少?

11. 一种物资在四个季度的需求量和其他数据如表 7.4 所示，第一季度初的存货 $x_1 = 15$ 单位。

表 7.4

季　　度	需要量	订购费	存诸费	单　　价
i	D_1	K_1	h_1	a_1
1	76	98	1	2
2	26	114	1	2
3	90	185	1	2
4	67	70	1	2

试求：每季度的最优订货量（使全年的总费用最小）。

附录 运筹学上机指导

F.1 运筹学算法互动练习指导

F.1.1 系统简介

《运筹学 CAI 网络教学系统》是一全新的运筹学教学人机交互训练软件与师生互动系统。此系统不仅具有一般的运筹学计算软件的算法实现功能,而且能把复杂的计算过程与算法思想用详细生动的多媒体形式表现出来,并实现用户参与的网络化互动练习;题目的输入与读取简洁、直观。比如,在最小树问题、最短路问题、最大流问题等,用户可以很方便地先作图,然后在图形中相应的一些位置输入数据,软件可以识别他的任意图形、任意数据的输入。在交互练习中,软件能识别跟踪学生的求解过程,并给出指导与评判。

F.1.2 实验要求及实验前准备

可以在课堂上先行学会各相关内容的算法,也可以在机房里以边看投影演示边操作的形式学习,45 学时的教学要求是掌握前 8 个内容,60 学时的教学要求是掌握系统中提供的全部算法内容。各客户端要求安装好 Authorware web player6.5 插件,上机练习前,任课老师要选择教师身份登陆系统并开通新班级,在作业前让学生完成所在班的注册,老师再重新进入系统激活全体班级的注册账号;学生在进入系统后,最好先下载好题目,并解压保存到自己想要存放的磁盘位置,不用下载的题目,自己输入会慢一点。

系统登陆地址:http://fos.ujs.edu.cn/web/或所在学院局域网。

　　没有账号的学生请点击注册按钮,选择你的任课老师和班级,
输入你的十数字位学号—输入姓名—设定登陆密码—重复一遍设
定的密码。注册完成后,请你的任课老师激活。

F.1.3　练习系统内容及步骤

　　各项作业的练习可以概括为:输入数据或读取数据➔计算演
示或交互练习➔查看结果。

　　题目数据的录入方式如下:

　　对于线性规划的图解法、线性规划的单纯形法、线性规划的对
偶单纯形法、运输问题、指派问题、资源分配问题、背包问题,其题
目的输入方式均为矩阵方式输入;对于最小生成树、最短路、网络
最大流内容,其输入方式是:先简单地作图,再分别在图中的每条
边(或弧)旁输入数字(权)。

　　作图时,用鼠标拉出线段即可,线段的两端点以小圆圈形式自动
出现,每一线段表示连接这两个端点的边(或弧);作图时,软件提供
了四个编辑按钮:画线(画边)、撤销、恢复、删除(删除所画边或弧)。

　　也可读取题目,但只能读取文本文件,非题库中的文件可能不
被识别。

　　下面按内容顺序(见图 F.1)说明如下:

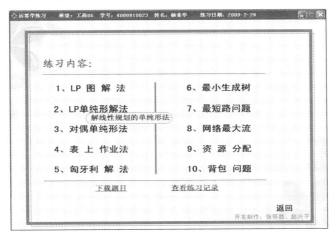

图 F.1

1. LP 图解法

点击"1. LP 图解法",将会出现如下的开始页面(图 F. 2):

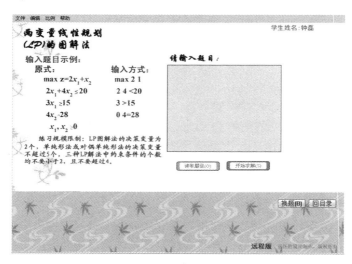

图 F. 2

在输入框中,你可以新建一个题目(图 F. 3),也可把磁盘中已有的题目读入到输入框中(如果本地磁盘上没有题目,可在此页下载)。

图 F. 3

题目输入完毕或读取题目后,点击"开始求解"按钮,即可进入交互练习。

下图(图 F. 4)是练习开始时的页面。

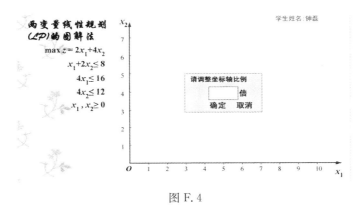

图 F. 4

　　如果坐标刻度值不能满足题目要求,请先放大或缩小刻度值,输入完毕回车或点击"确定"。

　　如果选择电脑求解(图 F. 5),则软件给出求解过程的演示动画,如果选择练习,则等待你的求解,并跟踪你的求解过程,适时指出你做错的地方。

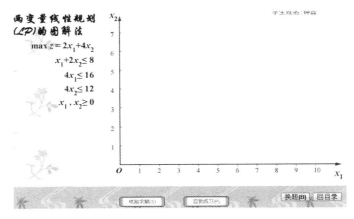

图 F. 5

下面一些图是 LP 图解法练习过程中的部分画面。

图 F.6 出现的是画第一个约束条件的边界线，学生只要给出直线上两个点的坐标或在第一象限上点出直线上两点即可。

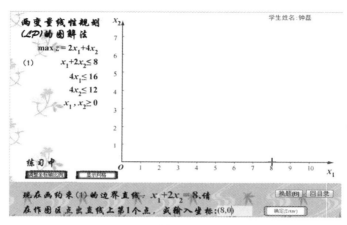

图 F.6

点出正确的两点或输入正确的两点的坐标后，直线便自动产生，如下图（图 F.7）。

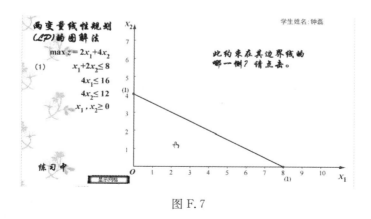

图 F.7

可以看出，第一个约束条件的不等式所表示的范围在它的边界线的左下方，因此可将鼠标放在所画线的左下侧点击一下，程序判断点击位置正确,便产生正确的第一个约束条件的范围,以阴影线表示,如下图(图 F.8)。

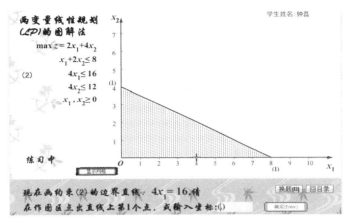

图 F.8

依次下去,便可以产生所有约束条件的公共范围,如下图(图 F.9)。

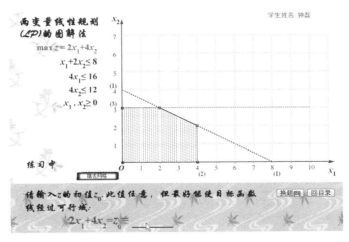

图 F.9

目标函数的初始值可以任意给定,这里为了作图的方便,给出目标函数中两自变量系数 2 和 4 的倍数 8（也可给出 4），如下图（图 F.10），输入 8。

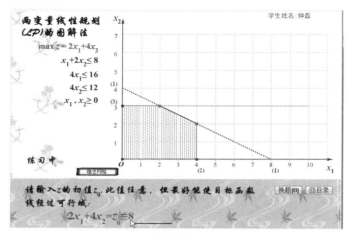

图 F.10

按输入的目标函数初值 8 找出目标函数初始线的两个点，如下图（图 F.11）。

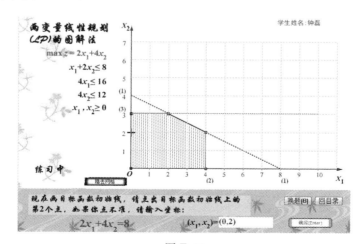

图 F.11

点出或输入正确的目标函数初始线的两点后,程序画出目标函数初始线,见下图(图 F.12)的红线。

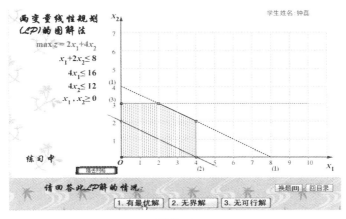

图 F.12

由图 F.12 可见,约束条件的范围(阴影部分)是有界闭的,所以此题有最优解,点选第一个按钮"有最优解"(图 F.12)。

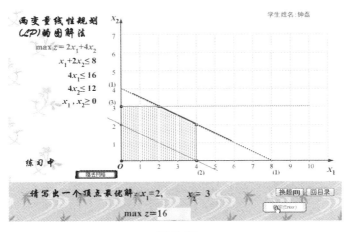

图 F.13

由于目标是求最大值,且决策变量的系数为正,故拖动目标函数线向右上方平移,当移动到擦边时,目标函数即可达到最大值,由图 F.13 可见,此题目标函数的最大值在右上边界的线段上取得最优解,顶点最优解有两个,其中一个是:$x_1 = 2$,$x_2 = 3$,另一个是:$x_1 = 4$,$x_2 = 2$,只要写出一个解即可,如上图(图 F.13),将最优解代入目标函数中,算出目标函数的最大值为 16,按回车键或点击"确定"结束做题(图 F.14,图 F.15)。

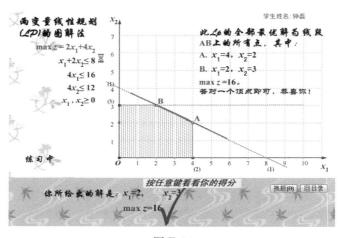

图 F.14

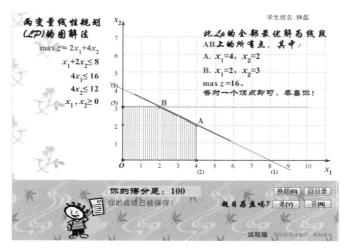

图 F.15

2. LP 单纯形解法

在目录页面(图 F.1)点击"2. LP 单纯形解法",将会出现如下的开始页面(图 F.16):

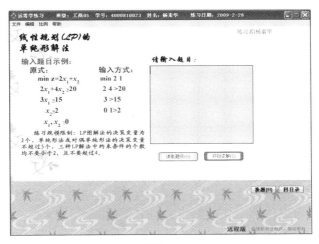

图 F.16

在输入框中,学生可以输入一个题目(注意规模限制),也可把磁盘中已下载的题目读入到输入框中,如下图(图 F.17):

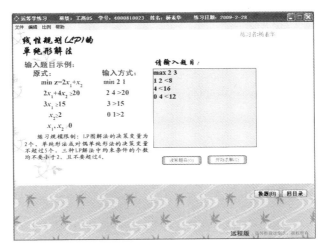

图 F.17

题目输入完毕或读取题目后,点击"开始求解"按钮,即可进入交互练习(图 F.18)。

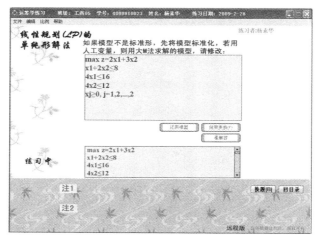

图 F.18

由于模型不是标准形,先将模型标准化,可在题目框中直接修改,如下(图 F.19):

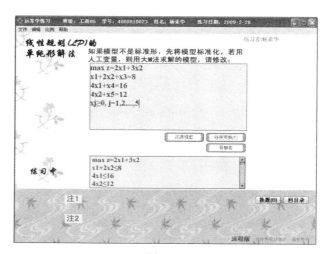

图 F.19

　　将模型标准化后,点击"结束变换"按钮,可得到如下界面(图 F. 20):

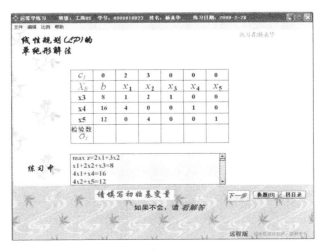

图 F. 20

　　根据提示,填写初始基变量,可在基变量输入框中直接输入,也可以点击基变量所在的位置,如本题:分别点击 x3,x4,x5,则可以得到图 F. 21。

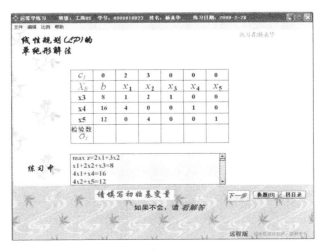

图 F. 21

　　点击"下一步",依次计算各个检验数,"确定"后系统会自动将结果输入到检验数行中,再点击"下一步",得到如下界面(图 F.22):

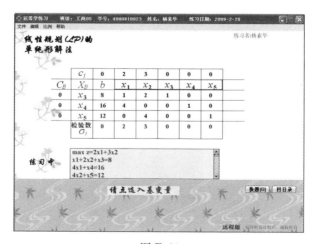

图 F.22

　　根据检验数判断当前解是否最优,还是此 LP 为无界解或无可行解,若是其中一种,则点击相应按钮,否则,点击"需继续运算",在本题中,由于存在大于 0 的检验数,所以点击"需继续运算",得到图 F.23。

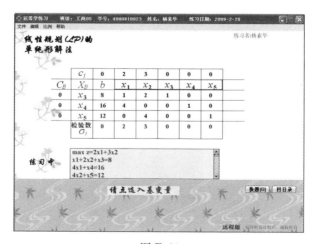

图 F.23

　　根据提示选入基变量,由于 3 大于 2,选择 x2 作为入基变量,直接点击 x2 即可,得到 F.24。

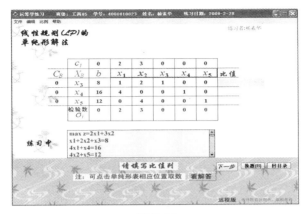

图 F.24

　　计算单纯形表中常数项 b 与 x2 所对应的大于 0 的系数之比,并将结果填入比值列中,计算比值时,可直接填入结果,也可用鼠标点击进行操作。如基变量 x3 行所对应的比值,可直接填入 4,也可用鼠标先点击 8,用键盘输入"/",再点击 2,可以得到一样的效果,当然,这里直接填入 4 比较简便,但是当遇到较麻烦的数字时,则用第二种方法较简便,最终得到图 F.25。

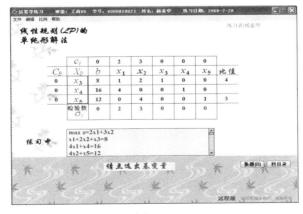

图 F.25

根据比值选取出基变量,由于比值 3 小于 4,选择 x5 为出基变量,得到图 F.26。

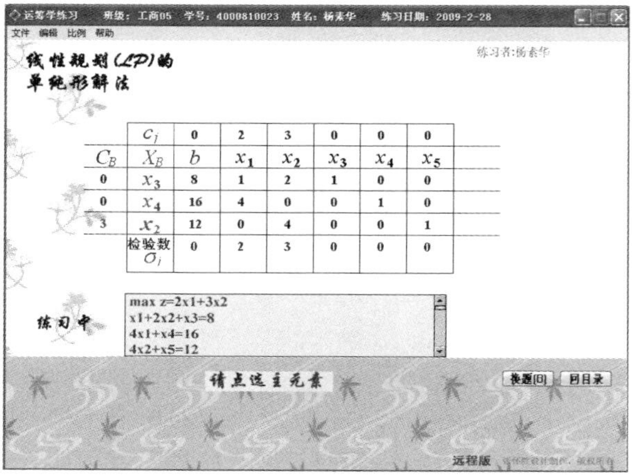

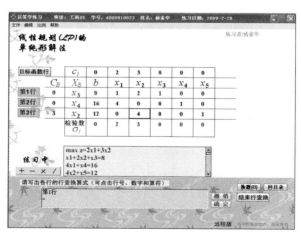

图 F.26

选取主元素,由所学知识可知:选择基变量 x2 所在行与变量 x2 所在列的交点数字 4 为主元素。点击这个交点,得到图 F.27。

图 F.27

在界面的下方进行各行的行变换,由于刚入基的变量 x2 在第

3 行,所以先对第 3 行进行行变换,可在输入框中直接输入"[12,0,4,0,0,1]/4"(图 F. 28),也可以先点击"第 3 行"按钮,再点击算符"/",最后点击主元素 4,点击"确定"。(注意:向量用中括号表示,元素之间用逗号隔开,并且在英文状态下输入。)

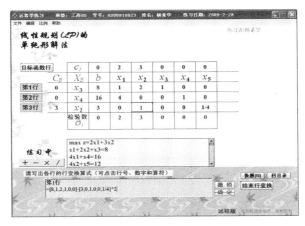

图 F. 28

　　然后,再对第 1 行进行行变换,依次点击"第 1 行"、算符"一"、"第 3 行"、算符"×",最后输入 2,这样便完成了第 1 行的变换,点击"确定"(图 F. 29)。

图 F. 29

同样对第 2 行进行行变换，得到图 F.30。

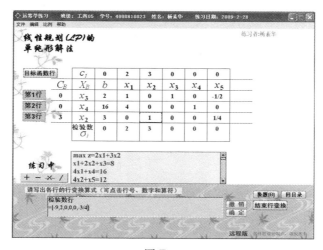

图 F.30

最后计算出检验数，可直接在检验数行中输入 $[-9,2,0,0,0,-3/4]$，也可点击按钮"目标函数行"，再依次点击算符"—"、数字"3"、算符"×"、按钮"第 3 行"、按钮"确定"，则系统自动算出检验数为 $[-9,2,0,0,0,-3/4]$，如下（图 F.31）：

图 F.31

点击"确定"后,得到变换后的单纯形表(图 F.32):

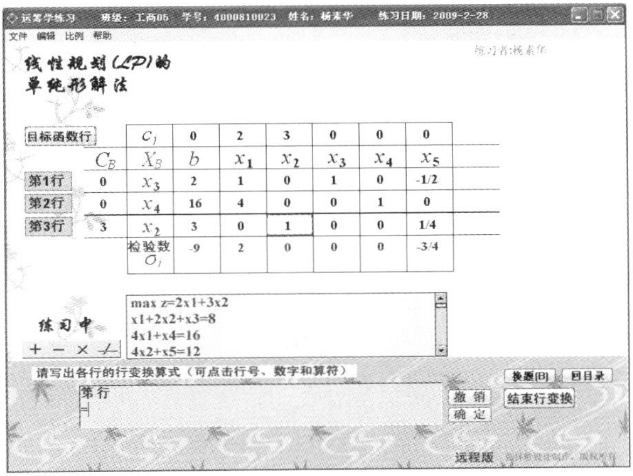

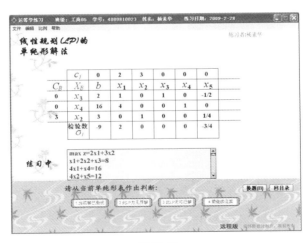

图 F.32

对各行均进行行变换后,点击"结束行变换",得到图 F.33。

图 F.33

根据变换后的检验数判断当前解是否最优,还是此 LP 为无界解或无可行解,若是其中一种,则点击相应按钮,否则,点击"需继续运算",在本题中,由于 $x1$ 的检验数为 2,大于 0,所以点击"需继续运算",与第一次变换方法一样,进行出基、入基、行变换等一系列的操作,直到得到检验数行均小于或等于 0 为止,最后结果如下(图 F.34):

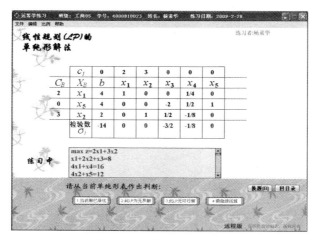

图 F.34

因为所有的检验数均小于或等于0,且所有解均大于或等于0,所以当前解已最优,点击"当前解已最优"按钮,得到图 F.35。

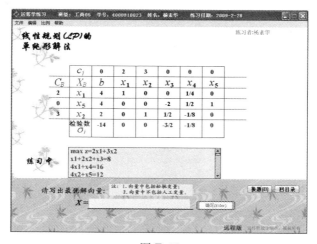

图 F.35

　　写出最优解向量,且此向量中包括松弛变量,不包括人工变量,输入[4,2,0,0,4],点击"确定"后得到图 F.36。

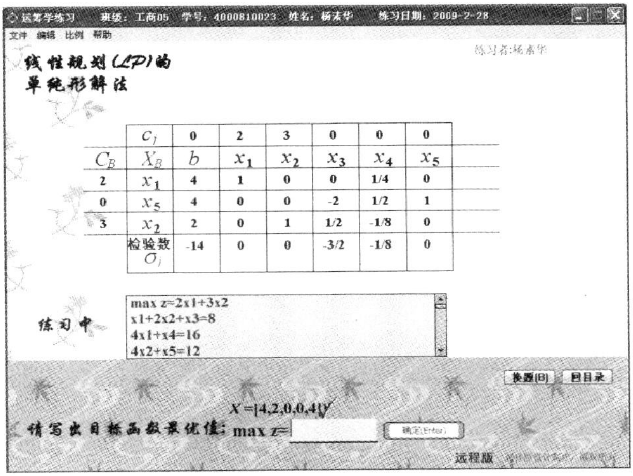

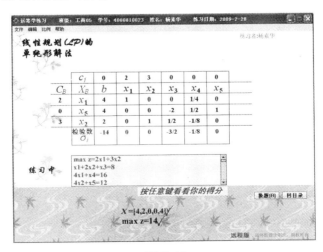

图 F.36

　　从单纯形表中可得到目标函数最优值为 14,输入并点击"确定"按钮结束做题,得到图 F.37。

图 F.37

在界面的右下角有"提交作业"选项（图 F.38），点击"是"即提交成功，然后点击"回目录"（图 F.38）回到目录页面。

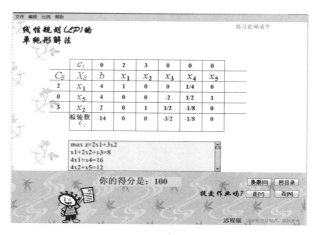

图 F.38

3. 对偶单纯形法

在目录页面（图 F.1）点击"3. 对偶单纯形法"后，在输入框中，学生可以输入一个题目（注意规模限制），也可把磁盘中已下载的题目读入到输入框中，点击"读取题目"，如下图（图 F.39）：

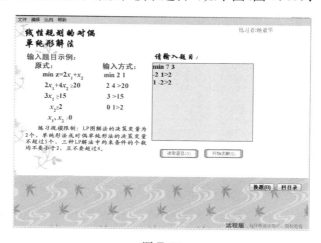

图 F.39

题目输入完毕或读取题目后,点击"开始求解"按钮(图 F.39),即可进入交互练习(图 F.40)。

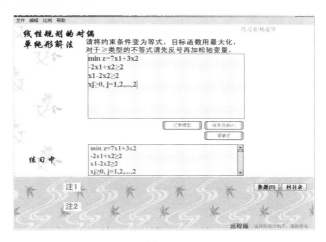

图 F.40

为得到对偶问题的初始可行基变量,需要将模型转化并标准化,可在题目框中直接修改,如下(图 F.41):

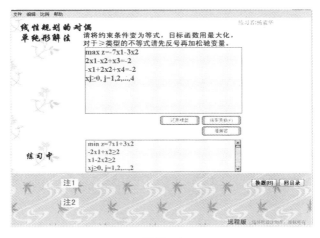

图 F.41

将模型转化并标准化后,点击"结束变换"按钮,可得到如下界面(图 F.42)：

图 F.42

根据提示，填写初始基变量，可在基变量输入框中直接输入，也可以点击基变量所在的位置，如本题：分别点击 x3，x4，则可以得到图 F.43。

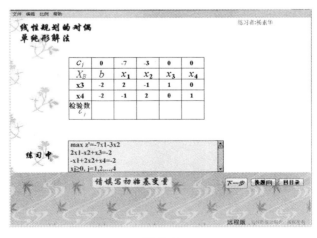

图 F.43

点击"下一步"，依次计算各个检验数，"确定"后系统会自动将结果输入到检验数行中，再点击"下一步"，得到如下界面（图 F.44）：

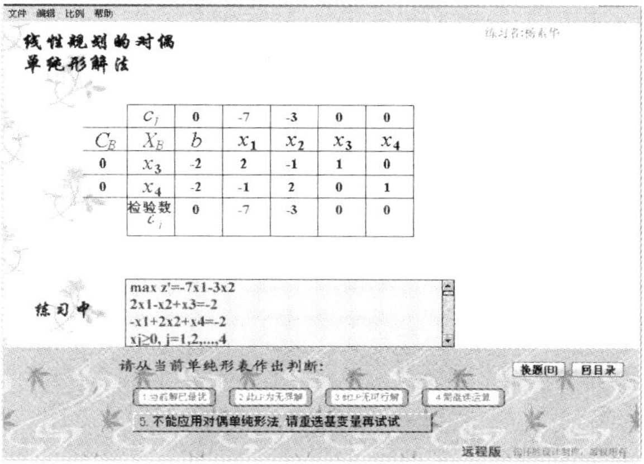

图 F.44

　　根据单纯形表判断当前解是否最优，还是此 LP 为无界解或无可行解，或者不能应用对偶单纯形法求解，若是其中一种，则点击相应按钮，否则，点击"需继续运算"。在本题中，由于所有检验数均小于或等于 0，且 b 列数字中负分量对应的行中存在小于 0 的系数，所以点击"需继续运算"，得到图 F.45。

图 F.45

　　根据提示选出基变量,由于 b 列的数字均为 -2,所以选择 x3、x4 作为出基变量均可,否则,选择 b 列中最小的负分量所对应的变量为出基变量,本题中,直接点击 x3 或 x4 即可,如点击 x3 后可得到图 F.46。

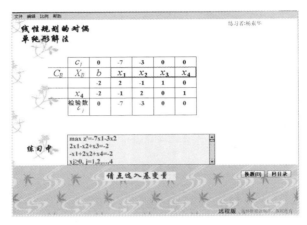

图 F.46

　　选择入基变量,计算单纯形表中检验数与出基变量 x3 行所对应的小于 0 的系数之比,取最小比值所对应的变量 x2 为入基变量,得到图 F.47。

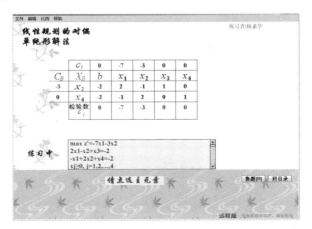

图 F.47

　　选取主元素,由所学知识可知:选择基变量 x2 所在行与变量 x2 所在列的交点数字－1 为主元素。点击这个交点,得到图 F.48。

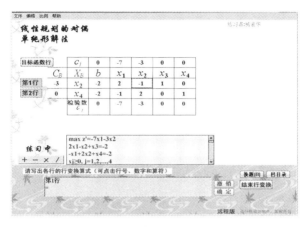

图 F.48

　　在界面的下方进行各行的行变换,由于刚入基的变量 x2 在第 1 行,所以先对第 1 行进行行变换,可在输入框中直接输入"[－2, 2,－1,1,0]＊(－1)",也可以先点击"第 1 行"按钮,再点击算符 "×",最后点击主元素－1,点击"确定"(图 F.49)。(注意:向量用中括号表示,元素之间用逗号隔开,并且在英文状态下输入。)

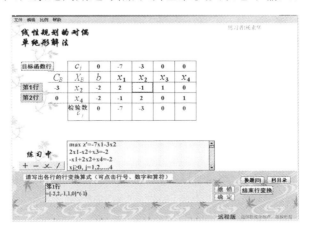

图 F.49

　　然后,再对第 2 行进行行变换,依次点击"第 2 行"、算符"－"、"第 1 行"、算符"×",最后输入 2,这样便完成了第 2 行的变换,点击"确定"(图 F.50)。

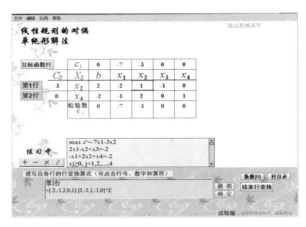

图 F.50

　　最后计算出检验数,可直接在检验数行中输入$[6,-13,0,-3,0]$,也可点击按钮"目标函数行",再依次点击算符"＋"、按钮"第 1 行"、算符"×"、数字"3"、按钮"确定",则系统自动算出检验数为$[6,-13,0,-3,0]$,如下(图 F.51):

图 F.51

点击"确定"后,得到变换后的单纯形表(图 F.52)。

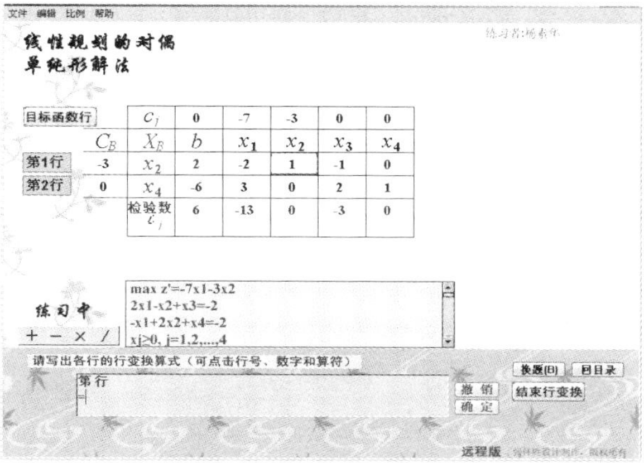

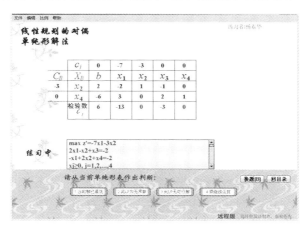

图 F.52

对各行均进行行变换后,点击"结束行变换",得到图 F.53。

图 F.53

根据单纯形表判断当前解是否最优,还是此 LP 为无界解或无可行解,或者不能应用对偶单纯形法求解,若是其中一种,则点击相应按钮,否则,点击"需继续运算",在本题中,由于 b 列数字中负分量对应的行中不存在小于 0 的系数,所以点击"此 LP 无可行解"

结束做题,得到图 F.54。

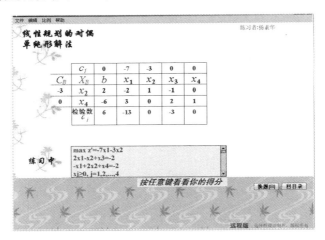

图 F.54

4. 表上作业法

在目录页面(图 F.1)点击"4. 表上作业法"后,在输入框中,学生可以输入一个题目(输入时请注意规模限制),也可把磁盘中已下载的题目读入到输入框中,如下图(图 F.55):

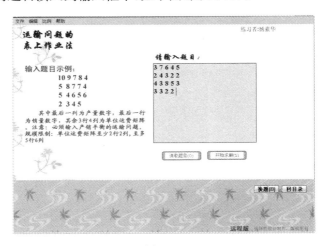

图 F.55

题目输入完毕或读取题目后,点击"开始求解"按钮,即可进入交互练习(图 F.56)。

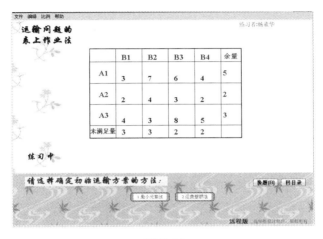

图 F.56

根据提示,选择确定初始运输方案的方法,学生可选择"最小元素法"或"运费差额法(伏格法)",这里我们选择"运费差额法"进行演示,得到图 F.57。

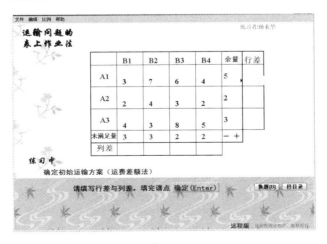

图 F.57

　　分别计算出各行和各列的最小运费和次最小运费的差额,直接在表中填写行差和列差(图 F.58)。

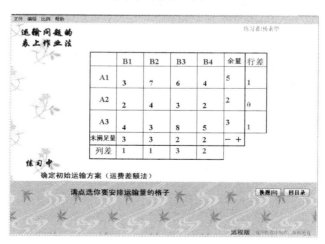

图 F.58

填完行差和列差后,点击"确定"(图 F.59)。

图 F.59

　　根据行差和列差,从中选出最大者并选择它所在行或列中的最小元素,即所要安排运输量的格子,点击这个格子(图 F.60)。

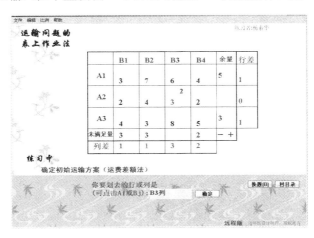

图 F.60

　　若选择正确,系统会提示位置正确,并要求写出对应的运输量,在本题中,B3 的需要量为 2,而 A2 的可供应量为 2,所以在空格中填入 2(点击 B3 列的未满足量 2 或 A2 行的余量 2),并相应地划去行或列,易知:划去 A2 行或 B3 列均可,这里我们选择划去 B3 列(可在输入框中直接填 B3 列,也可点击 B3 完成操作)(图 F.61)。

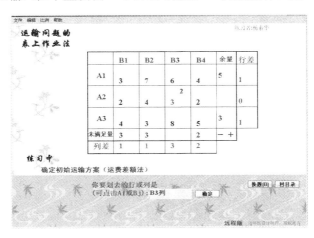

图 F.61

点击"确定"后,系统自动删除 B3 列元素(保留 B3 的运输量),填写新的行差和列差(图 F.62)。

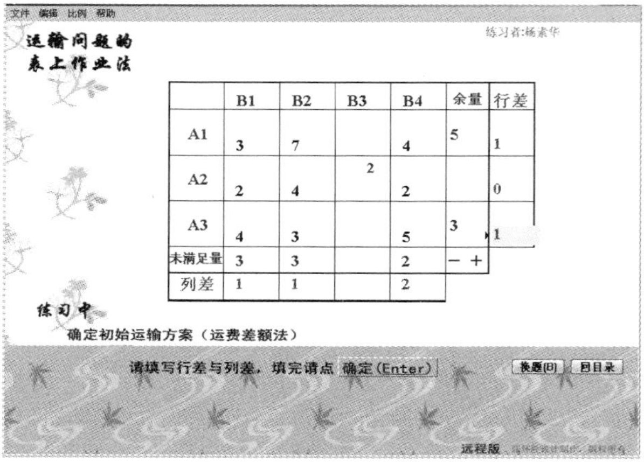

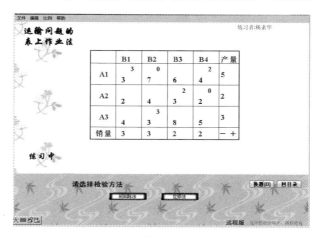

图 F.62

点击"确定"后,重复以前操作分别点选需要安排运输量的格子,写出对应的运输量,划去相应的行或列,直到得到初始解为止(图 F.63)。(注:在填写运输量的过程中可能会出现需要填入 0 的空格,此时只需要点击相应的余量列或未满足量行中的空格即可。)

图 F.63

得到初始解后,可选择"闭回路法"或"位势法"检验此解是否为最优解,本题中选择"位势法"进行检验得到(图 F.64)。

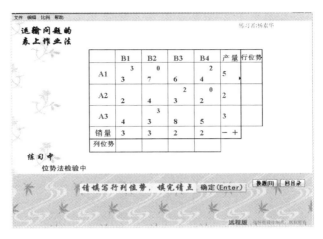

图 F.64

根据所学知识分别填入行位势和列位势(图 F.65):

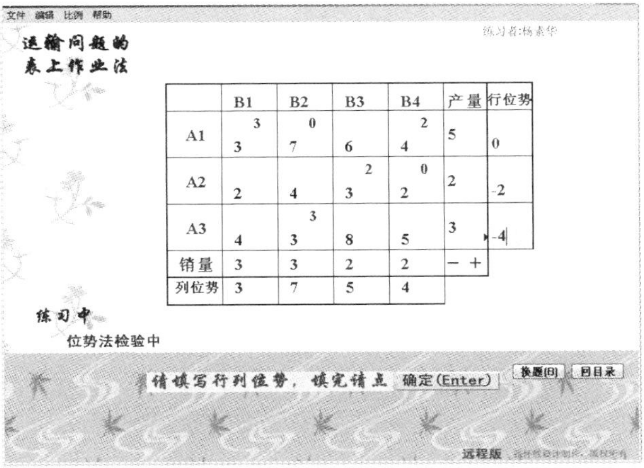

图 F.65

点击"确定"后,根据行位势和列位势填入非基格(未填运量的格子)检验数,可以直接口算出非基格检验数并且填入相应位置

（图 F.66），也可利用界面上的数字和算符进行点击操作运算，当数字较复杂时用第二种方法简单，得到图 F.67。

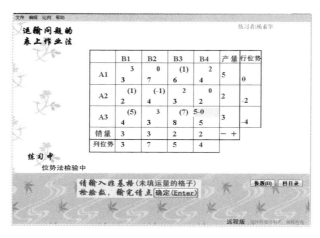

图 F.66

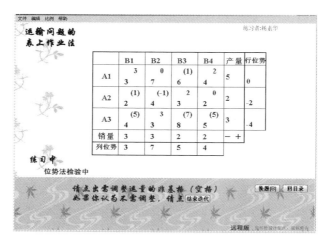

图 F.67

　　根据检验数（注意：由于基变量的检验数均为 0，所以系统中省略；括号中的蓝色数字为非基变量的检验数）判断是否需要调整运量，如果不需要，则点击"结束迭代"；否则，点出需要调整运量的非基格。本题中,由于存在负检验数(-1),所以需要调整运量,点击负检验数所在格(图 F.68)。

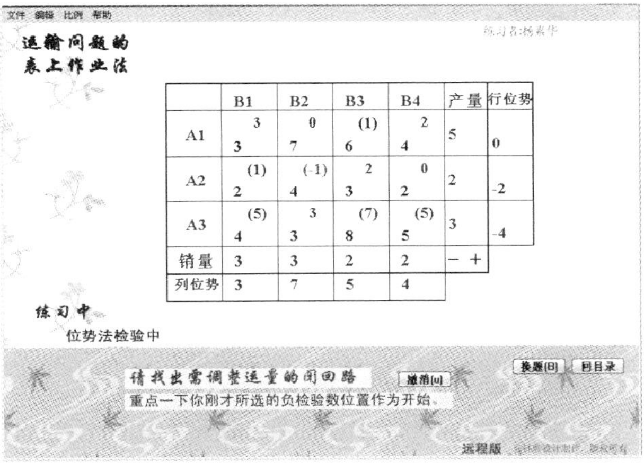

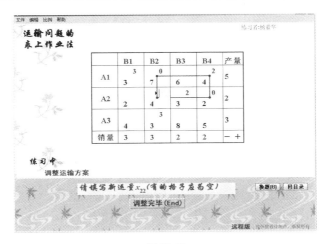

图 F.68

　　找出需调整运量的闭回路,重新点击所选的负检验数位置作为开始,再依次点击构成闭回路的基格,得到图 F.69。

图 F.69

　　根据所学知识选择调入量并填到对应格中,本题中,在 X22 中填入新运量 0，并且删掉 X12 或 X24 中的 0，得到图 F.70。

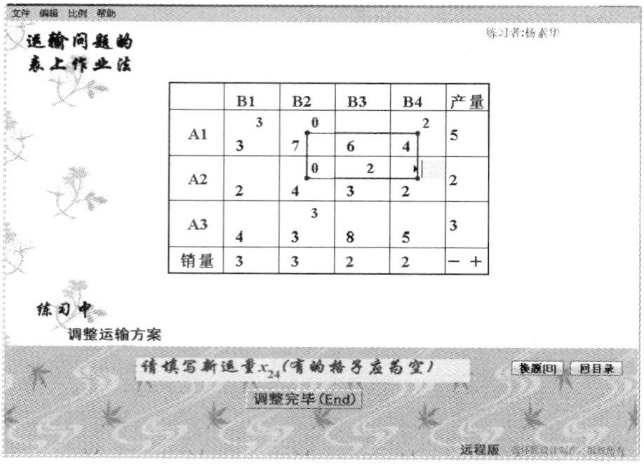

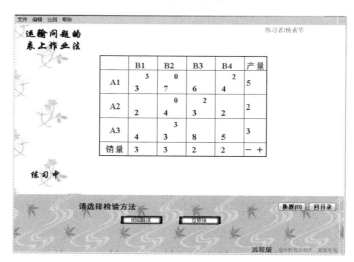

图 F.70

调整结束后，点击"调整完毕"，得到图 F.71。

图 F.71

选择"闭回路法"或"位势法"检验此解是否为最优解，本题中选择"位势法"进行检验，根据行位势和列位势填入非基格（未填运

量的格子)检验数,最终得到检验数如下(图 F.72):

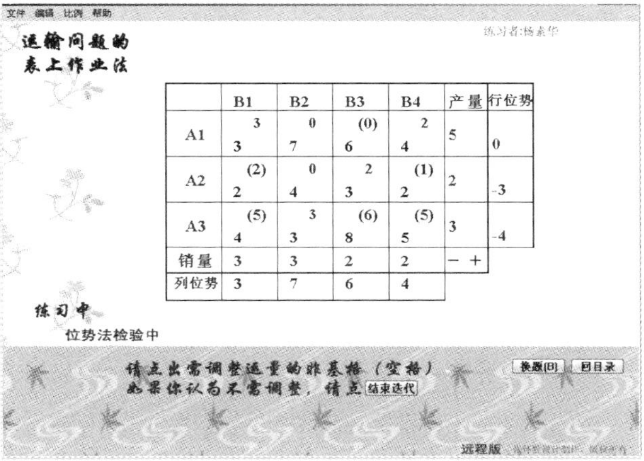

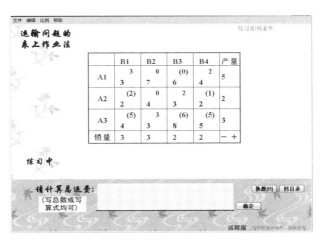

图 F.72

　　根据检验数可知,当前解已为最优,点击"结束迭代",得到图
F.73。

图 F.73

　　计算总运费,可直接填入总数 32,也可以输入算式:3 * 3＋7 *
0＋4 * 2＋4 * 0＋3 * 2＋3 * 3,系统会自动计算出结果,点击"确

定”结束做题,得到图 F. 74。

	B1	B2	B3	B4	产量
A1	3 3×	0 7×	(0) 6	2 4×	5
A2	(2) 2	0 4×	2 3×	(1) 2	2
A3	(5) 4	3 3×	(6) 8	(5) 5	3
销量	3	3	2	2	− +

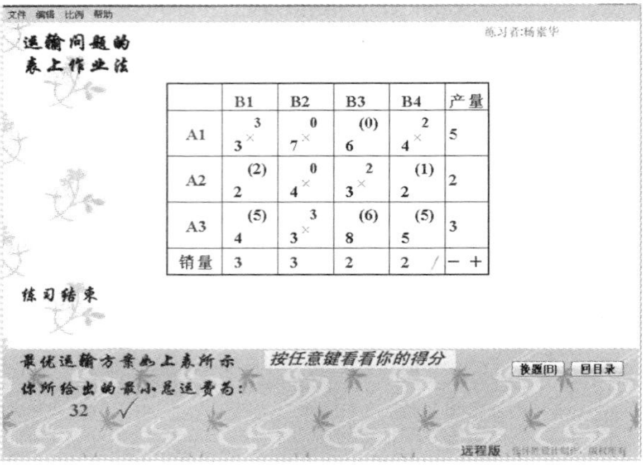

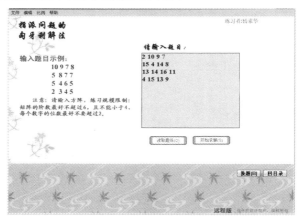

图 F. 74

注:在表上作业法中(图 F. 74),表上有很多数字,学生在练习过程中需要注意并分清各元素的含义(不同颜色区分)。

5. 匈牙利解法

在目录页面(图 F. 1)点击“5. 匈牙利解法”后,在输入框中,学生可以输入一个题目(注意规模限制),也可把磁盘中已下载的题目读入到输入框中,如下图(图 F. 75):

图 F. 75

题目输入完毕或读取题目后,点击"开始求解"按钮,即可进入交互练习(图 F.76)。

图 F.76

从系数矩阵的每行元素减去该行的最小元素,如本题的第一行变换,即第一行的各个元素分别减去本行的最小元素 2,可直接在输入框中输入−2,也可以进行点击操作(依次点击算符"−"、第一行的最小元素 2),如下(图 F.77):

图 F.77

点击"确定",第一行变换结束后,对其余的行和列分别进行同样的操作(若行或列中含有 0 元素,则点击"a.不变"),最终得到变换后的新矩阵(图 F.78)。

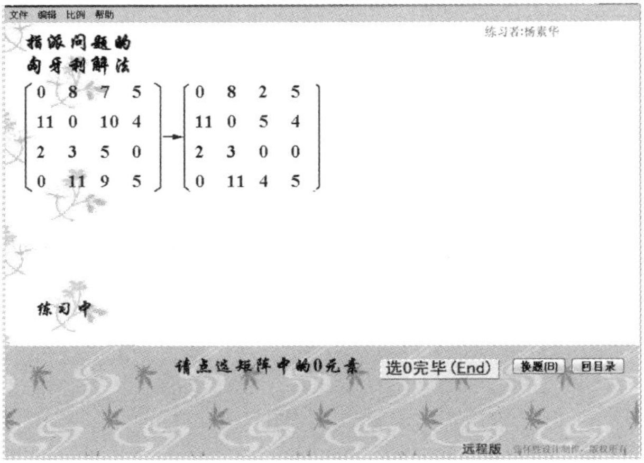

图 F.78

从只有一个 0 元素的行(列)开始对新矩阵点选 0 元素(直接点击 0 元素所在位置即可),见图 F.79。

图 F.79

然后划去同行同列其他的 0 元素(图 F.80)。

图 F.80

进行同样的操作,直到所有的 0 元素都被点选和划掉为止,得到图 F.81。

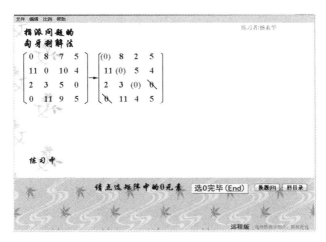

图 F.81

　　当所有的 0 元素都被点选和划掉后,点击"选 0 完毕",得到图 F.82。

图 F.82

　　判断当前解是否得到最优解,若已经得到最优解,则点击"已得最优解"结束变换;否则,点击"零元素不够"继续求解。本题中,点选的 0 元素只有 3 个,小于矩阵的阶数,所以需点击"零元素不够"继续求解(图 F.83)。

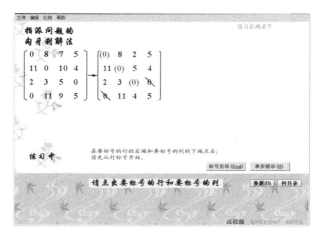

图 F.83

　　点出要标号的行和标号的列,在要标号的行的右端和要标号的列的下端点击。先从行标号开始,本题中第四行中不存在点选的 0 元素,所以在其右端点击进行标号(图 F.84)。

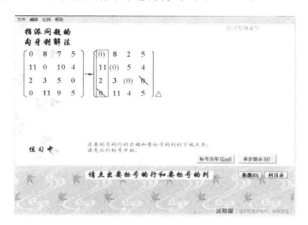

图 F.84

　　然后对已标号的行中所有含 0 元素的列进行标号,在第一列的下端进行点击标号,再对已标号的列中含点选 0 元素的行进行标号,重复操作直到得不出新的需要标号的行、列为止,最终得到图 F.85。

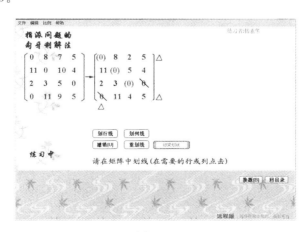

图 F.85

在矩阵中划线（只要在需要划线的行或列点击即可），系统默认是划行线，当需要划列线时，先点击"划列线"，然后再进行点击。本题中，把没有标号的行划行线，对标号的列划列线，如下（图 F.86）：

图 F.86

划线结束后，点击"结束划线"，得到图 F.87。

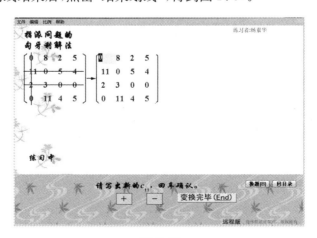

图 F.87

在没有被直线划去的部分中找出最小元素，然后在标号行各元素中减去这最小元素，而在标号列的各元素都加上这最小元素，这样得到新系数矩阵。本题中,最小元素为 2,所以在第一、四行各元素中分别减去 2 且在第一列的各元素中分别加上 2,这些操作在原矩阵中直接点击修改并回车确认即可得到新系数矩阵,最后点击"变换完毕"得到图 F.88。

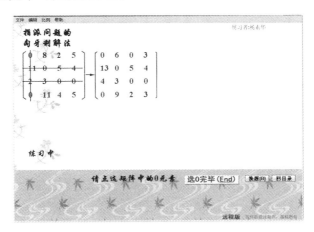

图 F.88

变换结束后,按之前的方法点选矩阵中的 0 元素,最后点击"选 0 完毕"得到图 F.89。

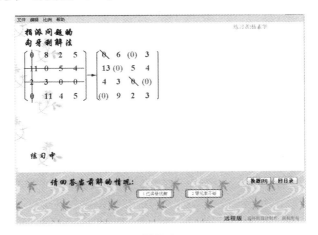

图 F.89

判断当前解是否得到最优解，若已经得到最优解，则点击"已得最优解"结束变换；否则，点击"零元素不够"继续求解。本题中，点选的 0 元素有 4 个，等于矩阵的阶数，所以点击"已得最优解"结束变换（图 F.90）。

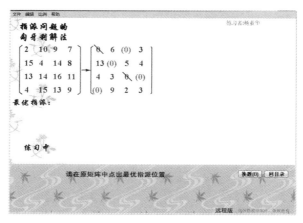

图 F.90

得到最优解后，根据选出的 0 元素位置分别在原矩阵中点出最优指派位置，并且计算出最小总时间（可直接输入 28，也可以输入 9＋4＋11＋4），如下（图 F.91）：

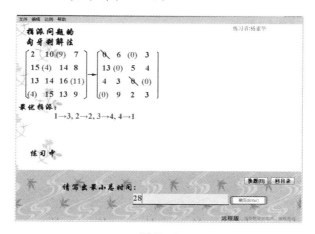

图 F.91

点击"确定"结束做题(图 F.92)。

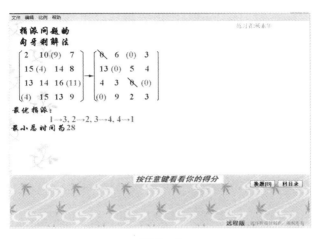

图 F.92

6. 最小生成树

在目录页面(图 F.1)点击"6. 最小生成树",将会出现如下的开始页面(图 F.93):

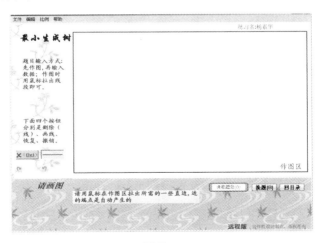

图 F.93

在输入框中,学生可以输入一个题目(注意要先作图,"画图完毕"后再输入数据；作图时用鼠标拉出线段即可。另外，系统提供了删除线、划线、恢复、撤消四个编辑按钮），也可把磁盘中已下载或保存的题目读入到输入框中，如下图（图 F.94）：

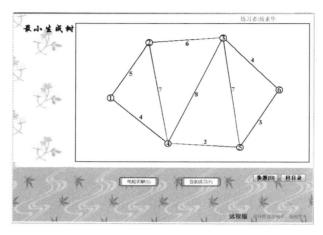

图 F.94

题目输入完毕或读取题目后，若不知道如何求解，可以点击"电脑求解"进行演示；相反，点击"自我练习"按钮，即可进入交互练习（图 F.95）。

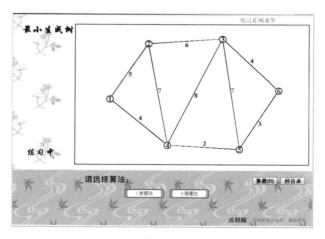

图 F.95

在求解最小生成树时,这里提供了两种方法(破圈法和避圈法)供学生选择进行练习,我们以破圈法为例进行示范,点击"1. 破圈法"得到图 F.96。

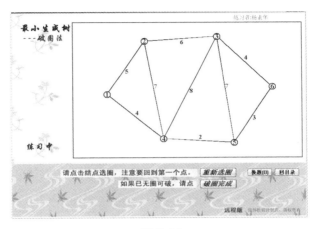

图 F.96

首先点击结点选圈(注意要回到第一个点),如果图中不存在构成圈的结点则点击"破圈完成"进入下一步;否则,进行选圈操作,如我们依次点击结点 1、2、4、1,这三个结点构成一个圈,得到图 F.97。

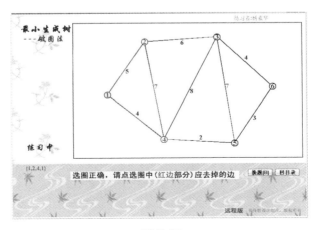

图 F.97

选圈正确后点选图中应去掉的边,在圈{1,2,4,1}中去掉权值最大的边,即边[2,4],见图 F.98。

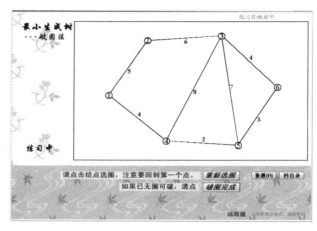

图 F.98

去掉边[2,4]后,观察图中是否存在构成圈的结点,如果图中不存在构成圈的结点则点击"破圈完成"进入下一步;否则,进行选圈和去边操作直到图中无圈可破,最终得到图 F.99。

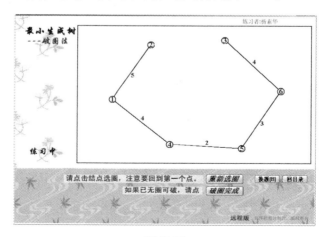

图 F.99

　　经观察可知图中已经无圈可破,即得到最小生成树,点击"破圈完成"进入下一步(图 F.100)。

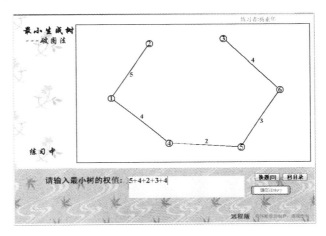

图 F.100

　　得到最小生成树后计算其权值,易知权值为 18,学生可直接输入数值也可以输入算式,点击"确定"结束做题(图 F.101)。

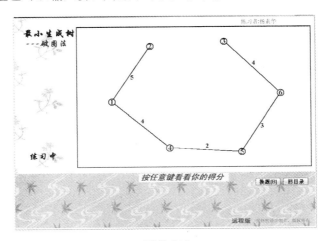

图 F.101

附:"避圈法"求最小生成树

点击"2. 避圈法"后,得到图 F.102。

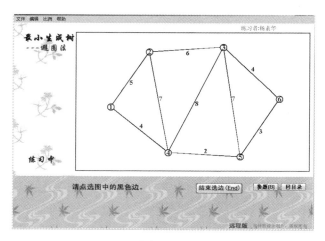

图 F.102

点选图中的黑色边进行选边,根据权值的大小从小到大依次点击边,同时注意所点击的边不能构成圈,本题中依次点击边 [4,5]、[5,6]、[3,6]、[1,4]、[1,2],如下(图 F.103):

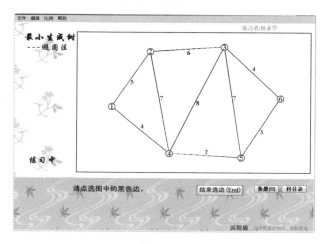

图 F.103

　　此时已无边可选，即得到最小生成树，点击"结束选边"（图 F.104）。

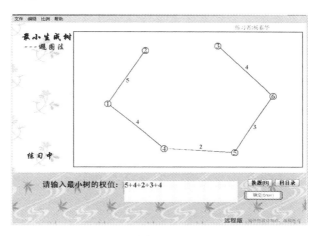

图 F.104

　　与破圈法相同，输入最小树的权值并点击"确定"结束做题。

7. 最短路问题

　　在目录页面（图 F.1）点击"7. 最短路问题"，将会出现如下的开始页面（图 F.105）：

图 F.105

　　首先选择所求最短路问题的图的类型,这里我们选择有向图进行演示,点击"2. 有向图"得到图 F.106。

图 F.106

　　在输入框中学生可以输入一个题目(注意要先作图,"画图完毕"后再输入数据;作图时用鼠标拉出线段即可。另外,系统提供了删除、划线、恢复、撤消四个按钮可供操作),也可把磁盘中已下载或保存的题目读入到输入框中,如下图(图 F.107):

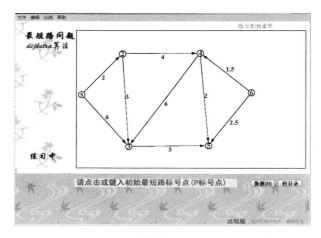

图 F.107

　　题目输入完毕或读取题目后,点击初始最短路标号点(P 标号点),点击 S 点后得到图 F.108。

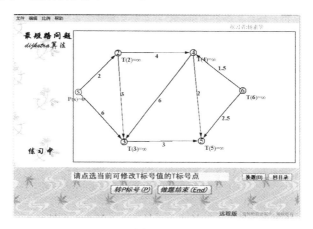

图 F.108

　　点击后,S 点变为初始最短路的 P 标号点,然后点选当前可修改 T 标号值的 T 标号点,图中的 S 点可到达 2、3 两个 T 标号点,分别点击 2、3 点并修改其 T 标号值,得到图 F.109。

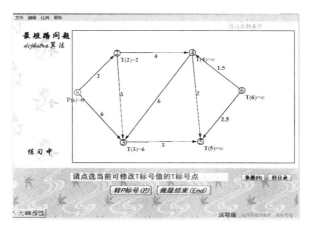

图 F.109

　　判断当前是否存在可修改的 T 标号值,若存在,则继续点选并

修改;否则,点击"转 P 标号"进入下一步,然后在 T 标号点中选择
T 标号值最小的点变为 P 标号点。本题中,由于 T(2)<T(3),所
以将 T(2)变为 P(2),点击点 2 所在的位置即可得到图 F.110。

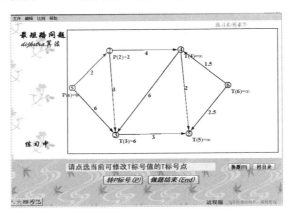

图 F.110

　　根据所学知识继续点选可修改 T 标号值的 T 标号点并修改,
然后在 T 标号点中选择 T 标号值最小的点变为 P 标号点,如此循
环做下去,直到找不到可变为 P 标号的点,最后得到图 F.111。

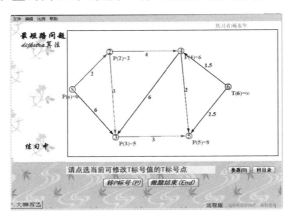

图 F.111

观察到图中已经不存在可修改 T 标号值的 T 标号并且不存在

可变为 P 标号的点,即已得到 S 点到达各点的最短路(S 点不存在到达点 6 的路径),所以点击"做题结束"(图 F.112)。

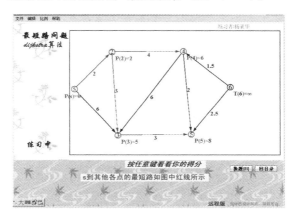

图 F.112

注:(1) 对于无向图,类似于有向图的操作,学生可自行探索。

(2) 在做题过程中若忘记 Dijkstra 算法,可使用"ctrl＋p",界面中会给出其算法。

8. 网络最大流

在目录页面(图 F.1)点击"8. 网络最大流",将会出现如下的开始页面(图 F.113):

图 F.113

　　在输入框中,学生可以输入一个题目(注意要先作图,"画图完毕"后再输入数据;作图时用鼠标拉出线段即可。另外,系统提供了删除、划线、恢复、撤消四个按钮可供操作),也可把磁盘中已下载或保存的题目读入到输入框中,如下图(图 F.114):

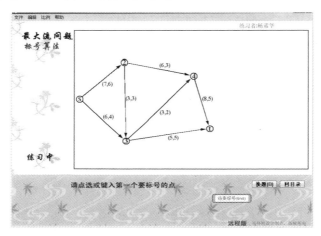

图 F.114

　　题目输入完毕或读取题目后,对图上的点进行标号,首先点选第一个要标号的点,点击 S 点所在的位置对 S 点标号,得到图 F.115。

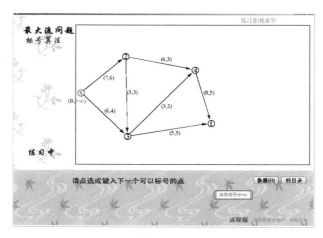

图 F.115

　　检查 S 点,在弧(S,2)、(S,3)上可行流小于容量,分别对点 2、3 标号(S,1)、(S,2),如下(图 F.116):

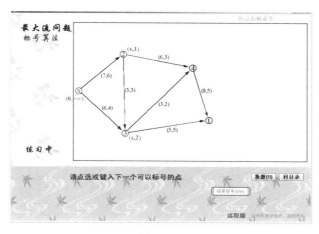

图 F.116

　　在点 2、3 中任选一个进行检查,例如检查点 2,对点 4 进行标号(2,1),得到图 F.117。

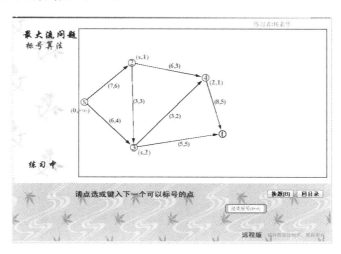

图 F.117

检查点 4,对 t 点标号(4,1)(图 F.118)。

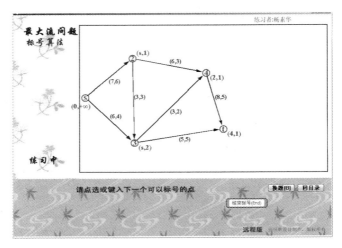

图 F.118

　　观察图 F.118 中是否存在可以标号的点,若存在,则继续标号;否则,点击"结束标号"进入下一步(图 F.119):

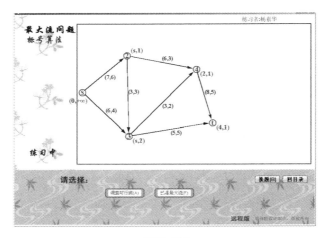

图 F.119

　　根据标号判断目前流是否需要调整,若不需要,则点击"已是

最大流";否则,点击"调整可行流"。因 t 点有了标号,故转入调整
过程(图 F.120):

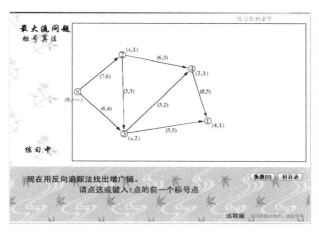

图 F.120

　　根据标号用反向追踪法找出增广链,依次点击点 4、2、S 得到
增广链(图 F.121):

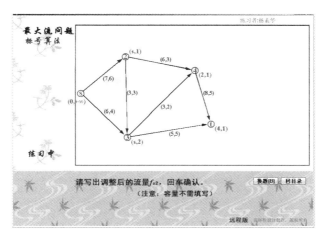

图 F.121

　　找到增广链后,对增广链上的流量进行调整并回车确认(注:

容量不需填写），得到图 F.122。

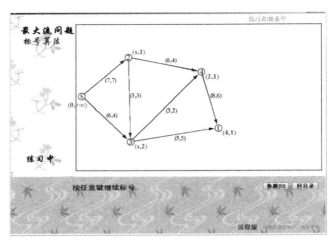

图 F.122

对增广链上的流量进行调整后，按任意键继续标号（图 F.123）：

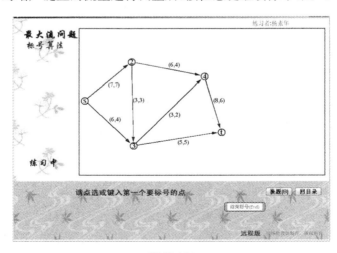

图 F.123

对图上的点进行标号，首先点选第一个要标号的点，点击 S 点所在的位置对 S 点标号，然后按照之前的操作对各个可标号的点进行标号并调整可行流,最终得到图 F.124。

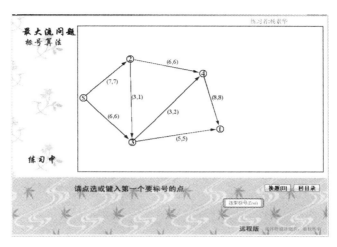

图 F.124

点选第一个要标号的点 S,如下(图 F.125):

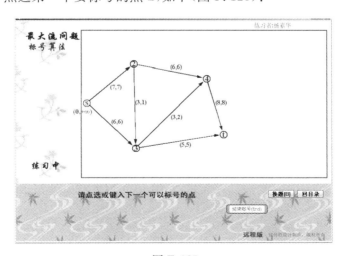

图 F.125

检查 S 点并寻求可标号的点,因弧(S,2)、(S,3)上可行流等于容量,所以标号过程无法继续下去,点击"结束标号"进入下一步

（图 F. 126）：

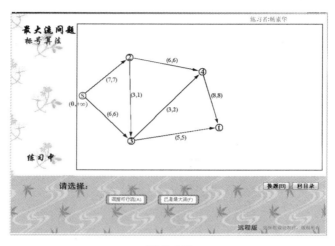

图 F. 126

根据标号判断目前流是否需要调整，若不需要，则点击"已是最大流"；否则，点击"调整可行流"。因 t 点没有标号，所以当前流已是最大流，点击"已是最大流"，得到图 F. 127。

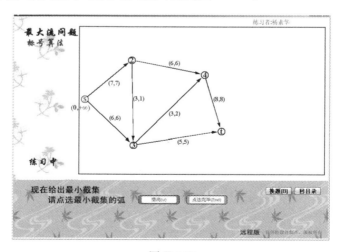

图 F. 127

　　根据已标号的点给出最小截集,点击最小截集的弧(S,2)、
(S,3),如下(图 F.128):

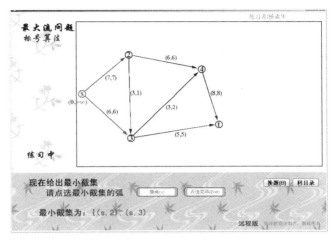

图 F.128

　　点出最小截集的所有弧后点击"点选完毕"(图 F.129)。

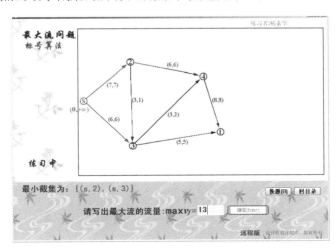

图 F.129

　　根据最小截集写出最大流的流量,即弧(S,2)、(S,3)上的流量

之和13,点击"确定"结束做题(图 F.130)。

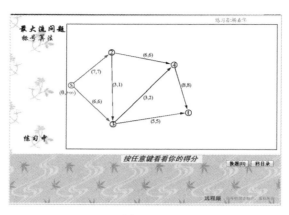

图 F.130

9. 资源分配

在目录页面(图 F.1)点击"9. 资源分配",将会出现如下的开始页面(图 F.131):

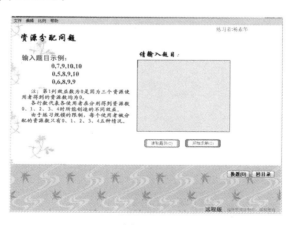

图 F.131

在输入框中,学生可以输入一个题目(注意规模限制和每行元素的含义),也可直接读取题目到输入框中,点击"读取题目",得到

下图(图 F.132):

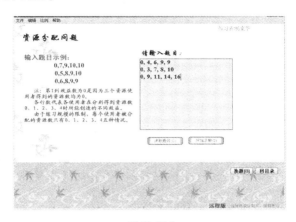

图 F.132

题目输入完毕或读取题目后,点击"开始求解"按钮,即可进入交互练习(图 F.133)。

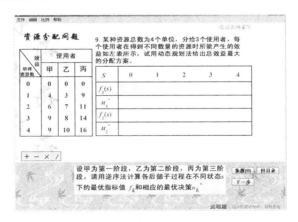

图 F.133

设甲、乙、丙分别为第一、二、三阶段,用逆序法计算各后部子过程在不同状态 s 下的最优指标值 f_k 和相应的最优决策 u_k^*。先从第三阶段 $f_3(s)$ 算起,当 $s=0$ 时,即分配给丙的资源数为 0,所以 $f_3(0)=0$、$u_3^*=0$;当 $s=1$ 时,即分配给丙的资源数为 1,所以 $f_3(1)$

$=9$、$u_3^{\,*}=1$;同理可得到图 F.134。

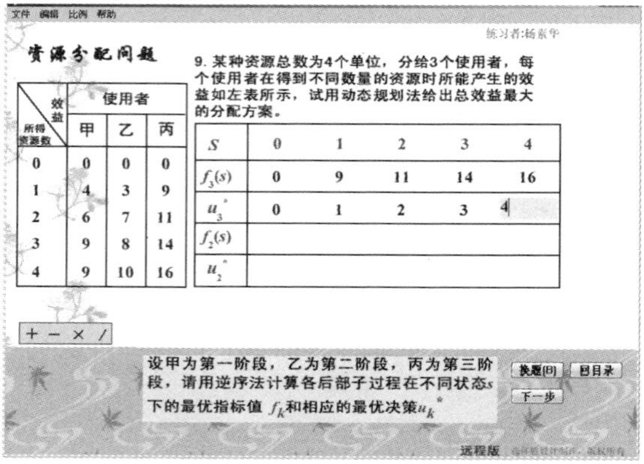

图 F.134

然后计算第二阶段:把 s 个单位的资源($s=0,1,2,3,4$)分配给乙和丙,则对每个 s 值,有一种最优分配方案使效益最大。设分配给乙 u_2 个资源,则分配给丙 $s-u_2$ 个资源。当 $s=0$ 时,即分配给乙和丙的资源数为 0,所以 $f_2(0)=0$、$u_2^{\,*}=0$;当 $s=1$ 时,即分配给乙和丙的资源数为 1,这时有两种分配方案(乙 1 丙 0,乙 0 丙 1),从中选择使效益最大者,经计算可知:当乙 0 丙 1 时效益最大,所以 $f_2(1)=9$、$u_2^{\,*}=0$;同理可得到图 F.135。

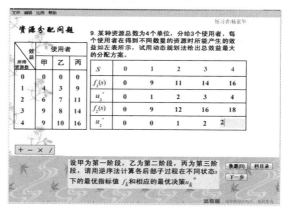

图 F.135

　　计算完毕后,点击"下一步"计算第一阶段:把 4 个单位的资源分配给甲、乙和丙,有一种最优分配方案使效益最大。设分配给甲 u_1 个资源,则分配给乙和丙 $4-u_2$ 个资源。当 $u_1=0$ 时,即分配给甲的资源数为 0,分配给乙和丙的资源数为 4,所以此时的效益为 0$+18$;当 $u_1=1$ 时,即分配给甲的资源数为 1,分配给乙和丙的资源数为 3,所以此时的效益为 4$+16$,同理可得到图 F.136。

　　(注意只有 $f_1(4)$ 和 $u_1{}^*$ 可以写得数,其他 5 个格子必须全部填写算式。)

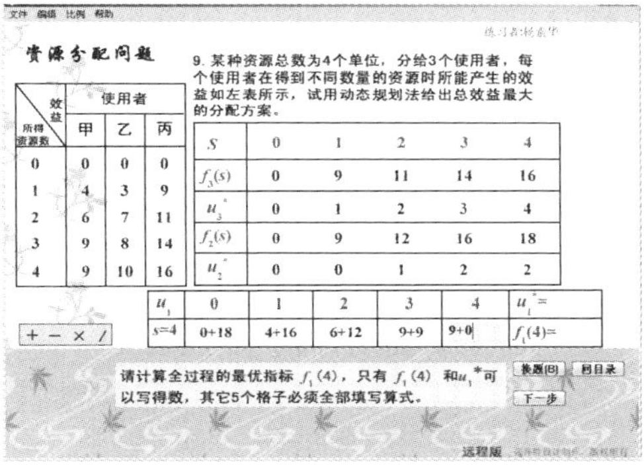

图 F.136

　　计算完毕后,从中选择使 $f_1(4)$ 达到最大的 u_1,易知 $u_1{}^*=1$,$f_1(4)=20$。若 $u_k{}^*$ 的取值不止一个,假设有 0 和 1,则在输入 $u_k{}^*$ 值时输入"0,1"即可(图 F.137)。

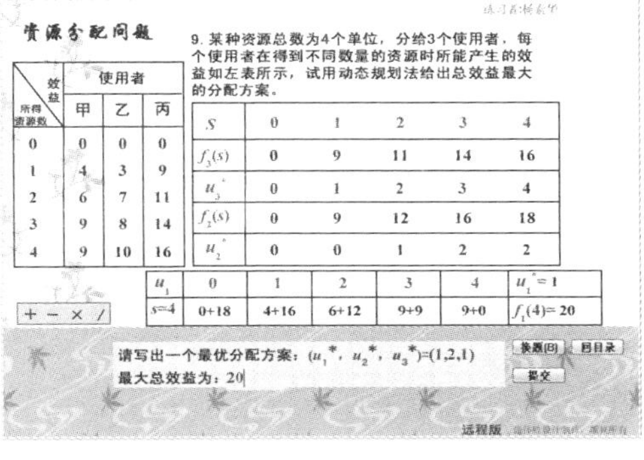

图 F.137

易知:最优分配方案为$(1,2,1)$,最大总效益为20,若最优方案不止一个,则任写一个即可。最后点击"提交"结束做题(图 F.138)。

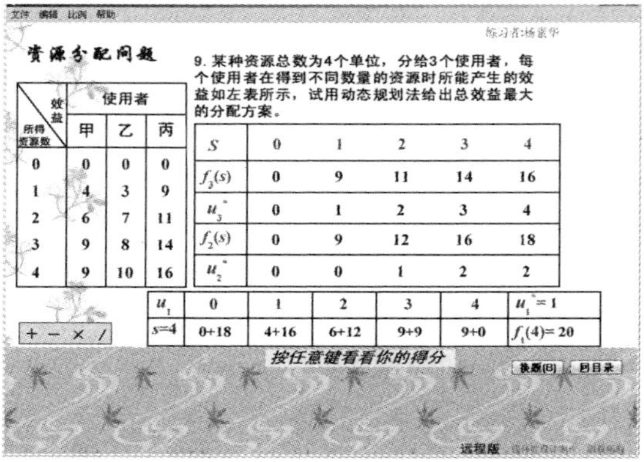

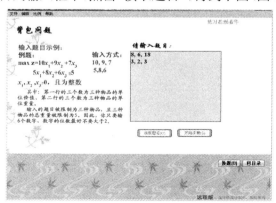

图 F.138

注:若在解题过程中遇到不会的地方,可点击菜单栏"帮助—提示"。

10. 背包问题

在目录页面(图 F.1)点击"10. 背包问题"后,在输入框中,学生可以输入一个题目(注意规模限制和每行元素的含义),也可直接读取题目到输入框中,点击"读取题目",得到下图(图 F.139):

图 F.139

题目输入完毕或读取题目后,点击"开始求解"按钮,即可进入交互练习(图 F.140)。

图 F.140

按物品分为三个阶段,用逆序法计算各后部子过程在不同状态 s 下的最优指标值 f_k 和相应的第 k 阶段的最优决策 x_k^*。先从第三阶段 $f_3(s)$ 算起,当 $s=0$ 时,即分配给第三种物品的重量为 0,所以 $f_3(0)=0$,$x_3^*=0$;当 $s=1$ 时,即分配给第三种物品的重量为 1,但第三种物品的单位重量为 3,所以 $f_3(1)=0$,$x_3^*=0$;同理 $f_3(2)=0$,$x_3^*=0$;当 $s=3$ 时,即分配给第三种物品的重量为 3,所以 $f_3(3)=18$,$x_3^*=1$;同理可得到 $f_3(4)=18$、$x_3^*=1$;$f_3(5)=18$,$x_3^*=1$,如下(图 F.141):

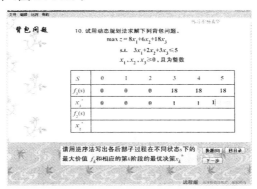

图 F.141

　　然后计算第二阶段:把 s 个单位重量($s=0,1,2,3,4,5$)分配给第二和第三种物品,则对每个 s 值,有一种最优分配方案使第二、三种物品的价值总和最大。设分配给第二种物品 x_2 个单位重量,则分配给第三种物品 $s-x_2$ 个单位重量。当 $s=0$ 时,即分配给第二和第三种物品的单位重量为0,所以 $f_2(0)=0,x_2^*=0$;当 $s=1$ 时,由于第二和第三种物品的单位重量分别为2、3,所以 $f_2(1)=0$, $x_2^*=0$;当 $s=2$ 时,由于第二和第三种物品的单位重量分别为2、3,所以这2个单位重量只能分配给第二种物品,故 $f_2(2)=6$, $x_2^*=1$;当 $s=3$ 时,由于第二和第三种物品的单位重量分别为2、3,所以有两种分配方案,即$(x_2,x_3)=(0,1)$或$(1,0)$,从中选择使价值最大者,故 $f_2(3)=18,x_2^*=0$;同理可得到 $f_2(4)=18,x_2^*=0$; $f_2(5)=24,x_2^*=1$,如下(图 F.142):

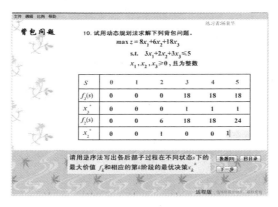

图 F.142

　　计算完毕后,点击"下一步"计算第一阶段 $f_1(5)$,即最大总价值:把5个单位重量分配给三种物品,有一种最优分配方案使总价值最大。因为总重量为5,而第一种物品的单位重量为3,所以 x_1 只能取0或1。当 x_1 取0时,即把5个单位重量分配给了第二、三种物品,所以总价值为 $8*0+f_2(5)$;当 x_1 取1时,因为 x_1 的单位重量为3,即把2个单位重量分配给了第二、三种物品,所以总价值为 $8*1+f_2(2)$。在这两个方案中取使总价值最大者,即 $f_1(5)=\max(8*0+24,8*1+6)$,此时的最优背包策略为$(0,1,1)$。(注意：$f_1(5)$的输入方式应为算式，且算式中应有加号和最值符号），如下图（图 F.143）：

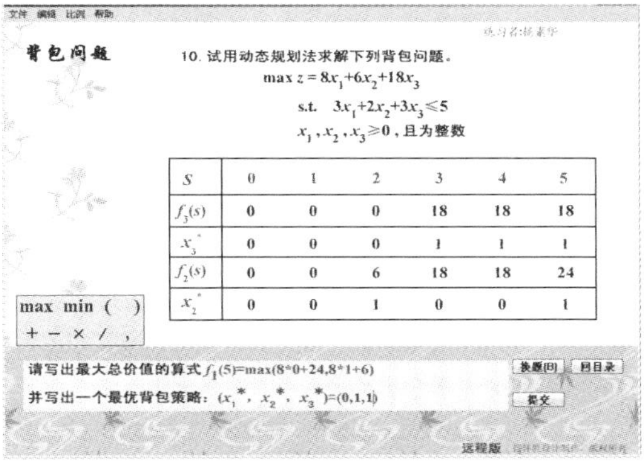

图 F.143

最后点击"提交"结束做题（图 F.144）。

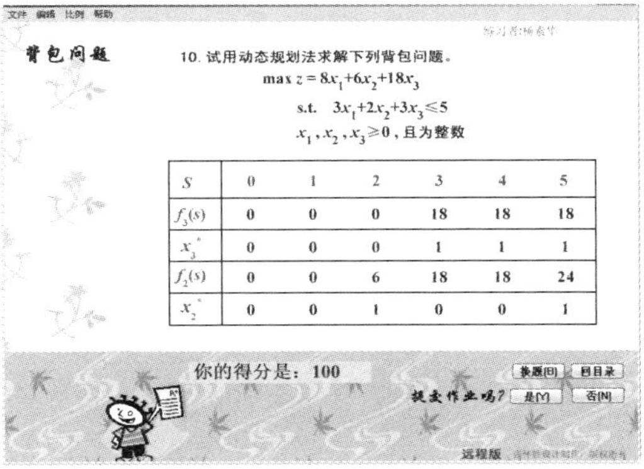

图 F.144

　　注：若在解题过程中遇到不会的地方，可点击菜单栏"帮助—提示"。

F.1.4　在线测验子系统与在线考试子系统

　　在线测验子系统与在线考试子系统的计算题不用题库，而是现场自动随机出题，每种类型计算题的数量几乎是无穷多的；计算题出题时,软件会进行预判断和预处理,使得出给每个学生的题目类型、难度一样,但每个学生的题目数据互不相同。在线考试系统比测验系统多了客观题:填空、判断、单选。客观题由数据库自动随机抽取,由于题库有近400道客观题,因此学生得到的相同题的几率很低。软件可以自动评分、自动记录每个学生的答题情况,并自动生成每个学生所做题目的参考答案,对于计算题,产生详细的过程式答案。

在线测验子系统和在线考试子系统则去掉了大量的提示,并且不接受学生输入题目(以防止学生输入过于简单的题目);由于没有了提示,所以允许学生自己发现错误并纠正,做题过程中可以任意后退并修改,以最后提交的为准。

注:测验系统或考试系统的计算题如果某种题几秒钟后未出现,请返回计算题的主目录,重新点击要进入的题目菜单即可。

学生登陆系统后,可修改个人注册资料与在线讨论,在线做题(练习系统、测验系统和考试系统)结束后,可以进入成绩查询、可以针对自己做过的每道题进行提问,也可回答其他同学的问题,或等老师上线回答。

学生可以查询已做过的题目及其详细做题记录及批改情况和得分,可以看到总评分,考试结束后的第二天,学生可以查到考分和自己的答卷、详细批改和自己所用试卷的参考答案。

教师登陆页面如下(见图 F.145):

图 F.145

教师登陆后即可查看学生的做题记录和成绩,见图 F.146。

退出本系统(请务必从此退出)

查找姓名: 选择练习内容: 全部…… 查找

运筹学CAI 网上保存成绩如下:

	班级 学号	姓 名	成绩	练习日期 时间	练习内容	IP地址	编号
删除	会计024 8	徐林	100	2004-10-31 07:47:11	最小树	202.195.169.141	97
删除	会计024 8	徐林	100	2004-10-31 07:44:35	指派问题	202.195.169.141	96
删除	会计024 8	徐林	94.6	2004-10-31 07:29:33	指派问题	202.195.169.141	95
删除	会计024 8	徐林	85.3	2004-10-31 07:16:09	指派问题	202.195.169.141	94
删除	会计024 8	徐林	100	2004-10-31 07:11:11	最小树	202.195.169.141	93
删除	会计024 8	徐林	96.1	2004-10-31 07:10:05	最小树	202.195.169.141	92
删除	会计024 8	徐林	94.4	2004-10-31 07:07:24	最短路	202.195.169.141	91
删除	会计024 8	徐林	94.1	2004-10-31 07:02:12	最短路	202.195.169.141	90
删除	会计024 8	徐林	91.4	2004-10-31 06:59:06	最短路	202.195.169.141	89
删除	会计024 8	徐林	92	2004-10-31 06:56:46	最短路	202.195.169.141	88
删除	123	zz	100	2004-10-31 06:22:20	指派问题	202.195.169.26	87
删除	123	zz	78.5	2004-10-31 06:15:55	指派问题	202.195.169.26	86
删除	123	zz	96.2	2004-10-31 06:07:21	指派问题	202.195.169.26	85
删除	会计024 22号	瞿海娟	100	2004-10-31 06:04:47	指派问题	202.195.169.230	84
删除	会计024 22号	瞿海娟	100	2004-10-31 06:02:31	指派问题	202.195.169.230	83
删除	会计024 22号	瞿海娟	100	2004-10-31 06:00:48	指派问题	202.195.169.230	82
删除	会计024 22号	瞿海娟	100	2004-10-31 05:47:05	最短路	202.195.169.230	81
删除	会计024 22号	瞿海娟	100	2004-10-31 05:43:07	最小树	202.195.169.230	80
删除	会计024 22号	瞿海娟	100	2004-10-31 05:41:57	最小树	202.195.169.230	79
删除	会计024 22号	瞿海娟	96.8	2004-10-31 05:40:47	最小树	202.195.169.230	78
删除	11	BBC	100	2004-10-31 05:36:38	最小树	202.195.169.230	77
删除	11	BBC	97.1	2004-10-31 05:35:42	最小树	202.195.169.230	76
删除	11	BBC	90.9	2004-10-31 05:32:17	最小树	202.195.169.230	75

图 F.146

教师登陆成绩管理页面后,还可设置学生的练习系统的账号和考试系统的账号,并可设定考试时间,输出做题记录、判分情况和参考答案。

F.2 Spreadsheet 建模与求解

Spreadsheet 方法是近年来美国各大学乃至企业推广的一种管理科学教学与应用的有效方法。Spreadsheet 提供了一种描述问题、处理数据、建立模型与求解的有效工具,使得管理科学的理论和方法易于被理解和掌握,大大推动了管理科学方法与技术在企业中的实际应用。

Spreadsheet 是在 Excel 或者 Lotus 1—2—3 等其他背景下将所需解决的问题进行描述与展开,然后建立数学模型,并使用 Excel(或者 Lotus 1—2—3)的命令和功能进行预测、决策、模拟、优化等运算与分析。

本实验指导书旨在帮助学生在运筹学课程中,学习如何运用 Excel 对复杂的实际系统进行描述与建模,并用计算机求解。由于避免了大量繁琐的数学公式,使得运筹学的理论和方法简明直观,容易理解与应用,因此,掌握它有利于运筹学理论的学习,也特别有利于那些注重应用的企业管理人员的学习,为企业决策人员与管理人员掌握与应用运筹学理论提供一个有益的工具。

F.2.1 线性规划问题建模和求解

【例 F.1】 雅致家具厂生产计划优化问题。

雅致家具厂生产 4 种小型家具,由于该四种家具具有不同的大小、形状、重量和风格,所以它们所需要的主要原料(木材和玻璃)、制作时间、最大销售量与利润均不相同。该厂每天可提供的木材、玻璃和工人劳动时间分别为 600 单位、1000 单位与 400 小时,详细的数据资料见表 F.1。问:

(1)应该如何安排这四种家具的日产量,使得该厂的日利润最大?

表 F.1 雅致家具厂基本数据

家具类型	劳动时间（小时/件）	木材（单位/件）	玻璃（单位/件）	单位产品利润（元/件）	最大销售量（件）
1	2	4	6	60	100
2	1	2	2	20	200
3	3	1	1	40	50
4	2	2	2	30	100
可提供量	400 小时	600 单位	1000 单位		

（2）家具厂是否愿意出 10 元的加班费，让某工人加班 1 小时？

（3）如果可提供的工人劳动时间变为 398 小时，该厂的日利润有何变化？

（4）该厂应优先考虑购买何种资源？

（5）若因市场变化，第一种家具的单位利润从 60 元下降到 55 元，问该厂的生产计划及日利润将如何变化？

解：　依据题意，设置四种家具的日产量分别为决策变量 x_1，x_2，x_3，x_4，目标要求是日利润最大化，约束条件为三种资源的供应量限制和产品销售量限制。

据此，列出下面的线性规划模型：

$$\max Z = 60x_1 + 20x_2 + 40x_3 + 30x_4$$

$$s.t. \begin{cases} 4x_1 + 2x_2 + x_3 + 2x_4 \leqslant 600 \quad （木材约束） & \text{①} \\ 6x_1 + 2x_2 + x_3 + 2x_4 \leqslant 1000 \quad （玻璃约束） & \text{②} \\ 2x_1 + 1x_2 + 3x_3 + 2x_4 \leqslant 400 \quad （劳动时间约束） & \text{③} \\ x_1 \leqslant 100 \quad （家具 1 需求量约束） & \text{④} \\ x_2 \leqslant 200 \quad （家具 2 需求量约束） & \text{⑤} \\ x_3 \leqslant 50 \quad （家具 3 需求量约束） & \text{⑥} \\ x_4 \leqslant 100 \quad （家具 4 需求量约束） & \text{⑦} \\ x_1, x_2, x_3, x_4 \geqslant 0 \quad （非负约束） & \text{⑧} \end{cases}$$

其中，x_1，x_2，x_3，x_4 分别为四种家具的日产量。

下面介绍用 Excel 中的"规划求解"功能求解此题。

第一步　在 Excel 中描述问题、建立模型，如图 F.147 所示。

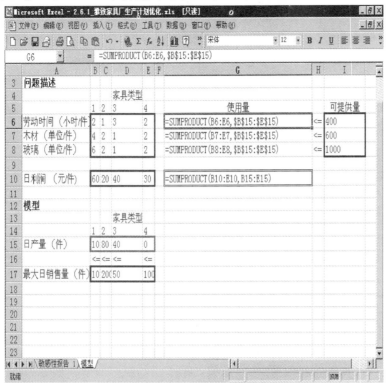

图 F.147

图 F.147 中，B15 到 E15 四个单元格代表日产量变量 x_1，x_2，x_3，x_4。

第二步　在"工具"菜单中选择"规划求解"（见图 F.148）。

图 F.148

第三步　在"规划求解参数"对话框进行选择(如图 F.149)。

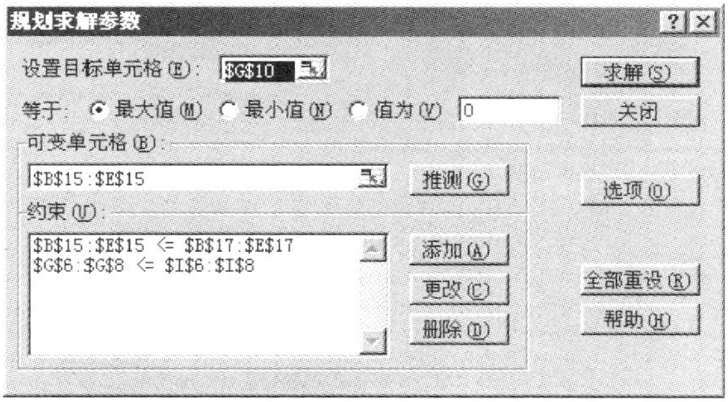

图 F.149

第四步 点击"选项"按钮,弹出"规划求解选项"对话框(如图 F.150 所示)。

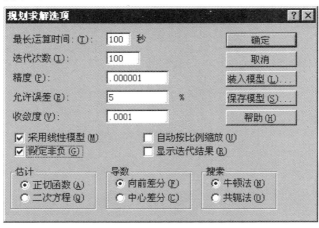

图 F.150

第五步 选择"采用线性模型"和"假定非负",单击"确定",返回下图(见图 F.151)。单击"求解",即可解决此题。

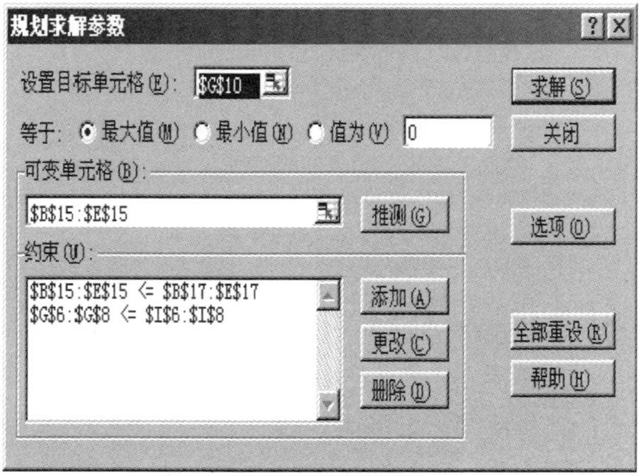

图 F.151

最后结果如图 F.152 所示。

图 F.152

与此结果对应的敏感性报告如图 F.153 中的列表。

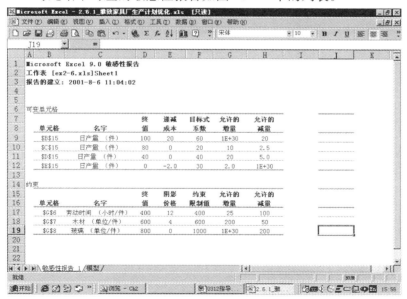

图 F.153

说明：

(1)可变单元格表中,终值对应决策变量的最优解;递减成本指目标函数中非基变量的系数必须增加多少才能换入该决策变量。

(2)允许的增量(或减量)指在保证最优解不变的前提下,目标函数系数的允许变化值。

(3)在约束表中,终值是指约束的实际用量;影子价格指约束条件右边增加(或减少)一个单位,目标值增加(或减少)的数值;这里的允许的增量(或减量)是指在影子价格保持不变的前提下,终值的变化范围。

根据模型运行结果可作出如下分析：

(1)由模型的解可知,雅致家具厂四种家具的最优日产量分别为100件、80件、40件和0件,这时该厂的日利润最大,为9200元。

本问题的敏感性报告如图 F.20 中的表所示。

由上述敏感性报告可进行灵敏度分析,并回答题目中的问题(2)~(5)。

(2)由敏感性报告可知,劳动时间的影子价格为 12 元,即在劳动时间的增量不超过 25 小时的条件下,每增加 1 小时劳动时间,该厂的利润(目标值)将增加 12 元。

因此,付给某工人 10 元以增加 1 小时劳动时间是值得的,可多获利为：

$$12-10=2(元)$$

(3)当可提供的劳动时间从 400 小时减少为 398 小时时,该减少量在允许的减量(100 小时)内,所以劳动时间的影子价格不变,仍为 12 元。

因此,该厂的利润变为：

$$9200+12\times(398-400)=9\ 176(元)$$

(4)由敏感性报告可见,劳动时间与木材这两种资源的使用量等于可提供量,所以它们的约束条件为"紧"的,即无余量的;而玻璃的使用量为 800,可提供量为 1000,所以玻璃的约束条件是"非紧"的,即有余量的。

因此,应优先考虑购买劳动时间与木材这两种资源。

(5)由敏感性报告可知,家具 1 的目标系数(即单位利润)允许的减量为 20,即当家具 1 的单位利润减少量不超过 20 元时,最优解不变。因此,若家具 1 的单位利润从 60 元下降到 55 元,下降量为 5 元,该下降量在允许的减量范围内,这时,最优解不变。

因此,四种家具的最优日产量仍分别为 100 件、80 件、40 件和 0 件。最优值变为:

$$9200+(55-60)\times100=8\ 700(元)$$

注:规划求解也可用于非线性规划,只要在规划求解选项参数框中不选择"采用线性模型"即可,其他设置与线性规划的设置基本相同。

F.2.2　整数规划

【例 F.2】　乐天保健仪器厂的生产优化问题。

表 F.2　乐天保健仪器厂生产利润与消耗资源表

设备名称	仪器 A	仪器 B	可提供量
原材料(千克/台)	282	400	2 000
劳动力(千小时/台)	4	40	140
利润(千元/台)	10	15	

乐天保健仪器厂下月拟生产两种保健仪器 A 和 B,生产该两种仪器的利润、消耗的主要原材料和劳动力如表 F.2 所示。该厂下月可提供的原材料和劳动力分别为 2000 千克和 140 千小时。另根据市场调查,下月对仪器 A 的需求量不大于 5 台。问:为获得最大的总利润,该厂应生产这两种仪器各多少台?

解:　根据题意,本问题的决策变量是下月两种仪器的生产量,设下月仪器 A 与 B 的生产量分别为 x(台)与 y(台)。

本问题的目标函数是总利润最大,由于生产每台仪器 A 与仪器 B 的利润分别为 10 千元与 15 千元,所以总利润为:

$$10x+15y$$

本问题的约束条件有四个。

第一个约束是原材料约束,即所消耗的原材料总量不得超过原材料的可提供量;

第二个约束是劳动力约束,即所需劳动力的总量不得超过劳动力的可提供量;

第三个约束是仪器 A 的生产量约束不得超过其最大需求量;

第四个约束是决策变量必须为非负整数。

由此得到整数规划模型如下:

Obj.　　　　max $Z = 10x + 15y$

s. t.　　　　$282\,x + 400y \leqslant 2000$

　　　　　　$4\,x + 40y \leqslant 140$

　　　　　　$x \leqslant 5$

　　　　　　$x, y \geqslant 0$ 并且为整数

整数规划模型的 Spreadsheet 解法

用 SPreadsheet 方法求解整数规划的基本步骤与求解一般线性规划问题相同,只是在约束条件中添加一个"整数"约束。在 Excel 的规划求解的参数对话框中,用"int"表示整数。因此,只要在该参数对话框中添加一个约束条件,在左边输入的是要求取整数的决策变量的单元格地址,然后选择"int",见 F. 154 图。

图 F. 154

下面说明整数规划模型的 Spreadsheet 解法:

第一步　输入已知数据,如图 F.155 所示。

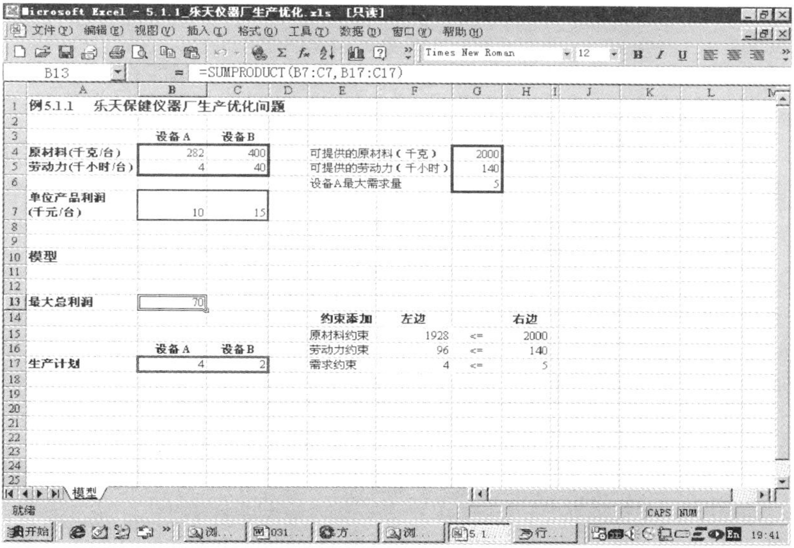

图 F.155

第二步　建立整数规划模型。

首先在 Spreadsheet 上描述规划的决策变量、目标函数与约束条件。

本问题的决策变量是两种仪器的产量,分别用单元格 B17 与 C17 表示。

本问题的目标函数是总利润最大,用单元格 B13 表示总利润,它应等于每种仪器的单位利润与其产量的乘积之和,即在单元格 B13 中输入下述公式:

$$=sumproduct(B7:C7,B17:C17)$$

本问题共有四个约束条件。第一个约束条件是原材料约束,即所消耗的原材料总量不得超过其供应量。在约束条件左边是所消耗的原材料总量,用单元格 F15 表示,它应等于每种仪器的单位原材料消耗量与其产量的乘积之和,即在单元格 F15 中输入下述公式:

$$=\text{sumproduct}(B4:C4,B17:C17)$$

在约束条件右边输入原材料供应量。用单元格 H15 表示原材料供应量,并输入以下公式:

$$=G4$$

同理可得第二个约束条件(劳动力约束)的公式,用单元格 F16 表示所需要的劳动 力总量,在单元格 F16 中输入:

$$=\text{sumproduct}(B5:C5,B17:C17)$$

用单元格 H16 表示劳动力供应量,在单元格 H16 中输入:

$$=G5$$

第三个约束是仪器 A 的需求约束。仪器 A 的产量不得超过其最大需求量。用单元格 F17 表示仪器 A 的产量,它应等于表示仪器 A 产量的那个决策变量,因此,在单元格 F17 中输入:

$$=B17$$

用单元格 H17 表示仪器 A 的最大需求量,它用下述公式得到:

$$=G6$$

第四个约束条件是决策变量必须为非负整数。该约束条件在下一步规划求解时输入。

第三步　在 Excel 规划求解功能中输入整数约束并求解在规划求解参数框中输入目标单元格(目标函数地址)、可变单元格(决策变量地址)和四个约束条件,包括整数约束,其规划求解参数框,如图所 F. 156 示。

图 F. 156

　　然后在规划求解选项参数框中选择"采用线性模型"和"假定非负",最后在规划求解参数对话框中单击"求解"得到本问题的最优解。本问题的最优解为:仪器 A 的产量为 4 台,仪器 B 的产量为 2 台。这时总利润最大,为 70 千元。

F.2.3　运输问题

【例 F.3】　海华设备厂均衡运输问题。

　　海华设备厂下设三个位于不同地点的分厂 A,B,C,该三个分厂生产同一种设备,设每月的生产能力分别为 20 台、30 台和 40 台。海华设备厂有四个固定用户,该四个用户下月的设备需求量分别为 20 台、15 台、23 台和 32 台。设各分厂的生产成本相同,从各分厂至各用户的单位设备运输成本如表 F.3 所示,而且各分厂本月末的设备库存量为零。问该厂应如何安排下月的生产与运输,才能在满足四个用户需求的前提下使总运输成本最低。

表 F.3　海华设备厂运输成本表

分厂—名称	运输成本(元/台)				月生产能力（吨）
	用户 1	用户 2	用户 3	用户 4	
分厂 A	70	40	80	60	20
分厂 B	80	100	110	50	30
分厂 C	80	70	130	40	40
下月设备需求量(吨)	20	15	23	32	

　　解:　总供应量:　　　　$20+30+40=90$(台)
　　总需求量:　　　　　　$20+15+23+32=90$(台)

　　即所有供应点的供应量之和等于所有需求点的需求量之和。所以本问题是供需均衡的运输问题。这时,所有供应点的供应量全部供应完毕,而所有需求点的需求量全部满足。

　　根据题意,本问题的决策变量是下月各分厂为各用户生产与运输的设备数量。

　　可设分厂 A 下月为四个用户生产和运输的设备数量分别为:

$A1,A2,A3,A4$(台);

分厂 B 下月为四个用户生产和运输的设备数量分别为:$B1$,$B2,B3,B4$(台);

分厂 C 下月为四个用户生产和运输的设备数量分别为:$C1$,$C2,C3,C4$(台)。

本问题的线性规划模型如下:

min　$70A1+40A2+80A3+60A4+70B1+100B2+110B3+50B4+80C1+70C2+130C3+40C4$

$s.t.$

$$A1+B1+C1=20$$
$$A2+B2+C2=15$$
$$A3+B3+C3=23$$
$$A4+B4+C4=32$$
$$A1+A2+A3+A4=20$$
$$B1+B2+B3+B4=30$$
$$C1+C2+C3+C4=40$$

$A1,A2,A3,A4,B1,B2,B3,B4,C1,C2,C3,C4 \geqslant 0$

本问题的 Spreadsheet 描述及建模如图 F. 157 所示。

图 F. 157

用 Excel 中的规划求解功能求出本问题的结果(见图 F.158)。

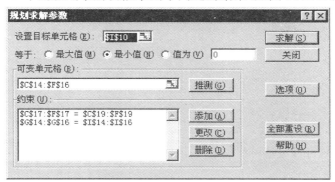

图 F.158

最后的结果如下图 F.159 所示。

图 F.159

F.2.4 最大流问题

【**例 F.4**】 供水网络问题。

某城市有 7 个供水加压站,分别用节点 1,节点 2,……,节点 7 表示。见图 F.160。其中节点 1 为水厂,各泵站间现有的管网用相应节点间的边表示。现规划在节点 7 处建一个开发区,经对现有管网调查,各段管网尚可增加的供水能力(万吨/日)如图 F.160 中各边上的数值所示。依照现有管网状况,从水厂(源点)到开发区(汇点),每日最多可增加多少供水量?

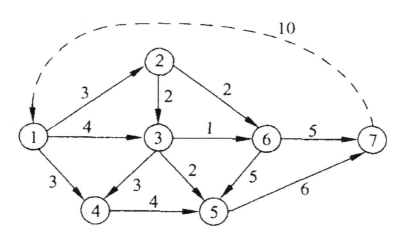

图 F.160

解: 本问题要解决的问题是在各管网可增加的供水能力为定值时,该网络可增加的从水厂至开发区的最大供水流量。这是一个网络最大流问题。这时可在网络图中添加一条从节点 7(汇点)至节点 1(源点)的"虚"边(由于实际上并不存在从节点 7 流向节点 1 的管道,所以称该边为"虚"的)。增加这条边的目的,是为了使网络中各节点的边形成回路,各节点的流出量与流入量的代数和(即净流出量)为零。

本问题可以看作在满足边容量约束条件下的网络流优化问

题，目标函数是开发区(节点7)的总流入量(或虚拟的总流出量)最大化，这时节点7的总流入量(或虚拟的总流出量)就是网络最大流，即最大供水量。

本问题的 Spreadsheet 描述与求解如图 F.161 所示。

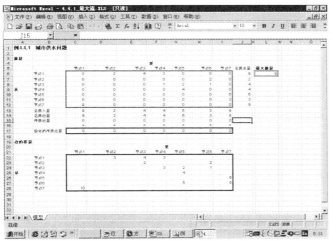

图 F.61

1. 输入部分

首先输入已知数据。在单元格 C22:I28 中输入各节点间的边的容量增量。例如，在单元格 F22 中输入 3，表示从节点 1 至节点 4 的边可增加的供水能力为 3(万吨/日)，等等。凡是节点间没有管道相连接的边，令其容量为零。从节点 7 至节点 1 的边为"虚"边，可设它的能力增量等于从源点出发的所有边的供水能力增量之和，即：3＋4＋3＝10。此外，当网络中总流入量与总流出量达到平衡时，应满足以下条件：

各中间节点的流出量等于流入量，即：它们的净流出量应等于零；

源点的流出量与从汇点经虚边的流入量的代数和应等于零；

汇点的流入量与从汇点经虚边的流出量的代数和应等于零。

因此，所有节点的净流出量均应等于零。在单元格 C17:I17

中输入各节点净流出量应取的值,它们均为零。

2. 决策变量

本问题的决策变量用 C6:I12 中的单元格表示,它们是从各节点到其他节点的流量,也是供水流量增量在网络中各条边上的分配量。例如,单元格 D6 表示从节点 1 流入节点 2 的流量,也是连接节点 1 与节点 2 的边上的流量。

3. 目标函数

本问题的目标函数是流入节点 7 的总流入量最大(即开发区得到的供水流量增量最大),或者从节点 7 流向节点 1 的流出量最大。在单元格 L6 中输入目标函数,它用下式计算:

$$=C12$$

4. 约束条件

本问题的约束条件有三个:

第一个约束是网络中边的容量约束。容量约束是指各节点间的边上的流量不得超过该边的容量。因此有:

单元格 C6:I12 中的数值(边流量)≤单元格 C22:I28 中的数值(边容量)

第二个约束是节点总流入量与总流出量的平衡约束。其计算过程如下:

(1)计算各节点的总流入量:

节点的总流入量等于所有流入该节点的流量之和。用单元格 C13 表示节点 1 的总流入量,其计算公式如下:

$$=sum(C6:C12)$$

将上述公式复制到单元格 D13:I13,得到其他节点的总流入量。

(2)计算各节点的总流出量:

节点的总流出量等于从该节点的所有流出量之和。用单元格 J6 表示节点 1 的总流出量,其计算公式如下:

$$=sum(C6:I6)$$

将上述公式复制到单元格 J7:J12,得到其他节点的总流出量。

(3)计算各节点的净流出量:

为便于计算节点的净流出量,需将单元格 J6:J12 的总流出量写入单元格 C14:I14。可在单元格 C14 中输入:

$$=J6$$

然后,用同样的方法逐个将单元格 J6:J12 的内容分别写入单元格 D14:I14。也可以使用 transpose(转置)命令完成这个工作。transpose 是一个将行向量或列向量进行转置的命令,其步骤是:选择区域 C14:I14,在单元格 C14 中输入:

$$=transpose(J6:J12)$$

按下 Ctrld＋Shift＋Enter 键,就将总流出量写入了单元格 C14:I14。

节点的净流出量等于该节点的总流出量与总流入量之差即两者之代数和。在单元格 C17:I17 中输入各节点的净流出量。单元格 C15 表示节点 1 的净流出量,它的计算公式如下:

$$=I14-C13$$

将上述公式复制到单元格 D15:I15,得到其他节点的净流出量。

(4)当网络中总流入量与总流出量达到平衡时,所有节点的净流出量均为零。

5. 用 Excel 中的规划求解功能求出本问题的解

在规划求解参数框中输入目标单元格(目标函数地址)、可变单元格(决策变量地址)和两个约束条件,然后在规划求解选项参数框中选择"采用线性模型"和"假定非负",最后求解得到本问题的最优解。规划求解参数框如图 F.162 所示。

图 F.162

模型运行结果见图 F.29 的列表。由表可知,本问题的最优解如表 F.4 所示。

这时,节点 7 的总流入量为 9,达到最大值,即该供水网络最多可供给开发区的供水流量增量为 9(吨/日)。

表 F.4   城市供水问题优化结果

节点	节点 1(水厂)	节点 2	节点 3	节点 4	节点 5	节点 6	节点 7(开发区)
节点 1		2	4	3			
节点 2						2	
节点 3				1	2	1	
节点 4					4		
节点 5							6
节点 6							3

上述结果可用如下的网络图表示(见图 F.163):

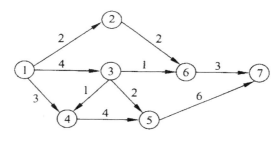

图 F.163

F.2.5   存贮系统模拟

【例 F.5】   某商店销售空调,每天上午与下午空调的销售量均服从如下离散型随机分布(见表 F.5):

表 F.5

销售量	1	2	3	4	5	6
概率	1/6	1/6	1/6	1/6	1/6	1/6

商店每次定货的定货费为 500 元,每台空调每天的存储费为 20 元,每台空调的缺货费为 1500 元(这是机会损失)。假设定货期为 12 小时,即每天晚上定货,第二天一早就到货。商店经理每天晚上检查存货情况,在存货少于一定数量(订货点)时就定货。该商店现有 20 台空调,问如何决定订货点与进货量大小,才能在一段较长的时间里的平均成本最小。

解: 本例解法如下:

第一步 输入基本参数.

先把存储问题的基本参数输入到 Excel 表格,并设定决策变量(订货点和进货批量)的初始值,见图 F.164。

	A	B	C	D
1	**存储问题**		累计 概率	需求
2	存储费(元/台天)	20	0	1
3	定货费(元/次)	500	1/6	2
4	缺货费(元/台)	1500	1/3	3
5			1/2	4
6	期初存货(台)	20	2/3	5
7	订货点(台)	10	5/6	6
8	进货批量(台)	20		
9	总费用(元)	182640		

图 F.164

第二步 在单元格 B12 到 L12 中输入公式,见图 F.165。

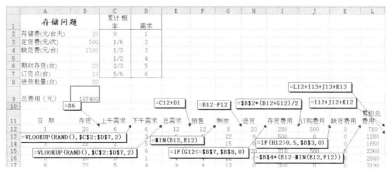

图 F.165

第三步 模拟需求、存储、订货和各项费用。

第 12 行单元格模拟了第 1 天存储系统的运行情况，第 13 行为第 2 天的运行情况，输入公式与第 12 行基本相同，只是在 B13 的输入要改为：

$$=G12+H12$$

L13 的输入要改为：

$$=L12+I12+J12+K12$$

其中，A 列为日期，B 列为每天开始的存货，用"编辑""菜单里的"填充"可迅速将第 13 行的公式复制到下面的行，你想要模拟多少天就复制多少行。

第四步 用二维模拟运算表求此问题的全局最优策略。

在工作表 inventory2 中的范围 P13:P22 中依次填入 6~15，然后在范围 Q12:AA12 中依次填入 15~25，在单元格 P12 处输入：

$$=B9$$

选中范围 P12:AA22，见图 F.166。

	P
12	=B9

	P	Q	R	S	T	U	V	W	X	Y	Z	AA
12	182640	15	16	17	18	19	20	21	22	23	24	25
13	6											
14	7											
15	8											
16	9											
17	10											
18	11											
19	12											
20	13											
21	14											
22	15											

图 F.166

点击 Excel 菜单中的"数据"—"模拟运算表"，输入引用行的单元格：＄B＄8，再输入引用列的单元格：＄B＄7，最后确定，见图 F.167。

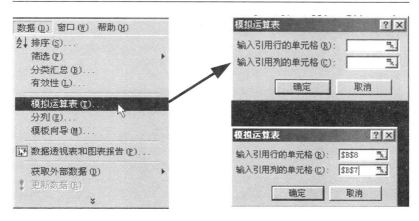

图 F. 167

运行结果:单元格范围 Q13:AA23 被自动填入与进货点和进货量对应的总费用,见图 F. 168。

图 F. 168

从模拟运算的运行结果可查出最小总费用为 177140(使用 min 函数)。

在单元格 Q24 中输入公式"=min(Q13:Q23)",然后将此公式延第 24 行向右填充到单元格 AA24。

在单元格 AB13 中输入公式"=min(Q13:AA13)",然后将此公式延第 AB 列向下填充到单元格 AB24(此单元格最小总费用)。

在单元格 P25 中输入公式：

$$=\text{INDEX}(\text{P13}:\text{P23},\text{MATCH}(\text{AB24},\text{AB13}:\text{AB23},0))$$

则立即得到最优订货点为 8。

在单元格 P26 中输入公式：

$$=\text{INDEX}(\text{Q13}:\text{AA13},\text{MATCH}(\text{Q24},\text{AA24}:\text{AB23},0))$$

则立即得到最优订货批量为 20。

参 考 文 献

[1] 《运筹学》教材编写组. 运筹学[M]. 北京:清华大学出版社,1990.

[2] 胡运权. 运筹学基础及应用[M]. 哈尔滨:哈尔滨工业大学出版社,1985.

[3] [美]E·米涅卡. 网络和图的最优化算法[M]. 李家滢,赵关旗,译. 北京:中国铁道出版社,1984.

[4] 魏国华,傅家良,周仲良. 实用运筹学[M]. 上海:复旦大学出版社,1987.

[5] 徐士钰. 运筹学[M]. 南京:东南大学出版社,1990.

[6] 赵德滋,宋颂兴,等. 经济最优规划[M]. 南京:南京大学出版社,1991.

[7] 周志诚. 运筹学教程[M]. 上海:立信会计图书用品社,1988.

[8] 卢向华,郭锡伯. 运筹学基础[M]. 北京:国防工业出版社,1990.

[9] 路正南,朱翼隽. 总装批量的最优选择[J]. 江苏工学院学报,1993(4).

[10] 朱翼隽,路正南. Cost Analysis of Serviciving Machines Model with Service Station[J]. Procceding of APORS'91, 1992(2).

[11] 张怀胜. 活动网络时间费用优化的截集算法[J]. 江苏理工大学学报,1996(5).

[12] 朱翼隽,路正南. 预约保健门诊的最优批量分析[J]. 运筹与决策,1992(2).

[13] 丁以中,Jennifer S Shang. 管理科学:运用 Spreadsheet 建模和求解[M]. 北京:清华大学出版社,2003.

[14] 王兴德. 现代管理决策的计算机方法[M]. 北京:中国财经出版社,1999.

[15] 周华任. 运筹学解题指导[M]. 北京:清华大学出版社,2006.

[16] 徐玖平,胡知能,等. 运筹学[M]. 2 版. 北京:科学出版社,2004.

[17] 冯杰,黄力伟. 数学建模原理与案例[M]. 北京:科学出版社,2007.

[18] 徐渝,何正文. 运筹学[M]. 北京:清华大学出版社,2005.

[19] 邓成梁. 运筹学的原理与方法[M]. 2 版. 武汉:华中科技大学出版社,2002.

[20] Winton L Wayne. Operations Research:Mathematical Programming[M]. 3rd ed. 北京:清华大学出版社,2004.